人工智能前沿技术丛书

深度神经网络FPGA设计与实现

总主编　焦李成

编　著　孙其功　邬　刚　田小林

陈　永　侯　彪　杨淑媛

西安电子科技大学出版社

内 容 简 介

本书从深度神经网络和 AI 芯片研究现状出发，系统地论述了目前深度学习主流开发平台和深度神经网络基于 FPGA 平台实现加速的开发原理和应用实例。全书主要包括 5 部分：第 1～2 章介绍了深度神经网络的发展，并总结了深度学习主流开发平台和 AI 芯片的研究现状；第 3～6 章在对深度神经网络基础层算子、FPGA 进行了介绍后，总结了 FPGA 神经网络开发基础及 RTL 级开发；第 7 章分析了基于 FPGA 实现神经网络加速的实例；第 8 章介绍了基于 OpenCL 的 FPGA 神经网络计算加速开发；第 9 章分析了前沿神经网络压缩与加速技术。

本书可以为人工智能、计算机科学、信息科学、神经网络加速计算研究者或者从事深度学习、图像处理的相关研究人员提供参考，也可作为相关专业本科生及研究生的教学参考书。

图书在版编目(CIP)数据

深度神经网络 FPGA 设计与实现 / 孙其功等编著. —西安：西安电子科技大学出版社，2020.10(2024.7 重印)
ISBN 978-7-5606-5743-1

Ⅰ. ①深…　Ⅱ. ①孙…　Ⅲ. ①人工神经网络　Ⅳ. ①TP183

中国版本图书馆 CIP 数据核字(2020)第 117841 号

策　　划　人工智能前沿技术丛书项目组
责任编辑　雷鸿俊
出版发行　西安电子科技大学出版社(西安市太白南路 2 号)
电　　话　(029)88202421　88201467　　邮　　编　710071
网　　址　www.xduph.com　　电子邮箱　xdupfxb001@163.com
经　　销　新华书店
印刷单位　陕西天意印务有限责任公司
版　　次　2020 年 10 月第 1 版　2024 年 7 月第 4 次印刷
开　　本　787 毫米×960 毫米　1/16　印　张　15.5
字　　数　309 千字
定　　价　35.00 元
ISBN 978-7-5606-5743-1

XDUP 6045001-4

如有印装问题可调换

前　言

近几年来，随着计算机技术的发展以及硬件设备计算能力的提高，人工智能技术得到了飞速发展，神经网络也由原来的浅层发展至深层，由此引出深度学习的概念。深度学习在图像处理、语音识别、机器控制等领域取得了巨大的突破，很多公司都希望在人工智能领域有所成就，试图抓住先机，占领应用市场，因此相关专业人才供不应求。研究者一般使用多个 GPU(Graphics Processing Unit，图形处理器)或者计算机集群进行深层复杂模型的研究与探索，从而解决更加复杂的问题，但却忽略了能量消耗与计算资源的限制因素。虽然很多算法在 GPU 加速条件下可以实现不错的效果，但是距离工业界的实际要求还有很大的差距，很多复杂模型无法部署在小型设备上或者计算实时性无法满足应用需求，这也是困扰众多工程师的主要难题。

现场可编程门阵列(Field Programmable Gate Array，FPGA)可以通过硬件描述语言(Verilog 或 VHDL)或 C / C++ / OpenCL 进行编程，它具有提供原始计算能力、设计灵活、安全可靠、高效率和低功耗的优势。目前一些公司和研究机构把深度学习的模型迁移到 FPGA 上，以满足工业和特殊领域的使用需求。FPGA 在深度学习中的研究大致可以分为对特定的应用程序进行加速、对特定的算法进行加速、对算法的公共特性进行加速，以及带有硬件模板的通用加速器框架设计。在芯片需求还未形成规模、算法需要不断改进的情况下，FPGA 大大降低了从算法到芯片电路的调试成本，也是实现半定制人工智能芯片的最佳选择之一。

我们依托于智能感知与图像理解教育部重点实验室、智能感知与计算国际合作联合实验室、智能感知与计算国际联合研究中心以及西安电子科技大学-加速云深度学习联合实验室，致力于深度学习理论研究及其硬件的应用开发。本书基于以上的研究基础，为读者分享相关的设计和开发思路，希望能够为相关领域的工程师提供参考。本书的完成离不开团队的支持与帮助，特别感谢李洋、李秀芳、杨育婷、张若浛、陈洁等博士，以及邹洪斌、杨康、樊龙飞、孙璆琛、姜升、苏蓓、冯雨歆、陈亚楠等硕士研究生在写作和工程开发与验证中的辛勤与努力，感谢李艾瑾、施玲玲等硕士研究生帮忙校勘，感谢书中所有被引用文献的作者。本书的内容和安排完全是作者的偏好，由于水平有限，书中可能还存在不妥之处，恳请广大读者批评指正。

编著者

2020年3月21日

西安电子科技大学

目录 CONTENTS

第 1 章　深度学习及 AI 芯片 1

1.1　深度学习研究现状 1

1.1.1　深度学习的概念 1

1.1.2　深度学习和神经网络的发展历程 2

1.1.3　典型的深度神经网络 4

1.1.4　深度学习的典型应用 5

1.2　AI 芯片研究现状 10

1.2.1　GPU 10

1.2.2　半制定 FPGA 11

1.2.3　全定制 ASIC 11

1.2.4　SoC 11

1.2.5　类脑芯片 12

第 2 章　深度学习开发平台 13

2.1　深度学习平台介绍 13

2.1.1　TensorFlow 13

2.1.2　Caffe 16

2.1.3　Pytorch 17

2.1.4　MXNet 19

2.1.5　CNTK 20

2.1.6　PaddlePaddle 21

2.1.7　Darknet 22

2.2　深度学习平台对比 23

第 3 章　深度神经网络基础层算子介绍 26

3.1　卷积算子 26

3.2　反卷积算子 29

3.3　池化算子 31

3.3.1 平均池化算子......31
3.3.2 最大池化算子......32
3.4 激活算子......33
3.5 全连接算子......34
3.6 Softmax 算子......35
3.7 批标准化算子......36
3.8 Shortcut 算子......37
第 4 章 FPGA 基本介绍......39
4.1 FPGA 概述......39
4.1.1 可编程逻辑器件......39
4.1.2 FPGA 的特点......40
4.1.3 FPGA 的体系结构......40
4.2 FPGA 系列及型号选择......41
4.2.1 FPGA 生产厂家......41
4.2.2 FPGA 系列......42
4.2.3 基于应用的 FPGA 型号选择......44
4.3 FPGA 性能衡量指标......44
第 5 章 FPGA 神经网络开发基础......46
5.1 FPGA 开发简介......46
5.2 FPGA 的结构特性与优势......46
5.3 FPGA 深度学习神经网络加速计算的开发过程......48
5.3.1 神经网络模型计算量分析......48
5.3.2 神经网络模型访问带宽分析......51
5.3.3 加速硬件芯片选型......53
5.3.4 加速硬件系统设计......55
5.4 FPGA 在深度学习方面的发展......58
第 6 章 FPGA 神经网络计算的 RTL 级开发......60
6.1 搭建开发环境......60
6.1.1 开发环境的选择......60
6.1.2 开发环境的搭建......61
6.2 RTL 级开发的优势与劣势......63
6.3 RTL 级开发的基本流程......63
6.3.1 需求理解......65

6.3.2 方案评估 65
6.3.3 芯片理解 65
6.3.4 详细方案设计 68
6.3.5 RTL 级 HDL 设计输入 79
6.3.6 功能仿真 81
6.3.7 综合优化 82
6.3.8 布局布线与实现 82
6.3.9 静态时序分析与优化 83
6.3.10 芯片编程与调试 83
6.4 RTL 级神经网络加速设计流程 83
6.5 RTL 级神经网络加速仿真 84
6.6 RTL 级神经网络加速时序优化 84
第 7 章 基于 FPGA 实现 YOLO V2 模型计算加速实例分析 86
7.1 神经网络基本算子的 FPGA 实现 86
7.1.1 加速逻辑方案整体设计 86
7.1.2 卷积算子设计 89
7.1.3 全连接算子设计 97
7.1.4 池化算子设计 100
7.2 FPGA YOLO V2 的顶层设计 103
7.2.1 YOLO V2 模型简介 103
7.2.2 YOLO V2 模型结构 105
7.2.3 YOLO V2 的 FPGA 实现设计 107
7.3 FPGA YOLO V2 的模块设计 111
7.3.1 卷积 111
7.3.2 YOLO V2 偏置、归一化/缩放/激活 114
7.3.3 激活函数 116
7.4 FPGA YOLO V2 的系统和 RTL 仿真 116
7.5 FPGA YOLO V2 系统时序优化 118
7.5.1 插入寄存器 118
7.5.2 并行化设计 120
7.5.3 均衡设计 124
7.5.4 减少信号扇出 126
7.5.5 优化数据信号路径 127

7.6 性能对比 128
7.6.1 S10 的检测流程 128
7.6.2 检测结果 129
7.6.3 与 GPU 的性能对比 130
第 8 章 基于 OpenCL 的 FPGA 神经网络计算加速开发 132
8.1 OpenCL 基础 132
8.1.1 OpenCL 简介 132
8.1.2 OpenCL 模型 133
8.1.3 命令事件 140
8.2 OpenCL FPGA 开发流程 141
8.2.1 搭建 OpenCL 开发环境 141
8.2.2 开发流程 144
8.3 OpenCL 程序优化 160
8.3.1 数据传输优化 160
8.3.2 内存访问优化 161
8.3.3 数据处理优化 163
8.3.4 其他优化手段 170
8.3.5 矩阵乘法优化实例 170
8.4 OpenCL FPGA 实例 176
8.4.1 分类任务 176
8.4.2 目标检测 201
第 9 章 神经网络压缩与加速技术 221
9.1 神经网络剪枝压缩与权值共享方法 221
9.1.1 神经网络剪枝 222
9.1.2 权值共享 223
9.2 低秩估计 226
9.3 模型量化 227
9.3.1 二值化权重 227
9.3.2 三值化权重 228
9.3.3 二值化神经网络 229
9.3.4 多位神经网络 230
9.4 知识蒸馏 231
参考文献 234

第1章 深度学习及AI芯片

1.1 深度学习研究现状

1.1.1 深度学习的概念

目前，深度学习的应用已经深入到社会的各行各业，相比于深度学习真正的含义，我们了解到更多的是它带给这个世界乃至每个人生活上的改变。然而，只有真正地理解深度学习的含义，才能更好地从原理上理解深度学习对社会进步所作的贡献。本书首先从与人工智能和机器学习的关系来认识深度学习。不可否认，随着“人工智能”“深度学习”和“机器学习”这三个概念的出现并应用于社会各个领域，越来越多的人将这三个概念混为一谈。严格来说，机器学习是人工智能的一个分支，专门研究计算机怎样模拟或实现人类的学习行为；而深度学习是实现机器学习的一种技术，该技术使得机器学习能够实现众多的应用并拓展了人工智能的领域范围。图 1-1 为人工智能、机器学习、深度学习的关系图，而图 1-2 为深度学习与传统机器学习的区别。

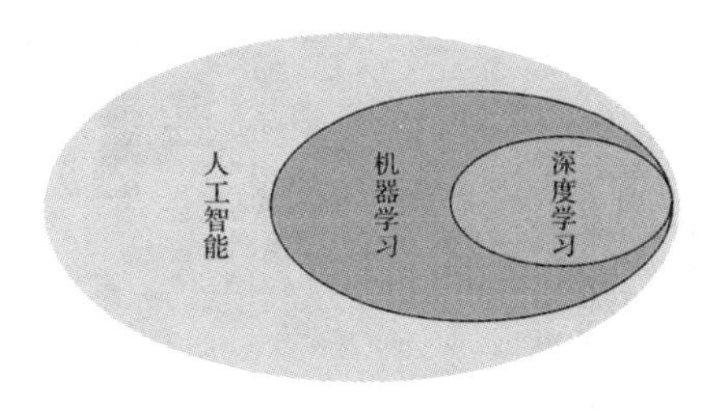

图 1-1　人工智能、机器学习、深度学习的关系图

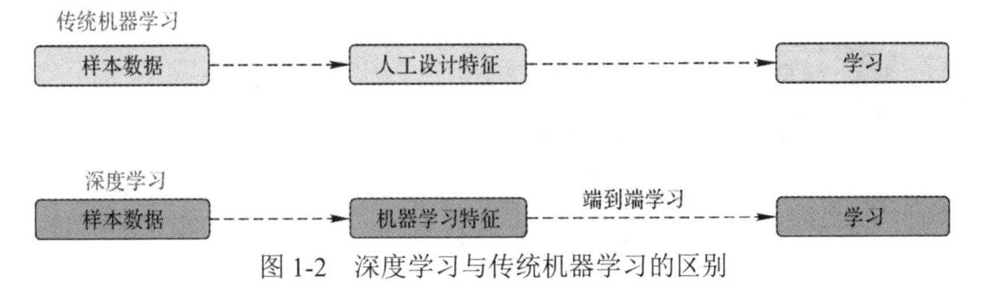

图 1-2　深度学习与传统机器学习的区别

就其自身原理来说，深度学习是一种基于统计的概率模型，是通过多层非线性变换对某种高复杂度的数据模式(声音、图像等)进行建模的一种方法。在对各种模式建模以后便可进行识别分析，如待建模的模式是声音，则这种识别便可理解为语音识别。

就其实现方法来说，深度学习来源于人工神经网络的研究，含多隐层的多层感知器就是一种深度学习结构。深度学习通过组合底层特征形成更加抽象的高层表示属性类别或特征，以发现数据的分布式特征表示。

深度学习的学名叫“深度神经网络”，是由20世纪提出的“人工神经网络”发展而来的，这种模型一般采用计算机科学中的图模型来表达，而深度学习中的“深度”是指图模型的层数以及每一层的节点数量相对之前的神经网络而言有了大幅度的提升。越来越复杂的网络结构是为了进一步接近人类大脑的结构，其核心理念是通过增加网络层数来使机器自动地从数据中进行学习。

1.1.2 深度学习和神经网络的发展历程

传统的神经网络起源于生物神经网络，20 世纪 40 年代出现的神经元的 MP 模型和 Hebb 学习规则，为以后的学习算法奠定了基础。1957 年，F. Roseblatt 提出了由两层神经元组成的神经网络，并将其称为“感知器”。“感知器”作为首个可以学习的人工神经网络在社会上引起了轰动，许多学者纷纷投入到神经网络的研究中。这段研究浪潮成为了神经网络研究的第一次高潮。20 世 70 年代，Minskey 指出感知器只能做简单的线性分类任务，甚至无法实现稍复杂的异或(xor)问题，神经网络的研究陷入冰河期，如图 1-3 所示。

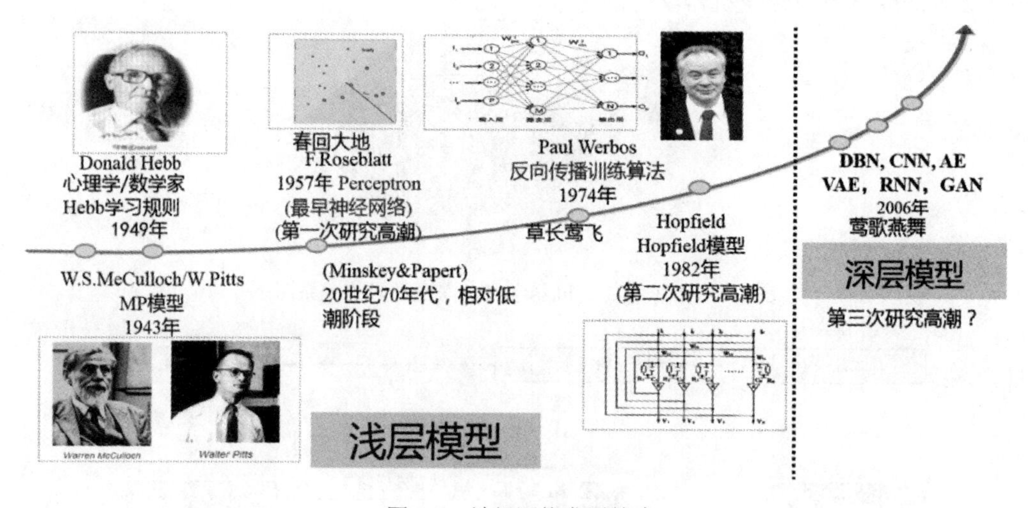

图 1-3　神经网络发展简史

1974 年，Paul Werbos 首次提出了反向传播训练方法(BackPropagation，BP)，随后，David E. Rumelhart 和 Geoffrey E. Hinton 等人于 1986 年利用该算法解决了两层神经网络所需要的复杂计算量问题，从而带动了业界使用两层神经网络研究的热潮。此时，BP 算法、Hopfield 网络和 Boltzmann(玻尔兹曼)机的相继出现迎来了神经网络的复苏。在神经网络的这一发展时期，人们已经开始致力于研究语音识别、图像识别、自动驾驶技术等。但受当时计算资源的限制，神经网络的应用效果不如传统机器学习，导致了神经网络的又一次寒冬时期。

2006 年，Geoffrey E. Hinton 在《Science》和相关期刊上发表了论文，首次提出了“深度信念网络”的概念，提出了“预训练”和“微调”联合的优化训练方法，并提出了“深度学习”的概念。在此基础上，纽约大学的 Yann LeCun、蒙特利尔大学的 Yoshua Bengio 和斯坦福大学的 Andrew Ng 等人分别在深度学习领域展开了研究，并提出了自编码器、深度置信网、卷积神经网络、深度残差网络、图神经网络和生成对抗网络等深度模型，这些模型也在多个领域得到了应用。随着计算机性能的进一步提高，特别是云计算和 GPU 的出现，到 2010 年计算量不再是阻碍神经网络发展的问题。与此同时，“互联网+”的发展使获得海量数据不再困难，神经网络面临的难题被一一攻破，因此神经网络的发展又迎来了一次高潮。如今，深度神经网络的成果已被广泛应用于各行各业，并翻天覆地地改变着我们的生活。2016 年开始，研究者意识到为达到更高的精度，网络模型的复杂度在不断增加，但这些复杂的模型无法在现有的移动或嵌入式装备上应用，轻量级神经网络由此诞生。从 2016 年的 SqueezeNet 模型到 2019 年的 MobileNetV3 模型，使移动终端、嵌入式设备运行神经网络模型成为可能。

目前，从方法角度来讲，深度学习可以分为监督学习、半监督学习、无监督学习和深度强化学习。

1) 监督学习

监督学习是指所有数据都有明确的标签，通过建立一个学习训练过程，将模型训练结果与实际的数据标签相比较，并不断地调节预测模型，直到模型得到一个理想的结果。监督学习的常见场景主要是分类和回归任务，在深度学习模型中，单纯的卷积神经网络就是一个典型的深度监督学习模型。

2) 半监督学习

半监督学习是指所有训练数据中，有一部分是有标签的，一部分是没有标签的，往往没有标签的数据比有标签的数据量要大。另外，无标签数据和有标签数据的分布应类似或相同，无标签数据中的类别应属于有标签数据类别。

3) 无监督学习

无监督学习是对无标签数据进行分析的一种学习方法。模型从大量无标记数据中学习到较好的数据特征都是通过无监督学习对数据进行分析利用的。典型的无监督学习模型有自编码网络、聚类学习、生成模型、PredNet 等。

4) 深度强化学习

深度强化学习是指在没有数据标签的情况下，网络通过汇报函数来判断输出结果是否接近目标。典型的深度强化学习模型有 Deep Q-Network 和 Deep Recurrent Q-Network 等网络模型。深度强化学习常被应用于游戏、推荐系统、智能电网和智能医疗等领域。

1.1.3 典型的深度神经网络

神经网络的功能类似于人脑，主要由神经元和连接组成。我们常说的深度神经网络都有相当多的隐藏层，可以用于从输入中提取特征并计算复杂函数。从网络角度来看，深度学习有以下几项代表性的研究工作。

1) 深度置信网络

深度置信网络(Deep Belief Network，DBN)是由 Geoffrey E. Hinton 于 2016 年提出的由多个限制玻尔兹曼机(Restricted Boltzmann Machines)层组成，以贪婪的方式进行训练的一种概率生成模型。该网络通过建立数据和标签之间的联合分布规律，使网络按照最大概率来生成训练数据。DBN 模型的一个典型拓展模型是卷积深度置信网络(Convolutional Deep Belief Network，CDBN)。DBN 模型在语音识别、手写体识别等领域取得了很好的效果。

2) 深度卷积神经网络

深度卷积神经网络(Deep Convolutional Neural Network，DCNN)是受启于人大脑对眼睛接收信号的理解过程而提出的模型，它的雏形是 1998 年 LeCun 提出的 LeNet-5 模型，真正进入大众视野是 2012 年 AlexNet 模型取得 ImageNet 比赛的分类任务的冠军。随后，出现了 VGG(Visual Geometry Group Network，视觉几何群网络)、NiN(Network in Network)、GoogLeNet 和 ResNet、DenseNet 等经典的网络模型。深度卷积神经网络模型被广泛应用于计算机视觉领域。

3) 深度递归神经网络

递归神经网络(Recursive Neural Network，RNN)是于 1990 年出现的一种处理序列结构信息的深度神经网络模型，它可以在处理新输入的同时存储信息。这种记忆使它们非常适合处理必须考虑事先输入的任务(比如时间序列数据)。循环神经网络(Recurrent Neural Network，RNN)和长短记忆型网络(Long Short-Term Memory，LSTM)是典型的递归神经网络模型。递归神经网络被广泛应用于语音、文字识别。

4) 生成对抗网络

生成对抗网络(Generative Adversarial Nets，GAN)是由 Ian Goodfellow 于 2014 年提出的

一种无监督学习网络模型。GAN 的模型思想受启于博弈理论，由生成网络和对抗网络组成，两者相互制约、相互提高。基于 GAN 的典型衍生模型有与深度卷积神经网络结合的深度卷积生成对抗网络(Deep Convolutional Generative Adversarial Nets，DCGAN)、信息生成对抗网络(Information Maximizing Generative Adversarial Nets，InfoGAN)、条件生成式对抗网络(Generative Adversarial Nets with Image Condition，CGAN)等。GAN 在生成自然图像、生成人脸、生成动画等领域取得了较好的效果。

5) 图神经网络

图神经网络是在已有神经网络的基础上进行的拓展，其理论基础由 Franco 博士在 2009 年首次提出，直到 2013 年才得到广泛关注及应用。该模型可以对可转化为图结构的数据之间的关系进行处理分析。近年来，图神经网络得到了广泛应用。结合已有网络模型，相关学者提出了新的图网络模型，如图卷积网络、图注意力网络、图自编码器、图生成网络和图时空网络等。目前，图神经网络模型主要应用于计算机视觉、推荐系统、智能系统等领域。

6) AutoML

AutoML 是针对庞大数量的神经网络模型而发展起来的深度神经网络学习工具，它是一种避免人工干预、可自动针对特定问题搜索出最佳神经网络架构的网络学习方法。该算法的模型主要是神经网络架构搜索(Neural Architecture Search，NAS)及在其基础上改进得到的渐进式神经架构搜索和高效神经架构搜索等，谷歌(Google)通过提供 Cloud AutoML 将其发挥到了极致，只需上传数据，谷歌的 NAS 算法就会找到一个快速简便的架构。

除此之外，还有胶囊网络、轻量级神经网络及多模型相融合的神经网络等众多的深度神经网络模型结构。目前，深度神经网络的发展如火如荼，新的网络模型不断涌现，受大众认可的经典神经网络模型也在不断增加。

1.1.4 深度学习的典型应用

深度神经网络发展如此迅速的动机是其应用需求，人们一直以来希望机器能代替人来工作，以提高工作效率、减少失误损失，工业革命时代如此，现在更是如此。目前来说，深度学习已经普遍进入社会的各行各业，很大程度上解放了人力，提高了人类生活的智能化水平。深度神经网络目前的应用领域主要是计算机视觉、语音识别和自然语言处理。

1. 在图像方面的应用

图像识别与解译是深度学习最典型的应用领域，其任务就是让计算机像人一样描述摄像机拍摄到的内容。常见的机器视觉任务有目标识别、内容理解、物体分割、目标检测、目标跟踪以及距离估计等。目前，深度学习已经被成功应用于这些计算机视觉任务领域，并取得了可靠的效果。以下将简单列举部分深度学习在计算机视觉领域的应用实例。

1) 人脸识别技术

人脸识别技术的研究可追溯到20世纪50年代，随着深度学习的飞速发展，人脸识别技术又掀起巨浪。除了百度、微软、腾讯外，大量人脸识别公司迅速发展起来，主攻金融和监控的旷视科技，在金融、安防和零售领域分别开始商业化探索，并成功应用了Face++Financial、Face++Security、Face++BI等垂直人脸验证的方案，这些方案主要用于互联网产品；主攻金融、移动互联网、安防三大行业的商汤科技，其研发的DeepID算法率先将深度学习用于人脸识别。另外，还有云从科技、Linkface、依图科技等公司。

随着人脸识别技术研究越来越成熟，其应用也越来越广泛。目前的应用领域有家庭看护、移动互联网、智能硬件、政府警用、金融、视频监控、商超零售和网站娱乐等。图1-4为人脸识别技术的应用实例图。

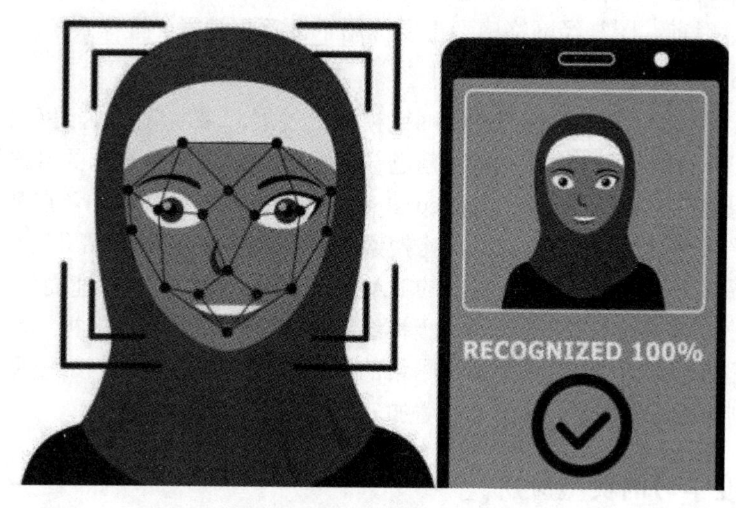

图1-4 人脸识别系统

2) 图像分类

2012年，深度学习算法AlexNet赢得图像分类比赛(即ILSVRC比赛，ImageNetLarge Scale Visual Recognition Challenge)冠军，深度学习开始在图像分类领域被熟知。在随后的ILSVRC比赛中，不断发展的深度学习方法一直占据绝对优势；在ILSVRC 2013比赛中，排名前20的都是深度学习算法，并且其错误率由2010年的近30%降低到2017年的2.251%(如图1-5所示)，其图像分类成功率已超过人工标注的。用于图像分类的深度学习模型不断发展，从一开始的AlexNet、ZFNet、VGGNet、GoogleNet，到随后深度网络中创造新模型记录的ResNet、DenseNet等网络模型，都通过趋于用更易优化的学习方法不断提高图像分类的准确率。

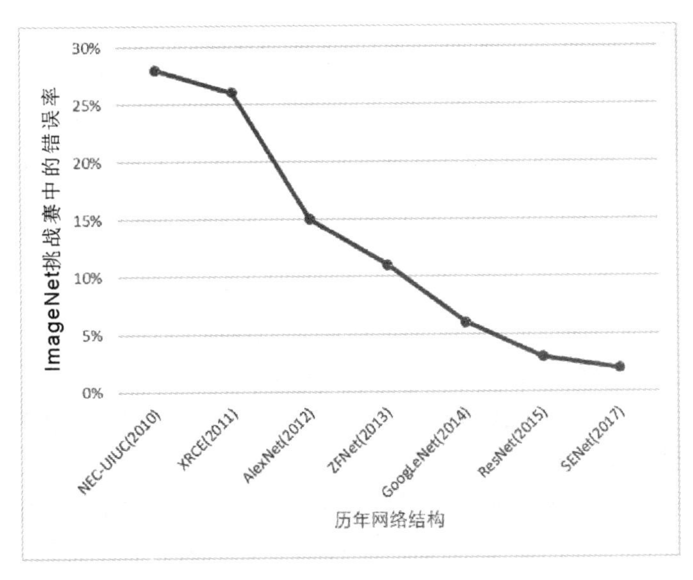

图 1-5　历年 ILSVRC 错误率(错误率 5%～10%为人类认知范围)

3) 无人驾驶技术

1969 年，人工智能之父约翰·麦卡锡写了一篇类似电脑加速汽车的文章，首次提出与无人驾驶定义类似的概念。目前，无人驾驶技术在国内外都处于迅速发展时期，大量的科技公司和汽车公司都在致力于无人驾驶技术的研究。20 世纪 70 年代初，美国、英国和德国等发达国家已开始无人驾驶汽车技术的研究，目前已取得了突破性进展。作为无人驾驶的领跑者，Google X 实验室于 2007 年开始研发自动驾驶汽车；2015 年，两辆无人驾驶汽车上路测试，紧随其后的特拉斯 Model S 系列汽车的 Autopilot(自动驾驶)技术取得重大突破。另外，宝马、奔驰、奥迪等都进行着自己的无人驾驶技术的研究和测试。在国内，百度深度学习研究院与宝马合作，并公开演示了自动驾驶测试情况。2017 年的百度世界大会上，百度与 NVIDIA(英伟达)达成合作，创建从云端到汽车的无人驾驶平台，并向全国乃至全世界汽车制造商开放。2018 年，京东开始启用无人配送车。2019 年 12 月，百度在长沙举办的首届 Apollo 生态大会上正式宣布由自动驾驶平台战略升级成为自动驾驶、车路协同以及智能车联三大开放平台联动发展，其自动驾驶生态圈基本建成。

4) 医学影像分析

在医学领域，通过深度学习可从病人的射线照片中判断其是否患有恶性肿瘤并指出肿瘤位置。这些研究在皮肤科、放射科、病理科的复杂诊断中取得了不错的成果，并且为医生提供了辅助意见。

除了辅助诊断外，深度学习在大量诊断任务上取得了医生级别的准确率，如识别黑痣和黑色素瘤、从眼底图像和光学相干断层扫描(Optical Coherence Tomography，OCT)图像中检测糖尿病性视网膜病变等。

另外，深度学习又进一步被应用于不易被发现的病例中，如使用放射图像标注大脑中的大动脉闭塞(病人在永久性损伤之前所剩时间仅为几分钟，判断时间有限)和癌症病理切片读取等。

5) 遥感图像解译

除了自然图像，深度学习技术也已经被应用于遥感图像的解译和分析中。遥感是地理学应用中获取信息的重要现代化手段，随着观测卫星发射频率的提高，遥感影像解译已被应用于减灾、环保、国土、农林业、水利和海洋等各大领域。5·12汶川地震中，遥感影像在灾情信息获取、救灾决策和灾难重建中发挥了重要作用。通过深度学习对遥感影像的信息提取和震前震后的变化检测，可以为灾后救援工作提供可靠的信息，并为震后重建提供依据。

另外，通过深度学习可以对高速公路、国道、省道以及更复杂的道路信息进行自动提取；针对高分辨遥感图像，还可以进行目标的检测，如飞机和舰船的定位等。美国Orbital Insight公司成功利用深度学习方法在海量影像资料中得到汽车分布、原油罐、地表水储量、农业产量评估等信息，从而获得了很多的风险投资。

目前，深度学习对云、冰雪、水体像素的解译精确度超过99%，并能够有效克服白沙、盐碱地、裸地等高反地貌的影响；水体加测能够有效区分山体阴影、云阴影等相似地貌。

6) 智能安防

智能安防是继网络化、高清化之外另一个众望所归的行业发展趋势。随着大数据和高清摄像机的普及，海量高清以及以上分辨率的视频数据成为深度学习在安防领域快速发展的肥沃土壤。从2005年开始的平安城市建设到2011年的智慧城市建设，以及后来提出的“天网工程”和“雪亮工程”等安防重点项目，都是深度学习在安防领域的不断渗透。从2012年起，传统的安防企业和AI+安防领域新公司都开始注重安防产品在城市建设上的应用。从2016年智能安防的概念被大面积提及开始，各公司在全国范围内的智能安防落地举措愈加频繁，应用场景也由最初的公安和交通向其他行业拓展。据中商产业研究院整理，2018年智能安防行业市场规模近300亿元，预计2020年，智能安防将创造一个千亿的市场。

除了上述典型应用外，深度学习已经渗透到图像所涉及的各个领域，如手势识别、文字识别、图像优化等。

2. 在语音方面的应用

2009年深度学习的概念被引入语音识别领域，并对该领域产生了重大影响，随后谷歌利用深度学习自动地从海量数据中提取复杂特征，提高了语音识别的准确度，也将识别错误率降低了20%。目前，语音识别已被各个领域广泛应用，如同声传译系统、苹果公司提出的 Siri 系统、科大讯飞的智能输入法等。另外，语音识别还被应用于家庭自动化、视频游戏和虚拟辅助中。

微软在 21 世纪计算机大会上展示了一套同声传译系统，该系统不仅要求计算机对输入的语言进行识别，同时要求翻译成另一种语言，并将翻译好的结果通过语音的方式输出。目前这套系统已经应用到微软的 Skype 中，为我们的日常生活提供服务。

3. 在语言分析方面的应用

自然语言处理也是深度学习的一个重要应用领域，世界上最早的深度学习用于自然语言处理的工作诞生于 NEC 美国实验室，其研究员 R. Collobert 和 J. Weston 从 2008 年开始采用嵌入式和多层一维卷积的结构，用于词性标注、分块、命名实体识别和语义角色四个典型的自然语言处理问题。随后，自然语言处理开始迅速发展起来。

1) 机器翻译

20 世纪 80 年代之前，机器翻译主要依赖于语言学的发展。之后，研究者开始将深度学习用于统计模型上，并在短时间内取得了非常大的成果。2013 年，Nal Kalchbrenner 和 Phil Blunsom 提出了一种用于机器翻译的新型端到端编码器-解码器结构。2014 年，Sutskever 等开发了一种序列到序列(seq2seq，如图 1-6 所示)的学习方法，谷歌以此模型在其深度框架 TensorFlow 教程中给出了具体的实现办法，并取得了较好的结果。

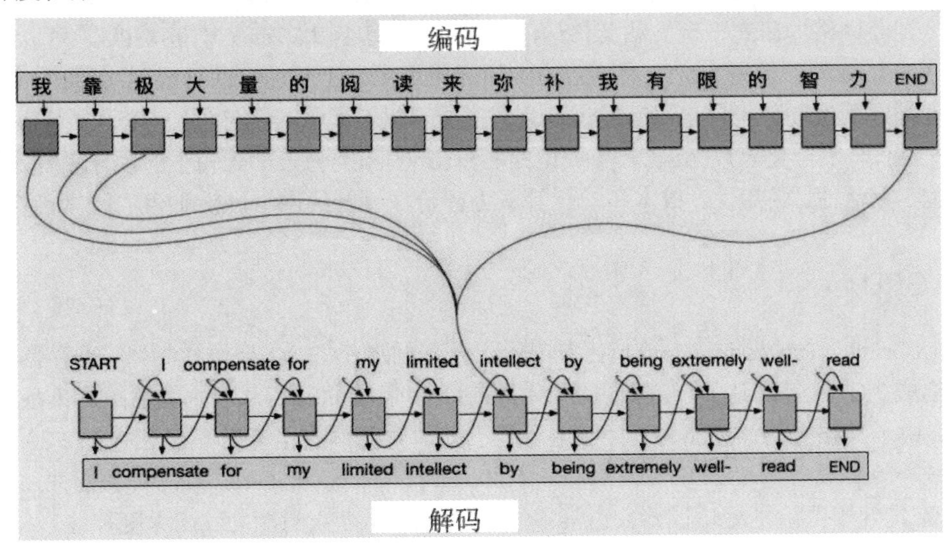

图 1-6 seq2seq 网络简图

2) 情感分析

情感分析是自然语言处理中一个非常经典的应用，其核心问题是通过一段文字判断作者对评价的主体是好评还是差评。情感分析目前主要用于服务业和制造业，通过用户评价来掌握用户对产品和服务是否满意。在金融业，通过分析用户对不同产品和公司的态度可以对投资选择提供帮助。

3) 词性标注

词性标注具有很多应用，包括文本解析、文本语音转换和信息抽取等。有学者提出了一个采用RNN进行词性标注的系统，该模型采用Wall Street Journal data from Penn Treebank III(华尔街日报的语料库)数据集进行了测试，并获得了97.40%的标注准确性。

除此之外，深度学习在语言分析方面的应用还有语言生成和多文档总结、拼写检查等。

1.2 AI芯片研究现状

近年来，随着人工智能和大数据技术的发展，深度神经网络在语音识别、自然语言处理、图像理解、视频分析等应用领域取得了突破性进展。研究者在追求更好精度的同时，深度神经网络模型层数和参数数量也在不断增加，从而对硬件的计算能力、内存带宽及数据存储等的要求也越来越高。因此，计算能力强、可并行加速、数据吞吐高的高性能硬件平台对于模型训练来说显得尤为重要。目前形成了以“CPU + GPU”的异构模式服务器为主的深度神经网络的研究平台，如英伟达的DGX-2具有16块Tesla V100 GPU，可以提供最高达2 PFlops的计算能力。面对复杂的实际应用需求和不断加深的神经网络结构，多样化的深度神经网络硬件平台也不断发展起来，形成了以通用性芯片(CPU、GPU)、半制定化芯片(FPGA)、全制定化芯片(ASIC)、集成电路芯片(SoC)和类脑芯片等为主的硬件平台市场。计算性能、灵活性、易用性、成本和功耗等成为评价深度神经网络硬件平台的因素和标准。

1.2.1 GPU

GPU(Graphic Processing Unit)起初专门用于处理图形任务，主要由控制器、寄存器和逻辑单元构成。GPU包含几千个流处理器，可将运算并行化执行，从而大幅缩短了模型的运算时间，由于其强大的计算能力，目前主要用于处理大规模的计算任务。英伟达在2006年推出了统一计算设备构架CUDA及对应的G80平台，第一次让GPU具有可编程性，使得GPU的流式处理器除了处理图形，也具备处理单精度浮点数的能力。在深度神经网络中，大多数计算都是矩阵的线性运算，它涉及大量数据运算，但控制逻辑简单。对于这些庞大的计算任务，GPU的并行处理器表现出极大的优势。自从AlexNet在2012的ImageNet比赛中取得了优异成绩以来，GPU被广泛应用于深层神经网络的训练和推理。大量依赖GPU运算的深度学习软件框架(如TensorFlow、Torch、Caffe、Theano 和PaddlePaddle等)的出现极大地降低了 GPU 的使用难度，因此它也成为人工智能硬件的首选，在云端和终端各种场景均率先落地，也是目前应用范围最广、灵活度最高的 AI 硬件。

1.2.2 半制定 FPGA

FPGA(Field-Programmable Gate Array)是现场可编程门阵列，它允许无限次的编程，并利用小型查找表来实现组合逻辑。FPGA 可以定制化硬件流水线，可以同时处理多个应用或在不同时刻处理不同应用，具有可编程、高性能、低能耗、高稳定、可并行和安全性的特点，在通信、航空航天、汽车电子、工业控制、测试测量等领域取得了很大的应用市场。人工智能产品中往往是针对一些特定应用场景而定制的，定制化芯片的适用性明显比通用芯片的高。FPGA 成本低并且具有较强的可重构性，可进行无限编程。因此，在芯片需求量不大或者算法不稳定时，往往使用 FPGA 去实现半定制的人工智能芯片，这样可以大大降低从算法到芯片电路的成本。随着人工智能技术的发展，FPGA 在加速数据处理、神经网络推理、并行计算等方面表现突出，并在人脸识别、自然语言处理、网络安全等领域取得了很好的应用。

1.2.3 全定制 ASIC

ASIC(Application Specific Integrated Circuit)是专用集成电路，是指应特定用户要求和特定电子系统的需要而设计、制造的集成电路。相比于同样工艺的 FPGA 实现，ASIC 可以实现 5～10 倍的计算加速，且量产后 ASIC 的成本会大大降低。不同于可编程的 GPU 和 FPGA，ASIC 一旦制造完成将不能更改，因此具有开发成本高、周期长、门槛高等问题。例如近些年类似谷歌的 TPU、寒武纪的 NPU、地平线的 BPU、英特尔的 Nervana、微软的 DPU 和 BrainWave、亚马逊的 Inderentia、百度的 XPU 等芯片，本质上都属于基于特定应用的人工智能算法的 ASIC 定制。与通用集成电路相比，由于 ASIC 是专为特定目的而设计的，它具有体积更小、功耗更低、性能提高、保密性增强、成本低等优点，具有很高的商业价值，特别适合移动终端的消费电子领域的产业应用。

1.2.4 SoC

SoC(System on Chip)是系统级芯片，一般是将中央处理器、存储器、控制器、软件系统等集成在单一芯片上，通常是面向特殊用途的指定产品，如手机 SoC、电视 SoC、汽车 SoC 等。系统级芯片能降低开发和生产成本，相比于 ASIC 芯片，其开发周期短，因此更加适合量产商用。目前，高通、AMD、ARM、英特尔、英伟达、阿里巴巴等都在致力于 SoC 硬件的研发，产品中集成了人工智能加速引擎，从而满足市场对人工智能应用的需求。

英特尔旗下子公司 Movidius 在 2017 年推出了全球第一个配备专用神经网络计算引擎的 SoC(Myriad X)，芯片上集成了专为高速、低功耗的神经网络而设计的硬件模块，主要用于加速设备端的深度学习推理计算；赛灵思推出的可编程片上系统(ZYNQ 系列)是基于 ARM 处理器的 SoC，具有高性能、低功耗、多核和开发灵活的优势；华为推出的昇腾 310 是面向计算场景的人工智能 SoC 芯片。

1.2.5 类脑芯片

类脑芯片(Brain-Inspired Chip)是仿照人类大脑的信息处理方式，打破了存储和计算分离的架构，实现了数据并行传送、分布式处理的低功耗芯片。在基于冯·诺依曼结构的计算芯片中，计算模块和存储模块分离处理从而引入了延时及功耗浪费。类脑芯片侧重于仿照人类大脑神经元模型及其信息处理的机制，利用扁平化的设计结构，从而在降低能耗的前提下高效地完成计算任务。在人工智能火热的时代，各国政府、大学、公司纷纷投入到类脑芯片的研究当中，其中典型的有 IBM 的 TrueNorth、英特尔的 Loihi、高通的 Zeroth、清华大学的天机芯等。

第2章 深度学习开发平台

随着深度学习和机器学习的迅速发展，不同的深度学习平台也都在迅速地发展。本章将介绍几种主流的深度学习开发平台的基本原理、主要功能、特点、优势、应用领域以及发展趋势，并且对它们的主要功能、基本特性以及发展趋势进行对比、预测和分析。其中，2.1 节首先介绍了各大平台的基本概况，2.2 节对各大平台的性能和功能进行了详细的对比和分析，并根据详细数据预测了不同平台的发展趋势。通过本章的介绍，希望读者能够了解并且掌握当下最主流的深度学习平台，并且能够快速准确地选择开发平台并将其应用于不同的实际问题。

2.1 深度学习平台介绍

本节将详细介绍目前应用最广泛的 7 种深度学习平台(包括 TensorFlow、Caffe、Pytorch、MXNet、CNTK、PaddlePaddle 和 Darknet)的基本原理、主要特性和优势，以及它们的应用场景，并且对它们未来的潜力及发展进行大致的评估，主要目的是希望帮助读者迅速了解和掌握深度学习平台，并能够帮助一些硬件工程师迅速了解深度学习的基本理论知识，促使工程师们能够软硬件结合，从而提高工艺生产效率。

2.1.1 TensorFlow

TensorFlow 是谷歌公司在 DistBelief(分布式深度学习平台)的基础上改进的第二代人工智能学习系统，而它的名字则来源于其运行原理。Tensor(张量)意味着 N 维数组，Flow(流)意味着基于数据流图的计算，TensorFlow 是一个将数据流图(Data Flow Graphs)应用于数值计算的开源软件库。

TensorFlow 是一个将复杂的数据结构传输至人工智能神经网络中，并对其进行分析和处理的系统。其中，节点(Nodes)在数据流图中表示数学操作，而数据流图中的线(Edges)则表示在节点间相互联系的多维数据数组，即张量(Tensor)。它具有非常灵活的架构，能够帮助用户在多种平台上展开计算，也被广泛应用于语音识别或图像识别等多项机器学习和深度学习领域。

在硬件方面，TPU 是谷歌为 TensorFlow 定制的专用芯片。TPU 被应用于谷歌的云计算平台，并作为机器学习产品开放研究和商业使用。TensorFlow 的神经网络 API Estimator 拥有支持 TPU 下可运行的版本 TPUEstimator。TPUEstimator 可以在本地进行学习/调试，并上传到谷歌云计算平台进行计算。使用云计算 TPU 设备，需要快速向 TPU 供给数据，为此可使用 tf.data.Dataset API(Application Programming Interface，应用编程接口)从谷歌云存储分区中构建输入管道。小数据集可使用 tf.data.Dataset.cache 完全加载到内存中，大数据可转化为 TFRecord 格式并使用 tf.data.TFRecordDataset 进行读取。除此之外，TensorFlow 还有很多便于应用的其他优势：

(1) TensorFlow 具有高度的灵活性。TensorFlow 并不是一个严格的“神经网络”数据库，任何用户都可以通过构建一个数据流图来表示驱动计算的内部循环；它能够为用户提供有用的工具，帮助用户组装被广泛应用于神经网络的“子图”，同时用户也可以在 TensorFlow 的基础上编写自己的“上层库”。当然，如果用户发现找不到想要的底层数据操作，可以自己编写 C++代码来丰富底层的操作。

(2) TensorFlow 具有真正的可移植性。TensorFlow 可以在 CPU 和 GPU 上运行，例如运行在台式机、服务器、手机上等；TensorFlow 既可以帮助用户在没有特殊硬件的前提下，在自己的笔记本上运行机器学习的新想法，也可以帮助用户将自己的训练模型在多个 CPU 上规模化运算，而不用修改代码；TensorFlow 可以帮助用户将训练好的模型作为产品的一部分应用到手机 App 里，还可以帮助用户将自己的模型作为云端服务运行在自己的服务器上，或者运行在 Docker 容器里。

(3) TensorFlow 可以加强科研和产品之间的相关性。过去，需要通过大量的代码重写才能够将科研中的新想法应用于产品；而现在，科学家用 TensorFlow 尝试新的算法，产品团队则用 TensorFlow 来训练和测试新的计算模型，并直接提供给在线用户。使用 TensorFlow，既可以让应用型研究者将新想法迅速运用到产品中，也可以让学术型研究者更方便地分享代码，从而提高科研效率。

(4) TensorFlow 具有自动求微分的能力。它能够使得一些基于梯度的机器学习算法更加快速且准确。作为 TensorFlow 用户，只需要定义需要预测的模型结构，将这个结构和目标函数结合在一起，并添加数据，TensorFlow 将自动计算相关的微分导数。

(5) TensorFlow 支持多语言。TensorFlow 有一个合理的 C++使用界面，也有一个易用的 Python 使用界面来构建和执行用户的图片和视频。可以直接编写 Python/C++ 程序，也可以在交互式的 IPython 界面中用 TensorFlow 来尝试新想法。当然，这只是个起点——这个平台将鼓励用户创造出自己最喜欢的语言界面，截至版本 1.12.0，TensorFlow 绑定完成并支持版本兼容运行的语言为C和Python，其他绑定完成的语言为JavaScript、C++、Java、Go和Swift，依然处于开发阶段的语言包括C、Haskell、Julia、Ruby、Rust和Scala。

(6) TensorFlow可以最大化系统性能。如果用户拥有一个32个CPU内核、4个GPU显卡的工作站，则TensorFlow可以帮助用户将工作站的计算潜能全部发挥出来。TensorFlow支持线程、队列、异步操作等，可以帮助用户将硬件的计算潜能全部发挥出来。用户可以自由地将TensorFlow数据流图中的计算元素分配到不同的设备上，TensorFlow可以帮助用户管理好这些不同的副本。

(7) TensorFlow支持分布式执行。2017年10月31日，谷歌发布了TensorFlow Eager Execution(贪婪执行)，为TensorFlow添加了命令式编程接口。在此之前的TensorFlow有一个很大的缺点，就是只支持静态图模型。也就是说，之前的TensorFlow在处理数据前必须预先定义好一个完整的模型，这要求数据非常完整，但是在实际工程操作中难免会有不完整的数据模型，这些模型处理起来会很麻烦。而现在，TensorFlow操作会立刻执行，不需要执行一个预先定义的数据流图，从而大大地提高了工作效率。

(8) TensorFlow可以进行迁移学习(Transfer Learning)。许多TensorFlow模型都包含可训练、可优化示例，方便研发人员进行迁移学习。迁移学习就是在训练好的模型上继续训练其他内容，充分使用原来模型的权重，这样可以节省重复训练大型模型的时间，提高工作效率。因此，有新想法的用户可以不用花费时间重新训练一个无比庞大的神经网络，只需要在原来的神经网络上进行训练和测试即可。

(9) TensorFlow生态系统包含许多工具和库。TensorBoard是一个Web应用程序，它可以把复杂的神经网络训练过程可视化，也可以帮助理解、调试并优化程序。TensorFlow Serving组件是一个为生产环境而设计的高性能的机器学习服务系统，它可以将TensorFlow训练好的模型导出，并部署成可以对外提高预测服务的接口。Jupyter Notebook是一款开放源代码的Web应用程序，用户可创建并共享代码和文档；它提供了一个环境，用户可以在其中记录、运行代码，并查看结果，可视化数据后再查看输出结果。Facets是一款开源可视化工具，可以帮助用户理解并分析各类机器学习数据集。例如，用户可以查看训练和测试数据集，比较每个要素的特征，并按照具体特征对要素进行排序。当然，除了这些例子，还有很多其他工具和库，本书不再一一介绍。

(10) TensorFlow支持CPU和GPU运行。在程序中，设备使用字符串进行表示，CPU表示为“CPU:0”。第一个GPU表示为“/device:GPU:0”，第二个GPU表示为“/device:GPU:1”，以此类推。如果TensorFlow指令中兼有CPU和GPU实现，当该指令分配到设备时，则GPU设备的优先级高于CPU的。TensorFlow会尽可能地使用GPU内存，最理想的情况是进程只分配可用内存的一个子集，或者仅根据进程需要增加内存使用量，为此，启用会话时可通过两个编译选项来执行GPU进程。

鉴于上述优势，近几年，TensorFlow 被广泛应用于各种领域。作为一个广受欢迎的深度学习框架，TensorFlow 不仅可以帮助现有很多互联网上的应用提高智能水平，而且还能够被广泛应用于其他领域。

1) AlphaGo

AlphaGo 的工作得益于 TensorFlow 框架本身的帮助，因为 TensorFlow 可以利用超大计算机集群，支持最新的加速器，这样 AlphaGo 团队可以更加专注于算法的研究。

2) 智能医疗

由于 TensorFlow 是一个通用的框架，用户可以很方便地重用现有的图像识别模型或者自然语言处理模型，因此，重新训练或微调一下模型，就可以在检测视网膜病变任务上面获得超过 95%的准确率，这个准确率已经超过了普通眼科专家所达到的 91%的水平。

3) 婴儿食品制作

TensorFlow 开源后，大大地降低了利用深度学习技术的门槛。自 2017 年以来，很多和互联网毫不相关的行业也开始尝试利用深度学习的技术和方法，比如一个婴儿食品制作公司引进了 TensorFlow 训练好的智能系统，这个智能系统可以把婴儿食品的原料进行分类，把一些烂掉的苹果和香蕉更准确地排除出去，这样可以准确地控制婴儿食品的质量。

4) 自动驾驶

在自动驾驶方面，谷歌团队也在利用 TensorFlow 不断地改进自动驾驶系统当中的深度模型，包括对路况场景的分割、雷达信号的处理等。

5) 音乐创作

谷歌团队正在尝试利用深度学习的技术来创作乐曲，所创作的乐曲还受到了专业 DJ(Disco Jockey，唱片骑士)的肯定。

TensorFlow 框架还没有竣工，它需要被进一步扩展和进行上层建构。机器学习是未来新产品和新技术的关键部分，我们也希望通过分享这个框架来创造一个开放的标准，以促进研究想法的交流和将机器学习算法产品化。谷歌的工程师们正在利用它为用户提供产品和服务，而谷歌的研究团队也将在他们的科研文章中分享他们对 TensorFlow 的使用。

2.1.2 Caffe

Caffe 是一个深度学习框架，其优点是表达力强、速度快和模块化，由伯克利视觉学习中心(Berkeley Vision and Learning Center，BVLC)和社区贡献者开发，贾杨青等人在加州大学伯克利分校攻读博士期间创建了这个项目。Caffe 提供了一个用于训练、测试、微调和开发模型的完整工具包，而且它拥有可以应用于产品开发的完善的实例。同样的，它也是一个对于研究人员和其他开发者来说进入尖端机器学习的理想起点，它在短时间内就能应用于产业开发。

Caffe 的核心模块有三个，分别是 Blobs、Layers 和 Nets。Blobs 用来进行数据存储、数据交互和处理，Caffe 通过 Blobs 统一制定了数据内存的接口；Layers 是神经网络的核心，它定义了许多层级结构，并将 Blobs 视为输入输出；Nets 是一系列 Layers 的集合，并且这些层结构通过连接形成一个网图。

Caffe 的特性和优点主要有：

(1) Caffe 具有模块性。Caffe 本着尽可能模块化的原则，使新的数据格式、网络层和损失函数变得更加容易扩展。网络层和损失函数被预先定义好后，大量示例将帮助用户学会怎样组成一个神经网络系统并且应用于不同的问题。

(2) Caffe 支持任意有向非循环图形式的网络构建。根据实例化，Caffe 保留网络需要的内存，并且从主机或者 GPU 底层的位置抽取内存。它只需要调用一个函数就能快速完成 CPU 和 GPU 之间的转换，每一个单独的数据模块都会进行测试，没有相应的测试 Caffe 就不允许新代码加入到新模型中，这样就可以快速改进和更新代码库。

(3) Caffe 提供了 Python 和 Matlab 相结合的目前研究代码的快速原型和接口，这两种语言都用在了构造网络和分类输入中。Caffe 还提供了应用于视觉工作的参考模型，包括里程碑式的 AlexNet、ImageNet 模型的变形和 R-CNN 探测模型。

(4) Caffe 可以促进创新和应用。使用 Caffe 可以在配置中定义模型和优化，不需要硬性编码。通过设置一个 GPU 机器训练标记在 CPU 和 GPU 之间转换，接着调配商品化集群系统或移动设备来完成模型的定义和优化。

(5) Caffe 代码具有可扩展性和活跃性。在 Caffe 项目开展的第一年，它就被用户开发超过 1000 次，由这些用户完成了许多重要的修改并反馈回来。也是这些贡献者，使得 Caffe 框架在代码和模型两方面都在追踪最先进的技术。

(6) Caffe 具有非常快的运算速度。一个 NVIDIA K40 GPU Caffe 每天可以处理超过 64×10^6 张图像。推理过程为每张图 1 ms，而学习过程为每张图 4 ms。我们相信，Caffe 是现在可使用的最快的 ConvNet 应用，它也因此被广泛地应用于不同的机器学习领域。

在视觉、速度和多媒体方面，Caffe 已经被广泛应用于计算机视觉、语音识别、自然语言处理等领域。Caffe 框架在深度学习发展中正扮演着越来越重要的角色，也被越来越多的用户所熟知和应用。

2.1.3 Pytorch

Pytorch 是 Torch 的 Python 版本，是由 Facebook 开源的神经网络框架。Pytorch 提供一种类似 NumPy 的抽象方法来表征张量(或多维数组)，它可以利用 GPU 来加速训练。与

TensorFlow 的静态计算图不同，Pytorch 的计算图是动态的，可以根据计算需要实时改变计算图，即使用户在深度学习方面的基础知识不够扎实，Pytorch 也可以帮助用户快速入门。至少，用户可以将多层神经网络模型视为由权重连接的节点图，可以基于前向和反向传播，利用优化过程(如梯度计算)从不同数据中计算每层网络的权重。

Pytorch 的基础主要包括以下三个方面：

(1) Numpy 风格的 Tensor 操作。Pytorch 中 Tensor 提供的 API 参考了 Numpy 的设计，因此熟悉 Numpy 的用户基本上能够借鉴原来的经验，自行创建和操作 Tensor，同时 Torch 中的数组和 Numpy 数组对象也可以无缝对接。

(2) 变量自动求导。在序列计算过程形成的计算图中，所有变量都可以方便且快速地计算出自己对目标函数的梯度值。这样就可以方便地实现神经网络的后向传播。

(3) 神经网络层、损失函数和优化函数等高层被封装。网络层的封装存在于 torch.nn 模块中，损失函数由 torch.nn.functional 模块提供，优化函数由 torch.optim 模块提供。

Pytorch 具有以下特性和优点：

(1) Pytorch 可以混合前端，新的混合前端在急切模式和图形模式之间无缝转换，以提供灵活性和速度。

(2) Python 语言优先。Pytorch 的深度集成允许用户在 Python 中使用流行的库和包编写神经网络层。

(3) Pytorch 拥有丰富的工具和函数库。丰富的工具和库生态系统扩展了 Pytorch，使得 Python 支持计算机视觉、NLP (Neuro-Linguistic Programming，神经语言程序学)等领域的开发；C++ 前端是 Pytorch 的纯 C++ 接口，它遵循已建立的 Python 前端的设计和体系结构。

(4) Pytorch 可以快速实现。在深度学习的训练过程中，用户会有很多奇思妙想，但这些新想法需要通过实验来验证。如果实现比较困难，而且在创新点的不确定性特别大时，用户会很容易放弃这个设想。而 Pytorch 可以解放用户的思想，用 Tensor 的思维思考代码，即一切操作均在 Tensor 的基础上进行，一切 Tensor 能做的，Pytorch 都能做到。

(5) Pytorch 具有简洁易懂的代码。如果用户不懂某个框架的源码，就不能完全掌握它的运行原理。在 Pytorch 框架中，任何一个操作，不论多么高级复杂，都能轻松地找到与它对应的 Tensor 操作。在大多数实际情况中，Pytorch 都比 TensorFlow 更高效，但这并不是说 TensorFlow 速度慢，而是说要用 TensorFlow 写出同等速度的代码会稍微困难一些，仅仅是加载数据这一方面就会非常复杂且耗时。

(6) Pytorch 具有强大的社区。Pytorch 论坛、文档一应俱全，而且它得到了 Facebook 的 FAIR(Facebook 的人工智能实验室)的强力支持。FAIR 的几位工程师全力维护开发 Pytorch，Github 上基于 Pytorch 框架的源码每天都有许多建议和讨论。

(7) Pytorch 使用命令式/热切式范式。也就是说，构建图形的每行代码都定义了该图的一个组件，即使在图形完全构建之前，我们也可以独立地对这些组件进行计算。这被称为运行时定义法(Define-by-Run)。

近几年，Pytorch 正在被广泛应用于机器学习的各种领域。最近的几个应用包括：加州大学伯克利分校计算机科学家所构建的项目，它基于循环一致对抗网络进行非配对图到图的转换，该项目通过使用一组对齐的图像训练集来学习图像输入和输出映射；科学家正在利用 Pytorch 架构实现 AOD-Net (一种网络模型)图片去雾以及 Faster R-CNN(一种网络模型) 和 Mask R-CNN(一种网络模型)的神经网络模型构建。自 2016 年 1 月初发布以来，许多研究人员已将 Pytorch 作为一种实现库，因为它易于构建新颖且复杂的计算图。作为一个新的并且正在建设中的框架，我们也期待着 Pytorch 能够尽快被更多数据科学从业者熟知并采用。

2.1.4 MXNet

MXNet 是亚马逊(Amazon)选择的深度学习库。它拥有类似于 Theano 和 TensorFlow 的数据流图，能够应用于多个 GPU 配置；有着更高级别的模型构建块，并且能够在任何硬件上运行(包括手机)。MXNet 提供了对 R、Julia、C++、Scala、Matlab 和 JavaScript 的接口，其中对 Python 的支持只是其冰山一角。

推动深度学习创新的两个最大因素是数据和计算。随着数据集越来越多样和计算量越来越宏大，神经网络在大多数深度学习问题上逐渐占据了主导地位。虽然 GPU 和集群计算为加速神经网络训练提供了巨大的机会，但是更新传统深度学习代码以充分利用这些分布式资源仍具有挑战性。过去，我们熟悉的科学计算堆包括 Matlab、R，NumPy 和 SciPy 没有提供利用这些资源的直接方式。而现在，像 MXNet 这样的加速库提供了强大的工具来帮助开发人员利用 GPU 和云计算的全部功能。这些工具可以适用于任何数学计算，尤其适用于加速大规模深度神经网络的开发和部署。

MXNet 能够提供以下功能：

(1) 设备放置。使用 MXNet，可以轻松指定每个数据结构应存放的位置。

(2) 多 GPU 培训。MXNet 可以通过可用 GPU 的数量轻松扩展计算。

(3) 自动区分。MXNet 可自动执行曾经陷入神经网络研究的衍生计算。

(4) 优化的预定义图层。虽然用户可以在 MXNet 中编写自己的图层，但预定义的图层会针对速度进行优化，优于竞争库。

MXNet 具有高性能且简单易学的代码、高级 API 访问和低级控制，是深度学习框架中独一无二的选择；MXNet 是 DMLC 第一个结合了所有成员的努力的项目，也同时吸引了很多核心成员的加入。DMLC(Distributed Machine Learning Community，分布式机器学习社区)希望 MXNet 是一个方便、简单易学、可以快速训练新模型和新算法的系统。对于未来，MXNet 将会支持更多的硬件，将拥有更加完善的操作算子以及兼容更多种类的编程语言。

2.1.5 CNTK

CNTK(the Microsoft Cognitive Toolkit，微软认知工具集)是一个统一的深度学习工具包，它通过有向图将神经网络描述为一系列计算步骤。CNTK 使用户能够通过深度学习实现集中性的、能够处理大规模数据的人工智能，它具有扩展性强、工作效率高和准确性强等优点，并且可以实现多种编程语言与算法之间的相互兼容。

在有向图中，叶节点表示输入值或网络参数，而其他节点表示其输入上的矩阵运算。CNTK 允许用户自由实现和组合流行的模型类型，如前馈 DNN(Deep Neural Network，深度神经网络)、卷积神经网络(Convolutional Neural Network，CNN)和循环网络(RNN/LSTM)。它通过跨多个 GPU 和服务器的自动区分和并行化实现随机梯度下降，即错误反向传播学习(Stochastic Gradient Descent，SGD)。自 2015 年 4 月以来，CNTK 已获得开源许可。用户可以利用 CNTK 框架，通过交换开源代码，更快速、方便地互相分享新想法。

CNTK 具有以下四个特性：

(1) 高度优化的内置组件。组件可以处理来自 Python、C++或 BrainScript 的多维密集或稀疏数据，也可以处理 FFN(Feed Forward Neural Network，前馈神经网络)、CNN、RNN/LSTM，生成对抗网络等批量标准化的神经网络或者具有注意力的序列到序列等；组件能够进行强化学习、有监督学习和无监督学习，能够在 Python 上从 GPU 添加新的用户定义的核心组件，并且进行自动超参数调整；同时，组件的内置读卡器针对海量数据集也进行了优化。

(2) 能够对资源进行有效利用。CNTK 通过一位 SGD 和 Block Momentum 在多个 GPU 或者多个机器上实现准确的并行性、内存共享和其他内置方法，可以有效利用 GPU 的最大内存。

(3) 能够帮助用户创建自己的网络。CNTK 拥有完整的 API，能够从 Python、C++和 BrainScript 定义网络、学习者、读者、培训和评估；它可以使用 Python、C++、C 和 BrainScript 评估模型与 NumPy 互操作，高级和低级 API 均具有易用性和灵活性；它甚至可以根据数据自动进行形状推断和完全优化的符号 RNN 循环。

(4) 能够使用 Azure(微软基于云计算的操作系统)进行培训和托管。CNTK 在与 Azure GPU 和 Azure 网络一起使用时，计算机可以利用高速资源在 Azure 上快速训练模型，并根据需要添加实时培训。

CNTK 具有以下三个优点：

(1) 速度快和可扩展性强。CNTK 能够比其他框架更快地训练和评估深度学习算法，能够在各种环境中进行高效扩展，从 CPU、GPU 到多台设备并且保持准确性。

(2) 商业级质量。CNTK 使用复杂的算法和生产阅读器构建，可以可靠地处理大量数据集。Skype、Cortana、Bing、Xbox 和业界领先的数据科学家已经使用微软认知工具包开发商业级 AI。

(3) 兼容性。CNTK 提供了最具表现力、最简单的架构，它使用用户最熟悉的语言和神经网络，如 C++ 和 Python，使用户能够自定义任何内置的训练算法或者在此基础上实现自己设计的新算法。

CNTK 目前主要被应用于基于神经网络的逻辑回归与 MNIST 数字识别，也允许用户使用图级别的 API 来编写神经网络。由于它的高效性和可扩展性，CNTK 被越来越多的用户所熟知和采用。

2.1.6 PaddlePaddle

PaddlePaddle 的前身是百度于 2013 年自主研发的深度学习平台。2016 年 9 月 1 日百度世界大会上，百度首席科学家吴恩达首次宣布将百度深度学习平台对外开放，命名为 PaddlePaddle。

PaddlePaddle 具有以下优点：

(1) 代码易于理解，官方提供丰富的学习资料及工具，并且帮助用户迅速成为深度学习开发者。

(2) 框架具备非常好的扩展性，并且提供了丰富全面的 API，能够实现用户各种天马行空的创意。

(3) 基于百度多年的 AI 技术积累以及大量的工程实践验证，框架安全稳定。

(4) 框架能够一键安装，针对 CPU、GPU 都做了众多优化，分布式性能强劲，并且具有很强的开放性。我们可以在 Linux 系统下使用最新版的 pip (Python 包管理工具)快捷地安装和运行 PaddlePaddle。

2016 年，PaddlePaddle 已实现 CPU/GPU 单机和分布式模式，同时支持海量数据训练、数百台机器并行运算，可以轻松应对大规模的数据训练，这方面目前的开源框架中可能只有谷歌的 TensorFlow 能与之相比。此外，PaddlePaddle 具有易用、高效、灵活和可伸缩等特点，且具备更丰富、更有价值的 GPU 代码。它提供了神经机翻译系统(Neural Machine Translation)、推荐、图像分类、情感分析、语义角色标注(Semantic Role Labelling)等 5 个任务，每个任务都可迅速上手，且大部分任务可直接套用。特别值得一提的是，与此前的对比测试结果显示，在训练数据和效果相同的情况下，PaddlePaddle 比谷歌的 TensorFlow 训练速度更快。据了解，这主要是由于 PaddlePaddle 的框架设计更具优势，并且未来有很大的潜力，速度可能会更快。

PaddlePaddle 广泛应用于以下几个方面：

(1) 它能够将词表示成一个实数向量(One-Hot Vector)，从而能够进行词与词之间的计算；

(2) 根据不同用户个性化需求与兴趣推荐其可能感兴趣的信息或商品；

(3) 可以用来判断一段文本所表达的情绪状态，比如正面、负面；

(4) 能够根据图像所传达的语义信息将图像按类别进行区分；

(5) 能够通过深度学习方法实现不同语言之间的转换；

(6) 能够利用基于 PaddlePaddle 的 SSD(Single Shot Multibox Detector，单次多目标检测)神经网络模型来做目标探测。

2016 年以来，PaddlePaddle 已经在百度几十项主要产品和服务之中发挥了巨大的作用，如外卖的预估出餐时间、预判网盘故障时间点、精准推荐用户所需信息、海量图像识别分类、字符识别(Optical Character Recognition，OCR)、病毒和垃圾信息检测、机器翻译和自动驾驶等领域。相信在不久的将来，PaddlePaddle 会被越来越多的用户使用，并且被应用于其他的深度学习领域。

2.1.7 Darknet

Darknet 是一个使用 C 语言和 CUDA(Computer Unified Device Architecture，计算统一设备架构)编写的开源神经网络框架。它安装快速，并支持 CPU 和 GPU 计算。Darknet 易于安装，只有两个可选的依赖项：如果用户想要更多种类的支持图像类型，可以使用 OpenCV；如果用户想要用 GPU 计算，可以使用 CUDA。CPU 上的 Darknet 速度很快，但它在 GPU 上的速度更快，是 CPU 上的 500 倍！

相比于 TensorFlow 来说，Darknet 并没有那么强大，但这也成了 Darknet 的优势：Darknet 完全由 C 语言实现，没有任何依赖项，可以使用 OpenCV(开源的计算机视觉库)来实现对图片的可视化；Darknet 支持 CPU 与 GPU(CUDA/CUDNN，使用 GPU 当然更快、更好，而 CUDNN 是专门针对深度神经网络中的基础操作而设计的基于 GPU 的加速库)；因为其较为轻型，没有像 TensorFlow 那般强大的 API，所以具有更大的灵活性，适合用来研究底层，以便用户能够更容易地从底层对其进行改进与扩展；Darknet 的实现与 Caffe 的实现存在相似的地方，熟悉了 Darknet，对学习 Caffe 也有很大的帮助。

Darknet 框架已经被广泛应用于深度学习领域：它被应用于基于 YOLO(一种基于深度神经网络的对象识别和定位算法)网络的实时目标识别与检测系统；被应用于在 ImageNet 数据集和 CIFAR-10 数据集下的目标分类系统；还被应用于基于 RNN 网络的自然语言处理系统。Darknet 正在被越来越多的用户所熟知和使用。

2.2 深度学习平台对比

前文大体介绍了一些主流深度学习平台的主要功能和特点。要将深度学习更快且更好地应用于不同的问题中，选择一款深度学习工具是必不可少的。本节将对各个平台进行对比和分析，希望能够帮助读者快速且准确地选择出适合自己问题的深度学习平台。表 2-1 中总结了这些平台的主要情况，每款平台都有各自的特点。

表 2-1 主流的深度学习平台总结表

主流平台	主要维护人员(或团体)	支持语言	支持系统
TensorFlow	谷歌	C++、Python	Linux、Mac OS X、Android、iOS
Caffe	加州大学伯克利分校视觉与学习中心	C++、Python、Matlab	Linux、Mac OS X、Windows
CNTK	微软研究院	Python、C++、BrainScript	Linux、Windows
MXNet	分布式机器学习社区	C++、Python、Julia、Matlab、Go、R、Scala	Linux、Mac OS X、Windows、iOS、Android
Torch	Ronan Collobert、(Soumith Chintala(Facebook))、Clement Farabet(推特)、Koray Kavukcuoglu(谷歌)	Lua、LuaJIT、C	Linux、Mac OS X、Windows、iOS、Android
PaddlePaddle	百度	C++、Python	Linux、Windows
Theano	蒙特利尔大学	Python	Linux、Mac OS X、Windows

从表 2-1 中可以看出，各大主流平台基本都支持 Python，目前 Python 在深度学习和大数据计算中可以说是独领风骚。虽然有来自 R、Julia 等语言的竞争压力，但是 Python 的优势在于各种库非常完善，Web 开发、数据可视化、数据预处理、数据库连接等无所不能，而且有一个完美的生态环境。仅在数据处理方面，Python 就有 NumPy、SciPy、Pandas、Scikit-learn、XGBoost 等组件，进行数据采集和预处理都非常方便，并且之后的模型训练阶段可以和 TensorFlow 等基于 Python 的深度学习平台完美衔接。

随着深度学习和机器学习的迅速发展，不同的深度学习平台也都在迅速的发展中，比较当前的性能、功能固然是选择平台的一种方法，但更加重要的是比较不同平台的发展趋势。深度学习本身就是一个处于蓬勃发展阶段的领域，所以对深度学习平台的选择，我们认为应该更加看重平台在开源社区的活跃程度。只有社区活跃度更高的工具，才有可能跟上深度学习本身的发展速度，从而在未来不会面临被淘汰的风险。表 2-2 和图 2-1 对比了不同深度学习工具在 Github 上活跃程度的一些指标。从图 2-1 中可以看出，无论是在获得的星数(star)还是在仓库被复制的次数(fork)上(star 和 fork 代表了不同深度学习平台在社区受关注的程度)，TensorFlow 都要远远超过其他深度学习工具。同时，我们也统计了各大平台的活跃讨论帖数量以及活动代码提交请求数量，它们也代表了不同深度学习工具社区参与度。活跃讨论帖数量越多，说明真正使用这个工具的人也就越多；提交代码请求数量越多，说明参与到开发这个工具的人也就越多。从图 2-1 中可以看出，无论从哪个指标来看，TensorFlow 都要完胜其他对手。

表 2-2 主流的深度学习平台在 Github 上的数据统计表

主流平台	星数(star)	复制仓库(fork)	活跃讨论帖(issue)	活跃代码提交请求(pull request)
TensorFlow	36 974	16 703	476	187
Caffe	13 847	8534	115	30
Keras	10 727	9282	125	27
CNTK	8418	1881	136	8
MXNet	5846	2231	237	98
Torch	5793	1685	26	11
PaddlePadde	3777	868	154	118
Theano	4977	1756	94	72

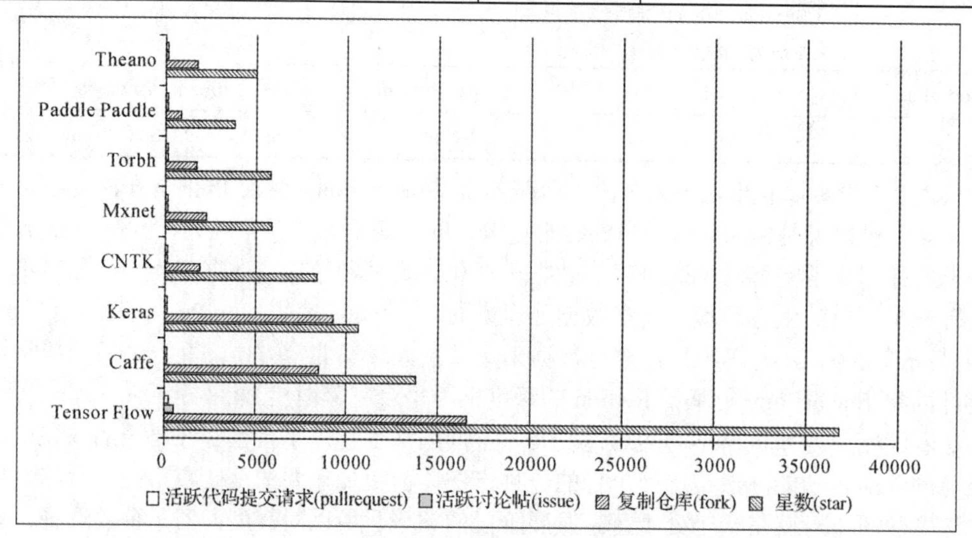

图 2-1 主流的深度学习平台在 Github 上的数据统计图

究其原因，主要是谷歌在业界的号召力以及其人工智能研发水平在世界都是首屈一指的，所以大家对谷歌的深度学习平台充满信心。TensorFlow 在 2015 年 11 月刚开源的第一个月就积累了 10000+ 的 star。平台本身优异的质量、快速的迭代更新、活跃的社区和积极的反馈，形成了良性循环，大量的活跃开发者再加上谷歌的全力支持，我们相信 TensorFlow 在未来将有更大的潜力，这也是本书将其作为主要介绍平台的重要依据。

表 2-3 对主流深度学习平台进行了各个维度的评分，可作为读者选择学习平台的参考依据。

表 2-3　主流深度学习平台在各个维度的评分(仅供参考)

主流平台	模型设计	接口	部署	性能	架构设计	总体评分
TensorFlow	80	80	90	90	100	88
Caffe	60	60	90	80	70	72
CNTK	50	50	70	100	60	66
MXNet	70	100	80	80	90	84
Torch	90	70	60	70	90	76
Theano	80	70	40	50	50	58

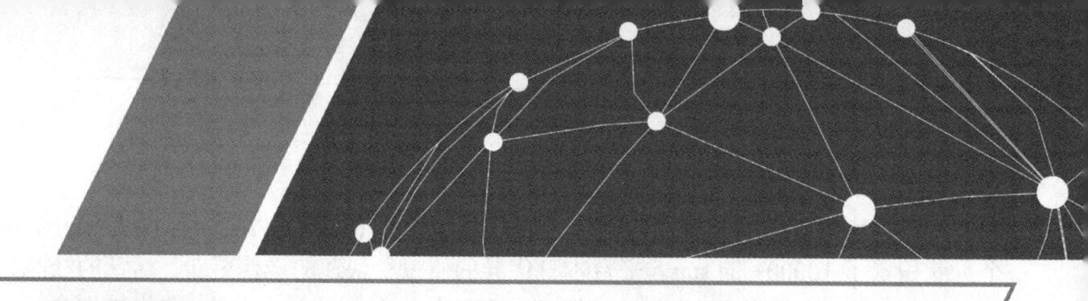

第3章 深度神经网络基础层算子介绍

随着计算机视觉的蓬勃发展，在某些图像的数据集上，机器识别的准确率已经超过了人类，而这一切都要归功于深度神经网络。对于深度神经网络，我们熟知的有卷积层、池化层和全连接层等，另外还有反卷积层、激活层、批量归一化层、Softmax 层和 Shortcut 层等，这些层中丰富而全面的层算子使深度神经网络在解决图像处理以及其他复杂问题上更快速、更高效。下面对深度神经网络的基础层算子进行简单介绍。

3.1 卷积算子

卷积算子是 CNN 的核心计算算子，是深度神经网络不可或缺的组成部分，它在计算机视觉方面的突破性进展引领了深度学习的热潮。

在介绍卷积算子之前，我们先来了解几个必要的基础概念。

(1) 卷积核(Kernel)。图像处理时，对输入图像中一个小区域像素加权平均后成为输出图像的一种操作。其中，权值由一个函数定义，这个函数便被称为卷积核，直观理解就是一个滤波矩阵。普遍使用的卷积核大小为 3 × 3、5 × 5 等。

(2) 填充(Padding)。填充是指处理输入特征图(Feature Map)边界的方式。为了不丢弃原图信息，让更深层的输入依旧保持有足够大的信息量，我们往往会先对输入特征图边界外进行填充(一般填充为 0)，再执行卷积操作。Padding 操作可以使输出特征图的尺寸不会太小，或者与输入特征图的尺寸一致。

(3) 步长(Stride)。步长即卷积核遍历输入特征图时每步移动的像素数。如步长为 1，则每次移动 1 个像素；步长为 2，则每次移动 2 个像素(即跳过 1 个像素)。

(4) 输出特征图尺寸。有了上面三个概念，我们就可以定义卷积运算后输出特征图的尺寸大小了。为了便于说明，定义卷积操作参数如表 3-1 所示。

表 3-1 卷积操作参数

参 数 名 称	参数符号
输入特征图尺寸	I
卷积核 Kernel 尺寸	K
滑动步长 Stride	S
Padding 像素数	P
输出特征图尺寸	O

定义深度神经网络图像卷积输出特征图尺寸的计算公式为

$$O=\left\lfloor \frac{I-K+2P}{S} \right\rfloor+1 \tag{3-1}$$

其中：$\lfloor x \rfloor$表示对 x 向下取整。

下面举例讲解卷积算子的具体运算过程。

假设 3 × 3 数据矩阵 ***P*** 如图 3-1 所示(我们常见的图像一般是三通道的，这里为方便理解，举个单通道的例子)。

P

1	2	3
4	5	6
7	8	9

Padding补0 →

P_padding

0	0	0	0	0
0	1	2	3	0
0	4	5	6	0
0	7	8	9	0
0	0	0	0	0

图 3-1　Padding 示意图

首先对矩阵 ***P*** 进行 Padding 补 0，将其扩充至 5 × 5 的 P_padding，如图 3-1 所示。

Padding = n，即在图片矩阵四周补 n 圈 0(此处为方便起见，以 Padding = 1 为例，具体 Padding 值根据实际需求而定)。

然后将 P_padding 与卷积核 Kernel 作卷积运算。已知输入特征图尺寸 I = 3，卷积核 Kernel 尺寸 K = 3，滑动步长 S = 1，Padding 像素数 P = 1，则输出特征图尺寸为

$$O=\left\lfloor \frac{I-K+2P}{S} \right\rfloor+1=\left\lfloor \frac{3-3+2}{1} \right\rfloor+1=3$$

图 3-2 所示的是使用一个卷积核得到一个特征图的过程，而实际应用中，会使用多个卷积核得到多个输出特征图。

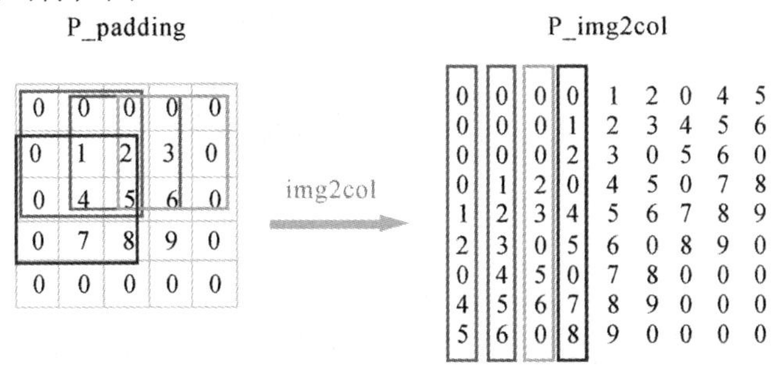

图 3-2　卷积示意图

图 3-2 中，不同灰度框表示从输入特征图矩阵中依次提取出和卷积核一样大小的块数据。为了提高卷积操作的运算效率，需要进行 img2col(图像矩阵转成列)操作，即把这些不同灰度框内的数据向量化。共有 3 × 3 个向量，最后得到 9 个向量化的数据矩阵，如图 3-3 所示。

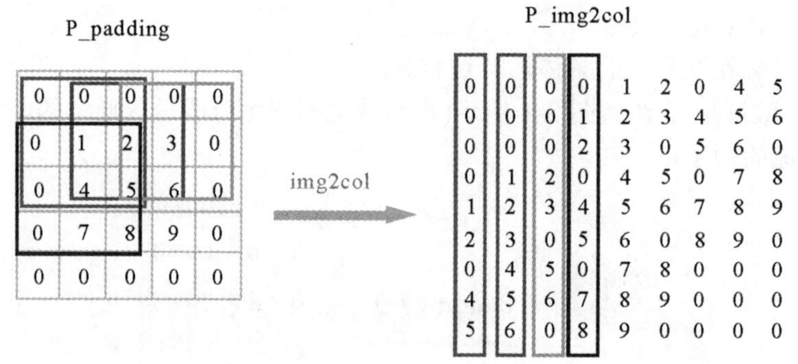

图 3-3　img2col 示意图

接着进行矩阵相乘操作，即将卷积核 Kernel 展成行，与图像矩阵展成的列进行矩阵相乘，具体操作如图 3-4 所示。

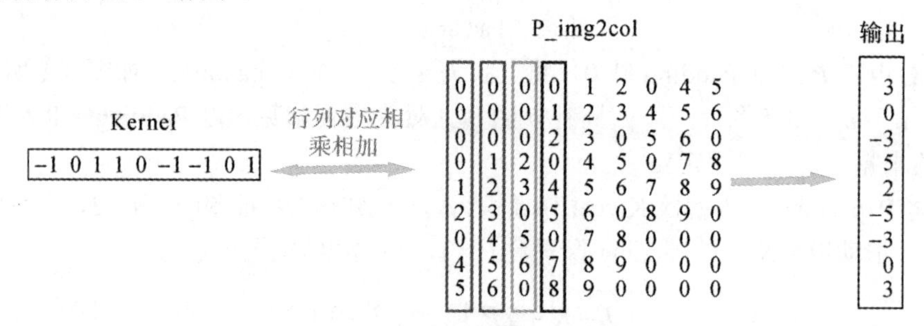

图 3-4　矩阵相乘示意图

最后进行 col2img(矩阵转特征图)操作，即将生成的列向量转成矩阵输出，如图 3-5 所示。

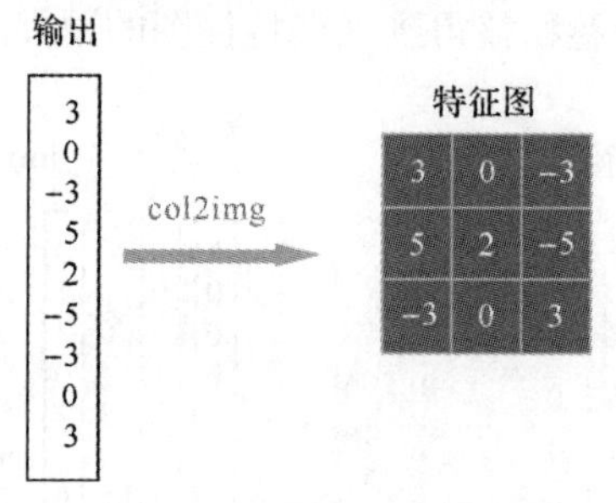

图 3-5　col2img 示意图

以上就是卷积算子通过 img2col 方式完成特征图矩阵卷积的具体过程。如果按照数学中的步骤做卷积，则在操作时读取的内存是不连续的，这样会增加时间成本。而卷积对应元素相乘再相加的做法跟向量内积很相似，所以通过 img2col 将矩阵卷积转化为矩阵乘法来实现，可大大提高矩阵卷积的速度。

这里只给出了一个卷积核，一个卷积核只会生成一个特征图，而在实际应用中，为了增强卷积层的表示能力，会使用很多个卷积核以得到多个特征图。卷积核很多时，如果一个一个计算会很浪费时间和内存，但是如果把这些卷积核全部按行排列，再与输入特征图转成的列向量作矩阵相乘操作，会一次得出所有的输出特征图，这样可大大提高特征图矩阵卷积的速度。

3.2 反卷积算子

反卷积算子是一种上采样算子，常被应用于场景分割、生成模型等算法网络中。它有很多其他的叫法，如 Transposed Convolution(转置卷积)、Fractional Strided Convolution(小步长卷积)等。

反卷积并不是正向卷积的完全逆过程。反卷积是一种特殊的正向卷积，它先按照一定的比例通过对输入特征图进行像素间填充来扩大输入特征图尺寸，接着旋转卷积核，再进行正向卷积。反卷积是从低分辨率映射到高分辨率的过程，用于扩大图像尺寸。

为了方便说明，首先定义反卷积操作参数，如表 3-2 所示。

表 3-2　反卷积操作参数

参 数 名 称	参数符号
输入特征图尺寸	I'
卷积核 Kernel 尺寸	K'
滑动步长 Stride	S'
Padding 像素数	P'
输出特征图尺寸	O'

下面我们通过卷积来认识反卷积。

图 3-6 是一个简单的卷积运算，已知输入特征图尺寸 $I=4$，卷积核 Kernel 尺寸 $K=3$，滑动步长 $S=1$，Padding 像素数 $P=0$，则输出特征图尺寸为

$$O=\left\lfloor \frac{I-K+2P}{S} \right\rfloor+1=\left\lfloor \frac{4-3+0}{1} \right\rfloor+1=2。$$

其对应的反卷积参数为($I'=2$，$K'=3$，$S'=1$，$P'=2$，$O'=4$)，反卷积运算示意图如图 3-7 所示。

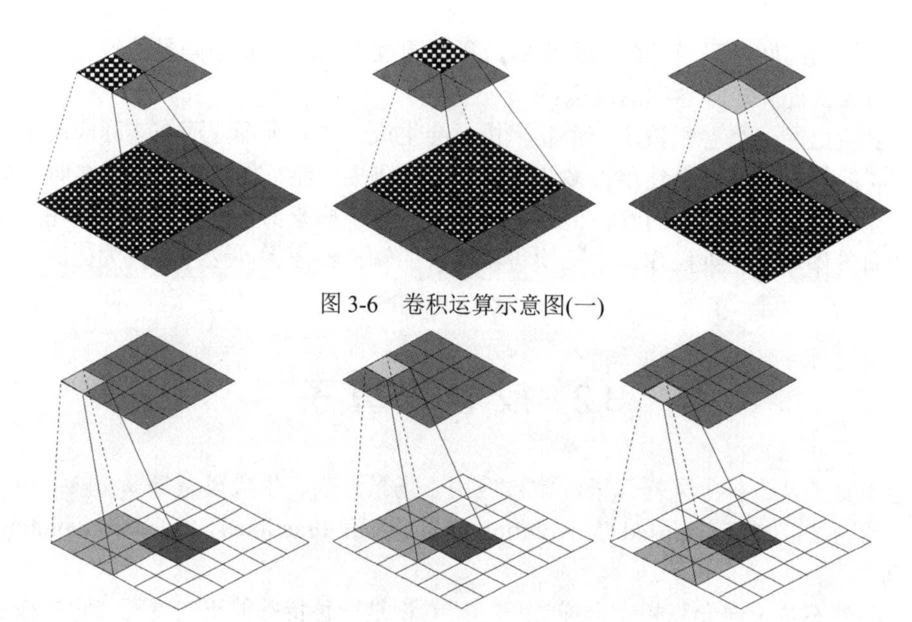

图 3-6　卷积运算示意图(一)

图 3-7　反卷积运算示意图(一)

可以发现，卷积和反卷积操作中 $K=K'$，$S=S'$，但是卷积的 $P=0$，反卷积的 $P'=2$ 通过对比可以发现，卷积层中左上角的输入只对左上角的输出有贡献，所以反卷积层会出现 $P'=K-P-1=2$。

通过示意图可以发现，反卷积层的输入/输出在 $S=S'=1$ 时的关系为

$$O'=I'-K'+2P'+1=I'+(K-1)-2P \tag{3-2}$$

而对于步长 $S>1$ 的卷积，我们可能会想到对应的反卷积步长 $S'<1$。图 3-8 所示为 $I=5$，$K=3$，$S=2$，$P=1$，$O=3$ 的卷积操作，其所对应的反卷积操作如图 3-9 所示。对于步长 $S>1$ 对应的反卷积操作，我们可以理解为：在其输入特征图像素之间插入 $S-1$ 个 0，此时步长 S' 不再是小数而为 1。因此，结合上面所得到的结论，可以得出此时的输入/输出关系为

$$O'=S(I'-1)+K-2P \tag{3-3}$$

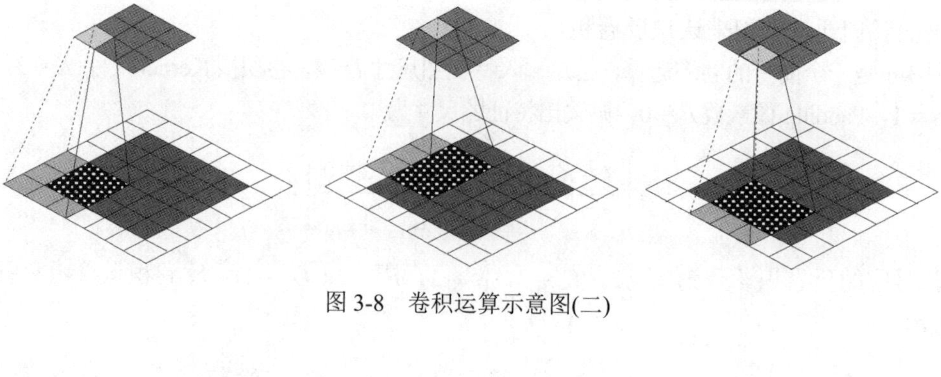

图 3-8　卷积运算示意图(二)

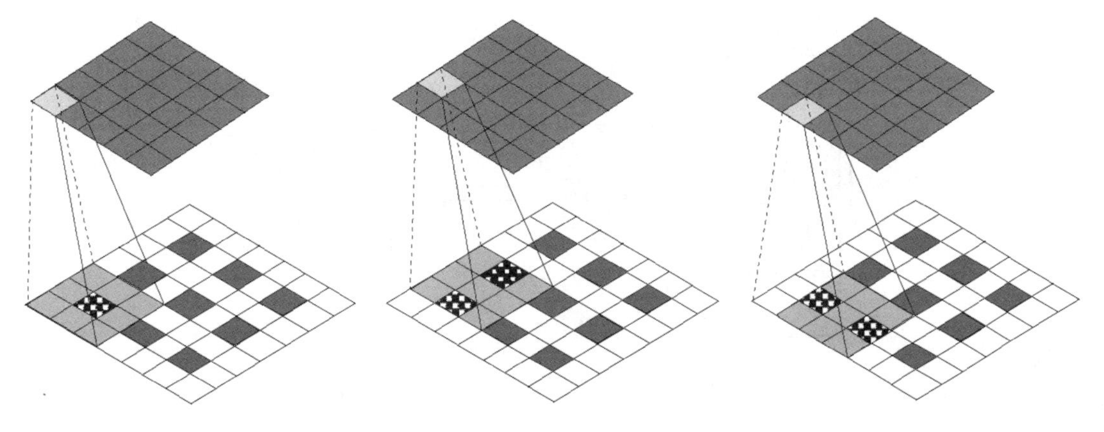

图 3-9　反卷积运算示意图(二)

3.3　池化算子

池化算子是神经网络中的池化层算子，它是一种下采样算子，旨在通过降低特征图的分辨率获得具有空间不变性的特征。池化算子在整个网络结构中起到二次提取特征的作用，它的每个神经元对局部接受域进行池化操作，从而降低特征图尺寸和网络模型的计算量。常用的池化算子有：

(1) 平均池化算子：进行池化操作时，对局部感受野中的所有值求均值并作为采样值。

(2) 最大池化算子：进行池化操作时，取局部感受野中的最大值作为采样值。

下面分别阐述两种池化算子的计算过程。

3.3.1　平均池化算子

平均池化的计算过程为对输入矩阵的每个patch(图像中的一个块)中的所有数值求平均，将其作为结果矩阵中相应位置的数值。

为了简化平均池化的过程，这里假设输入的是一个 $w=4$，$h=4$，$c=1$ 的矩阵，数值如图3-10左侧所示。执行平均池化的树池是一个 size = 2 的矩阵，令 stride = 2，pad = 0。

经过平均池化计算后，输出的结果矩阵的尺寸大小为 $m\times n\times c$，这里

$$m=n=\frac{w-\text{size}+\text{pad}}{\text{stride}}+1=\frac{4-2+0}{2}+1=2$$

同时 $c=1$ 不变，即输出 $2\times 2\times 1$ 的矩阵，数值如图3-10右侧所示。

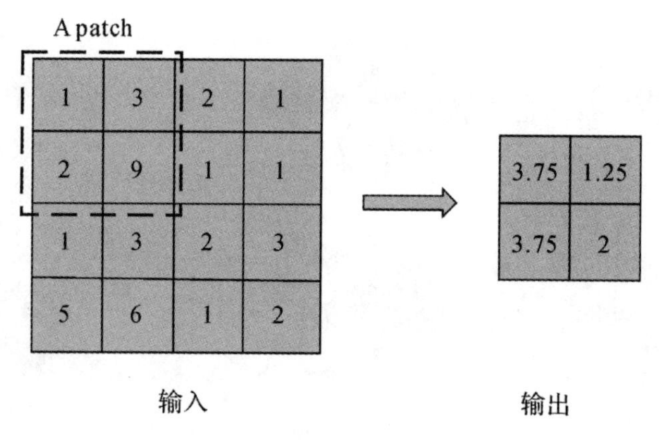

图 3-10　平均池化算子

3.3.2　最大池化算子

最大池化的计算过程为对输入矩阵的每个 patch 中的所有数值求最大值，将其作为结果矩阵中相应位置的数值。

为了简化最大池化的过程，这里假设输入的是一个 $w=4$，$h=4$，$c=1$ 的矩阵，数值如图 3-11 左侧所示。执行最大池化的树池是一个 size = 2 的矩阵，令 stride = 2，pad = 0。

经过最大池化计算后，输出的结果矩阵的尺寸大小为 $m \times n \times c$，这里 $m=n=$

$$\frac{w-\text{size}+\text{pad}}{\text{stride}}+1=\frac{4-2+0}{2}+1=2$$

同时 $c=1$ 不变，即输出 $2 \times 2 \times 1$ 的矩阵，数值如图 3-11 右侧所示。

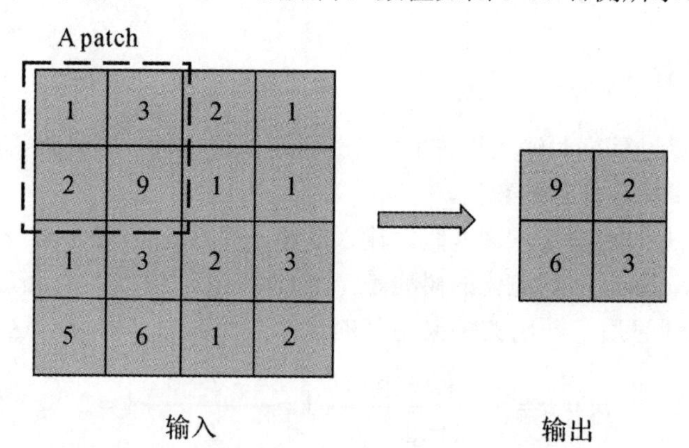

图 3-11　最大池化算子

3.4 激活算子

激活算子一般接在卷积层或全连接层后，其可以激活神经网络中某一部分神经元，并将激活信息向后传入下一层的神经网络。激活算子的意义是为高度线性的神经网络引入非线性运算，让神经网络具备强大的拟合能力。激活算子不会改变数据的维度，即输入和输出的维度是相同的。激活算子一般用特定函数表示，并成为激活函数。常用的激活函数有 Sigmoid 函数、Tanh 函数、Relu 函数、Softplus 函数和 Leaky_relu 函数，其计算公式和函数图像如表 3-3 所示。

表 3-3 常用的激活函数

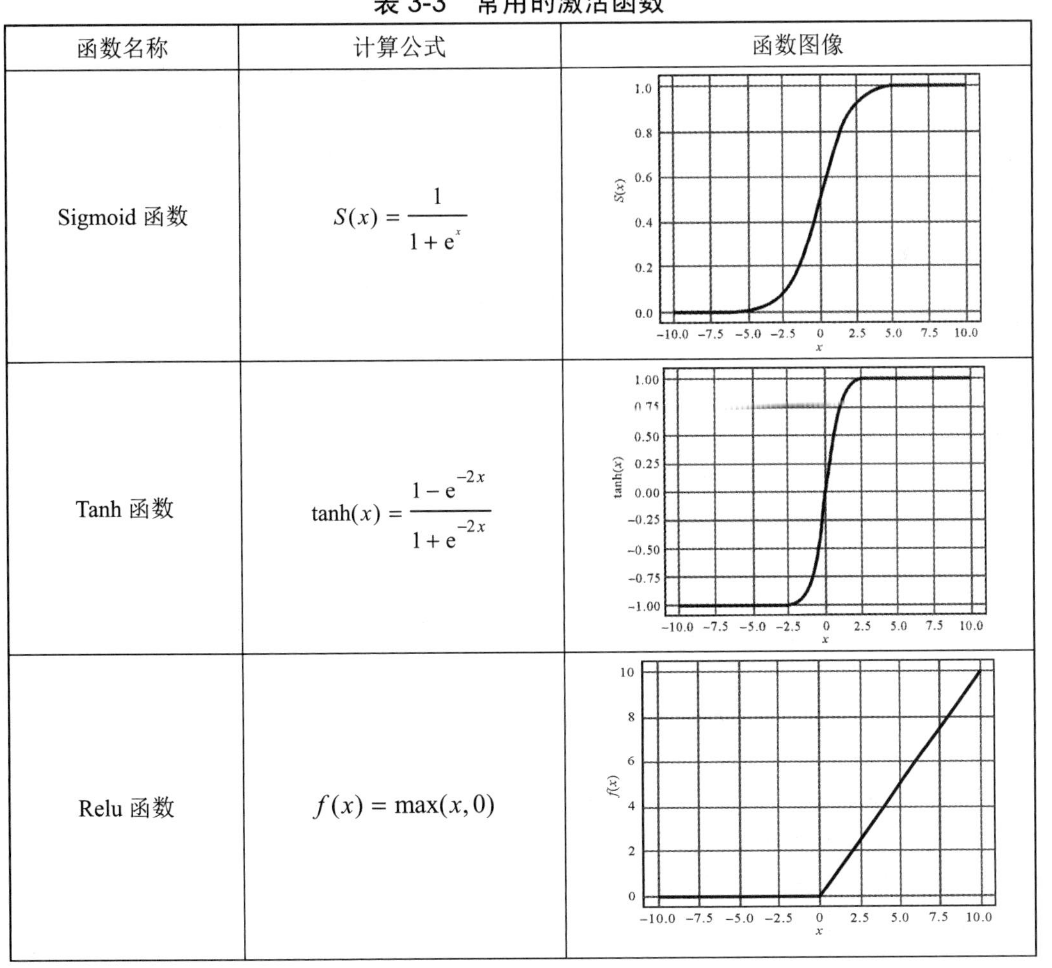

函数名称	计算公式	函数图像
Sigmoid 函数	$S(x)=\dfrac{1}{1+\mathrm{e}^{x}}$	
Tanh 函数	$\tanh(x)=\dfrac{1-\mathrm{e}^{-2x}}{1+\mathrm{e}^{-2x}}$	
Relu 函数	$f(x)=\max(x,0)$	

续表

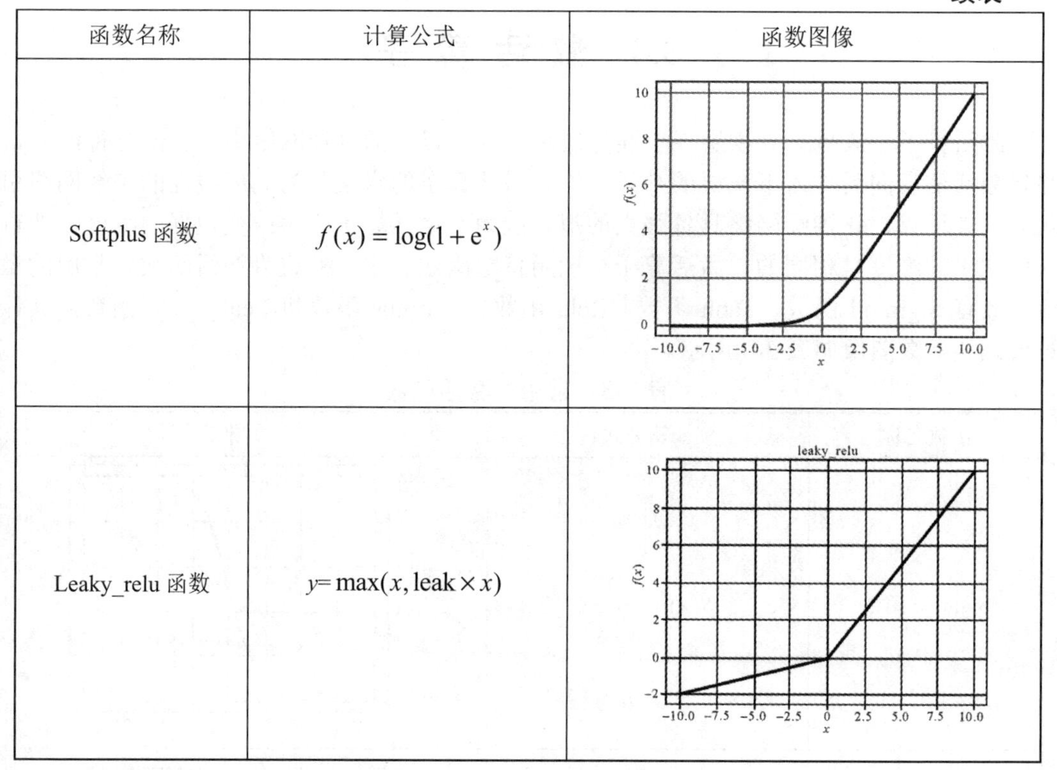

函数名称	计算公式	函数图像
Softplus 函数	$f(x)=\log(1+\mathrm{e}^{x})$	
Leaky_relu 函数	$y=\max(x,\mathrm{leak}\times x)$	leaky_relu

3.5 全连接算子

在 CNN 结构中，多个卷积层和池化层后连接着一个或者多个全连接层，全连接算子是全连接层上的算子。与多层感知机(Muti-Layer Perceptron)类似，全连接层中的每个神经元与其上一层中的所有神经元相连，据此，全连接算子可以整合卷积层或池化层中具有类别区别性的局部信息。在全连接网络中，将所有二值图像的特征图拼接为一维特征并作为全连接层的输入，全连接算子对输入进行加权求和后送入激活层。

图 3-12 显示的是全连接层的过程。$\boldsymbol{X}$ 是全连接层的输入，也就是特征；$\boldsymbol{W}$ 是全连接层的参数，也称为权值。

特征 $\boldsymbol{X}$ 是由全连接层前面多个卷积层和池化层处理后得到的。假设全连接层前面连接的是一个卷积层，这个卷积层输出了 100 个特征(也就是我们常说的特征图的通道为 100)，每个特征的大小是 4×4，在将 100 个特征输入给全连接层之前 Flatten 层会将这些特征拉平

成 N 行 1 列的一维向量，此时，$N = 100 \times 4 \times 4 = 1600$，则特征向量 $\boldsymbol{X}$ 为 1600 行 1 列的一维向量。

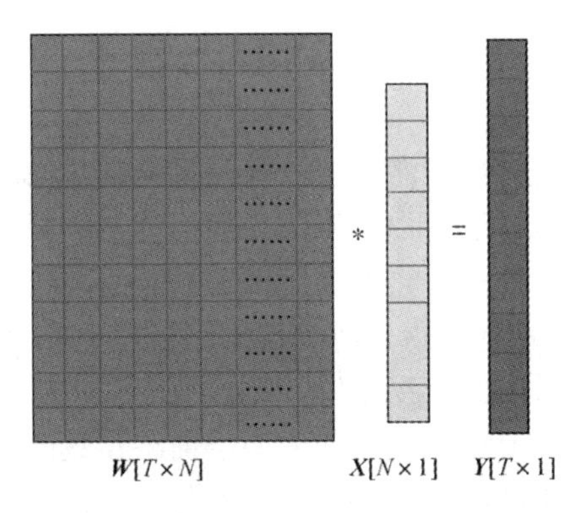

图 3-12　全连接层

全连接层的参数 $\boldsymbol{W}$ 是深度神经网络训练过程中全连接层寻求的最优权值，可表示为 T 行 N 列的二维向量，其中 T 表示类别数。例如，需要解决的是 7 分类问题，则 $T = 7$，其他分类数目以此类推。通过 $\boldsymbol{W} \times \boldsymbol{X} = \boldsymbol{Y}$，得到 T 行 1 列的一维向量，即为全连接层的输出。

3.6　Softmax 算子

Softmax 算子用于多分类问题，是分类型神经网络中的输出层(Softmax 层)函数，它可以计算出神经网络输出层的值。因此，Softmax 算子主要作用于神经网络的最后一层，旨在输出输入样本属于各个类别的概率。

如图 3-13 所示，全连接层的输出向量 $\boldsymbol{Y}$ 中的数字范围是 $(-\infty, +\infty)$，而 Softmax 层的作用是使输出向量 $\boldsymbol{Y}$ 中的数字在(0, 1)之间改变。

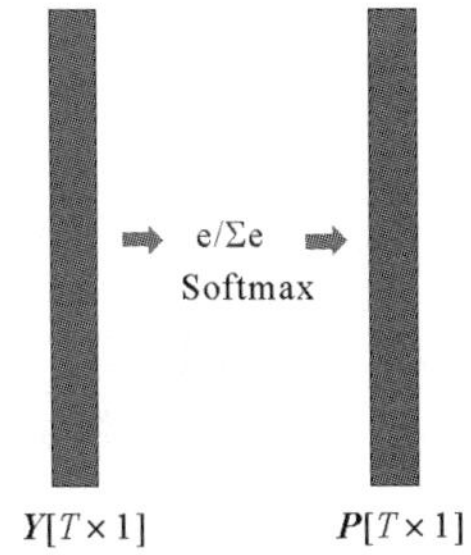

图 3-13　Softmax 层

Softmax 算子的计算公式为

$$S_j = \frac{e^{a_j}}{\sum_{k=1}^{T} e^{a_k}} \tag{3-4}$$

式中：a_j、a_k 分别表示图 3-13 中全连接层的输出向量 $\boldsymbol{Y}$ 的第 j 个和第 k 个值。

通过 Softmax 算子的计算后，得到输出向量 $\boldsymbol{P}$，$\boldsymbol{P}$ 中的数值 $S_j \in (0, 1)$，$j \in [1, T]$。其中 S_j 表示输入样本属于该 j 类别的概率，概率值越大，则输入样本属于该类别的可能性越大。实际中，可以利用 Softmax 算子解决样本的多分类问题。

3.7 批标准化算子

同卷积层、池化层、全连接层、激活层一样，批标准化(Batch Normalization，又称批归一化)层也属于网络的一层。批标准化算子(后面简称 BN 算子)由谷歌于 2015 年提出，这是一个深度神经网络训练的技巧，它不仅可以加快模型的收敛速度，而且可以缓解深层网络中“梯度弥散”的问题，从而使得训练深层网络模型更加容易和稳定。目前，BN 算子已经成为几乎所有深度神经网络的标配操作。

网络一旦训练起来，参数就需要更新，前面层训练参数的更新将导致后面层输入数据分布的变化，进而上层的网络需要不停地去适应这些分布变化，这使得模型训练变得困难。假设某个神经元输入为 x，权重为 W，输出 $y = f(Wx + b)$，激活函数 f 为 Tanh 函数(如图 3-14 所示)。当 x 在[−1, 1]之间变化时，输出随着输入变化，但是在此区间之外输出几乎没什么变化，即无论输入再怎么扩大，Tanh 激活函数输出值仍接近 1，也就是说，输出对比较大的输入值不敏感了。

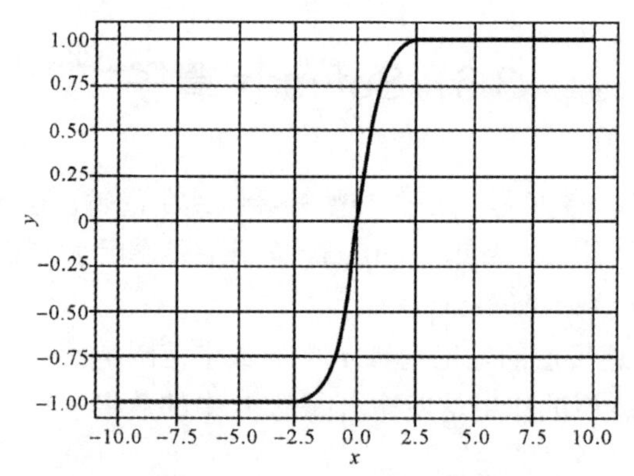

图 3-14　Tanh 激活函数

要解决这个问题，可根据训练样本与目标样本的比例对训练样本进行矫正，让输入值的分布永远处于激活函数的敏感部分。BN 的提出就是用来标准化某些层或者所有层的输入，从而固定每层输入信号的均值与方差，以解决在训练过程中中间层数据分布发生改变的情况。

批标准化一般用在激活函数之前，对 $y = Wx + b$ 进行规范化，使输出结果(输出信号的各个维度)的均值为 0、方差为 1，从而使每一层的输入有一个稳定的分布。

BN 算子的具体运算主要分为以下 4 步：

(1) 求每一个批次训练数据的均值 μ_B，即

$$\mu_{\mathrm{B}} = \frac{1}{m}\sum_{i=1}^{m} x_i \tag{3-5}$$

式中：x_i为该批次的训练数据；m为该批次包含的训练数据的个数。

(2) 求每一个批次训练批数据的方差σ_{B}^2，即

$$\sigma_{\mathrm{B}}^2 = \frac{1}{m}\sum_{i=1}^{m} (x_i - \mu_{\mathrm{B}})^2 \tag{3-6}$$

(3) 利用前两步求得的均值和方差，对该批次训练数据做标准化，获得标准化的输入$\hat{x}_i$，即

$$\hat{x}_i = \frac{x_i - \mu_{\mathrm{B}}}{\sqrt{\sigma_{\mathrm{B}}^2 + \varepsilon}} \tag{3-7}$$

式中：ε是为了避免除数为0所使用的微小正数。

(4) 对标准化的输入$\hat{x}_i$进行尺度变换和偏移，得到对应层的输出y_i，即

$$y_i = \gamma \hat{x}_i + \beta = \mathrm{BN}_{\gamma,\beta}(x_i) \tag{3-8}$$

式中：γ是尺度因子；β是平移因子。这一步是BN的精髓。由于标准化后的x_i基本会被限制在正态分布下，因此网络的表达能力下降。为解决该问题，我们引入两个新的参数：γ、β。γ和β是在训练时网络自己学习得到的。

在BN算子出现之前，标准化操作一般都是针对数据输入层，对输入的数据进行求均值、求方差、做归一化，但是BN算子使得我们可以在网络的任意一层进行标准化处理。

3.8 Shortcut算子

Shortcut(“直连”或“捷径”)是CNN模型发展中出现的一种非常有效的结构。研究人员发现，网络的深度对CNN的效果影响非常大。理论上，网络的层数越多，能够提取到不同层次的特征越丰富，网络学习生成的模型预测的准确率就越高；但实际上，单纯地增加网络深度并不能提高网络的效果，反而会造成“梯度弥散”或“梯度爆炸”，损害模型的效果。

从3.7节中我们了解到批标准化可以解决深层网络中“梯度弥散”的问题，加入BN后深层网络能够正常训练。但是又会出现另一个问题——退化问题，即随着网络层数的增加，训练集上的准确率饱和甚至下降，这不是由过拟合产生的，而是由冗余的网络层学习了冗余参数造成的。Shortcut的引入就是为了解决这个问题。

下面以Highway Network(高速网络)为例来简单说明Shortcut算子。

Highway(高速)是较早将Shortcut的思想引入深度模型中的一种方法。最初的CNN模

型只有相邻两层之间存在连接，如图 3-15 所示，x、y 是相邻两层，通过 W_H 连接，多个这样的层前后串接起来就形成了深度网络。相邻层之间的关系为

$$y = H(x, W_H) \tag{3-9}$$

式中：H 表示网络中的变换。

为了解决深度网络中梯度弥散和退化的问题，Highway 在两层之间增加了带权的 Shortcut。两层之间的结构如图 3-16 所示。

图 3-15　最初 CNN 相邻两层之间的连接

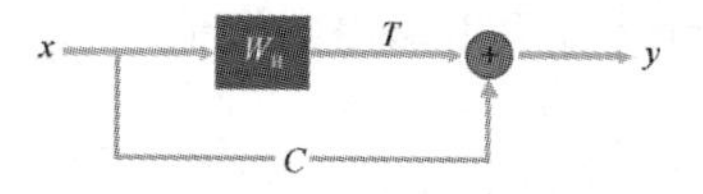

图 3-16　Shortcut 的一般结构

x 与 y 的关系为

$$y = H(x, W_H) \cdot T(x, W_T) + x \cdot C(x, W_C) \tag{3-10}$$

式中：T 称为“transform gate”(传输门)；C 称为“carry gate”(搬运门)。输入层 x 通过 C 的加权连接到输出层 y。这种连接方式的好处是，不管梯度怎么下降，总有 C 支路是直接累加上去的，它的梯度不会消失，从而缓解了深度网络中的梯度发散问题。另外，如果某一层是冗余的，我们只需要让该层学习到 C 支路为 x，T 支路为 0，即输入是 x，经过该冗余层后，输出仍然为 x。这样当网络自行决定了哪些层为冗余层后，自然解决了退化问题。

Shortcut 连接相当于简单执行了一个映射，不会产生额外的参数，也不会增加计算复杂度，而且整个网络仍然可以通过端到端的反向传播训练。

当然还有很多其他的利用 Shortcut 算子的网络模型，典型的如 ResNet，它是 Highway 网络的一个特例。ResNet 引入了残差网络结构，通过这种残差网络结构，可以把网络层设计得更深(目前可以达到 1000 多层)，而且最终的分类效果也非常好。残差网络的基本结构如图 3-17 所示。

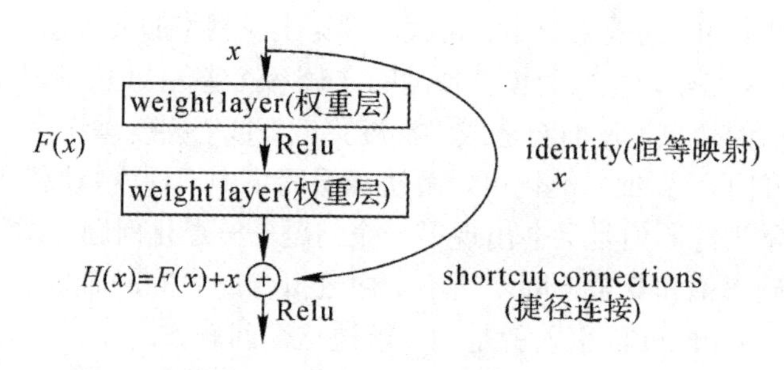

图 3-17　残差网络的基本结构

第4章 FPGA基本介绍

FPGA 是在 PAL(Programmable Array Logic, 可编程阵列逻辑)、GAL(Genericarray Logic，通用阵列逻辑)、CPLD(Complex Programmable Logic Device，复杂可编程逻辑器件)等可编程器件的基础上进一步发展得到的产物。作为ASIC领域中的一种半定制电路，FPGA既解决了定制电路的不足，又克服了原有可编辑器件门电路数有限的缺点，其具有高性能、低能耗、高并行、灵活性强、可重复配置等优点。FPGA 使复杂的硬件设计开发工作转变为软件开发，设计周期得以缩短，设计的灵活性得以提高，同时设计成本也得以降低。因此，作为超大规模集成电路的一种，FPGA 已经在通信、计算机图像处理、深度学习等相关领域得到了广泛的应用。作为当前电子系统中最为重要的一部分，FPGA 将越来越受到研究者们的重视，未来发展前景十分广阔。

4.1 FPGA概述

与传统逻辑电路和门阵列(如 PAL、GAL 及 CPLD 器件)相比，FPGA 具有不同的结构。FPGA 通过向内部静态存储单元加载编程数据来实现逻辑功能，存储在存储单元中的值决定逻辑单元的逻辑功能以及各逻辑单元模块之间或模块与 I/O 间的连接方式，并最终决定了 FPGA 所实现的功能。除此之外，FPGA 利用小型查找表来实现组合逻辑。

在这一节中，作为了解 FPGA 的基础，我们首先介绍可编程逻辑器件，然后介绍 FPGA 不同于其他可编程逻辑器件的特点，最后简要介绍 FPGA 的体系结构。

4.1.1 可编程逻辑器件

FPGA 是可编程逻辑器件的一种。在介绍 FPGA 前，有必要先了解一下什么是可编程逻辑器件。

在数字电子系统领域，存在三种基本的器件类型：存储器、微处理器和逻辑器件。存储器用来存储随机信息；微处理器执行软件指令来完成任务；逻辑器件则提供特定的功能，包括器件与器件间的接口、数据通信、信号处理、数据显示、定时和控制操作，以及系统运行所需要的所有其他功能。逻辑器件又分为固定逻辑器件和可编程逻辑器件，从设计、原型到最终生产的过程中，一旦应用发生变化，固定逻辑器件就要从头重新设计。而可编程逻辑器件是基于可重写的存储器技术，当应用发生变化和器件工作不合适时，无须从头设计，只需要简单地对器件进行重新编程即可，这样就节省了前期的开发费用和周期。

可编程逻辑器件包括 PAL、GAL、PLD 等，经过不断的发展，现已演变成两种主要类型：FPGA 和 CPLD。在这两类可编程逻辑器件中，FPGA 基于查找表结构，其提供了最高的逻辑密度、最丰富的特性和最高的性能；而 CPLD 基于乘积项结构，提供的逻辑资源比 FPGA 少得多。可以看出，FPGA 具有其他可编程逻辑器件不具有的优点。

4.1.2 FPGA 的特点

不同于其他可编程逻辑器件，FPGA 具有以下独特的优点：

(1) 高性能和实时性。由于 FPGA 芯片内部是通过上百万个逻辑单元完成硬件实现的，因此其具有并行处理的能力，且运算速度比普通的单片机和 DSP 快很多。

(2) 高集成性。FPGA 可根据用户的需求在内部嵌入硬/软 IP 核，以实现不同的需求。

(3) 高可靠性和低成本。

(4) 高灵活性和低功耗。FPGA 是现场可编程，用户可以反复地编程、擦写，或者在外围电路保持不变的情况下，采用不同的设计而实现不同的功能，这样给产品的升级和维护带来了极大的方便。

4.1.3 FPGA 的体系结构

FPGA 独特的体系结构使得它具有高性能、低能耗、可配置等特点。FPGA 的结构如图 4-1 所示。

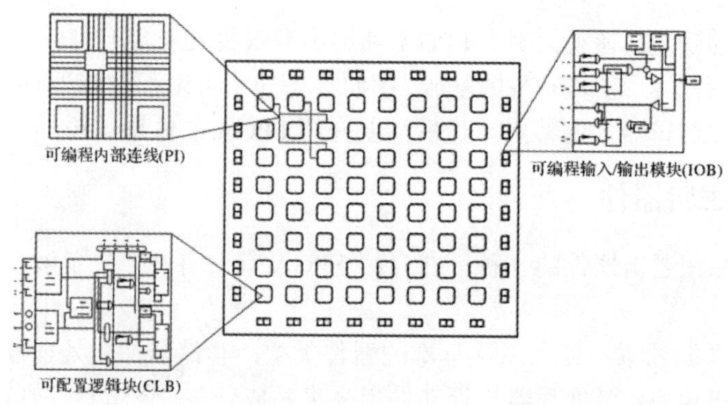

图 4-1 FPGA 的结构

从图 4-1 中可以看出，FPGA 器件的内部结构为逻辑单元阵列(Logic Cell Array，LCA)。LCA 由三类可编程单元组成：可配置逻辑块(Configurable Logic Block，CLB，也是 FPGA 的核心阵列)、可编程输入/输出模块(Input/Output Block，IOB)、可编程内部连线(Programmable Interconnect，PI)。逻辑单元之间是互联阵列。

(1) CLB。CLB 是 FPGA 的基本逻辑单元，其内部又可以分为组合逻辑和寄存器两部分。组合逻辑电路实际上是一个多变量输入的 PROM 阵列，可以实现多变量任意函数；而寄存器电路则是由多个触发器及可编程输入、输出和时钟端组成的。在 FPGA 中，所有的逻辑功能都是在 CLB 中完成的。

(2) IOB。IOB 为芯片内部逻辑和芯片外部的输入端/输出端提供接口，可编程为输入、输出和双向 I/O 三种方式。

(3) PI。FPGA 依靠对 PI 的编程，将各个 CLB 和 IOB 有效地组合起来，实现系统的逻辑功能。

4.2 FPGA 系列及型号选择

在采用 FPGA 进行设计实验时，芯片选型是必不可少的，所以了解 FPGA 的型号十分必要。本节我们首先介绍 FPGA 的两大生产厂家及其所产 FPGA 的区别，接下来介绍两大公司的 FPGA 系列，最后介绍不同应用中常用的 FPGA 型号。

4.2.1 FPGA 生产厂家

目前，生产 FPGA 的厂家主要有 Altera、Xilinx、Lattice 和 Actel。每个厂家的产品都有各自的特色和适用领域。

Xilinx 作为 FPGA 的发明者，是世界领先的可编程逻辑完整解决方案的供应商。

Altera(现已被 Intel 收购)作为世界老牌可编程逻辑器件的厂家，是 20 世纪 90 年代以后发展最快的可编程逻辑器件的供应商，其产品主要在日本和亚太地区使用。Altera FPGA 可提供多种可配置嵌入式 SRAM、高速收发器、高速 I/O、逻辑模块以及布线；其结合带有软件工具的可编程逻辑技术，缩短了 FPGA 的开发时间，也降低了功耗和成本。

Xilinx 和 Altera 公司生产的 FPGA 产品的区别如表 4-1 所示。

表 4-1　Xilinx 和 Altera 公司的产品

型号 介绍	Xilinx	Altera
内部基本架构	CLB、时钟管理模块(Clock Management Tile，CMT)、存储器(RAM/FIFO)、DSP 和一些专用模块	逻辑阵列模块(Logic Array Block，LAB)、TriMatrix 存储器模块(RAM)、DSP 和锁相环模块(Phase Locked Loop，PLL)
逻辑单元	CLB。每一个 CLB 中包含有两个基本结构(Slice)，每个基本结构中包含 4 个查找表(Look-Up-Table，LUT)、4 个存储单元、广函数多路器(Wide_Function Multiplexer)和进位逻辑	逻辑阵列模块。逻辑阵列模块的主要结构是 8 个适应逻辑模块(Adaptive Logic Moduce，ALM)，还包括一些进位链和控制逻辑等结构
开发工具	ISE、EDK、SDK、ChipScope 、System Generator	Quartus Ⅱ、Sopc Builder、Nios Ⅱ、Signal Tap Ⅱ、DSP Builder

4.2.2　FPGA 系列

由于 FPGA 的硬件架构特点，目前其开发主要有两种方式：寄存器传输级(RTL)描述和高层次综合(HLS)描述。寄存器传输级描述又称 RTL 级描述，是指用寄存器这一级别的描述方式来描述电路的数据流。开发人员利用硬件描述语言(Verilog 和 VHDL)或者 IP 核对硬件结构进行描述。RTL 级开发的主要优势是高稳定性、高资源利用率、高性能等。其劣势也很突出，主要有开发难度大、开发效率低、周期长、成本高等。目前，由于 FPGA 在不同领域有着非常广泛的应用，相关需求有算法复杂、迭代快、需求紧的特点，这使得 RTL 级开发很难达到市场要求。利用高级语言实现算法的开发方式应运而生，即 HLS 级，开发人员只需要利用高级语言(C、C++)实现算法，而算法程序到 FPGA 硬件结构的映射由编译器自动完成。广义上讲，Xilinx 公司推出的高层次综合 HLS 工具和 Altera 公司主推的 OpenCL SDK 都属于 HLS 级。HLS 级开发的主要优势是门槛低、开发效率高、周期短，其缺点主要是资源利用率低、性能低、不透明等。在实际应用中，用户可以根据应用要求进行选择。在性能可以满足的情况下，优先选择低成本器件。

表 4-2 和表 4-3 为两家公司所生产的 FPGA 子系列。

表 4-2　Xilinx 公司生产的 FPGA 子系列

Xilinx 系列	子 系 列	Xilinx 系列	子 系 列
Spartan 系列	Spartan-3	Virtex 系列	Virtex-Ⅱ
	Spartan-3A		Virtex-4
	Spartan-3E		Virtex-5
	Spartan-6		Virtex-6
	Spartan-7		Virtex-7
Artix 系列	Artix-7	Kintex 系列	Kintex-7

表 4-3　Altera 公司生产的 FPGA 子系列

Altera 系列	子系列	推出年份	工艺技术/nm
Arria 系列	Arria GX	2007	90
	Arria Ⅱ GX	2009	40
	Arria Ⅱ GZ	2010	40
	Arria Ⅴ GX, GT, SX	2011	28
	Arria Ⅴ GZ	2012	28
	Arria 10 GX, GT, SX	2013	20
Cyclone 系列	Cyclone	2002	13 000
	Cyclone Ⅱ	2004	90
	Cyclone Ⅲ	2007	—
	Cyclone Ⅳ	2009	—
	Cyclone Ⅴ	2011	—
	Cyclone 10	2017	—
Stratix 系列	Stratix	2002	130
	Stratix GX	2003	130
	Stratix Ⅱ	2004	90
Stratix 系列	Stratix Ⅱ GX	2005	90
	Stratix Ⅲ	2006	65
	Stratix Ⅳ	2008	40
	Stratix Ⅴ	2010	28
	Stratix 10	2013	14（三栅极）

4.2.3 基于应用的FPGA型号选择

FPGA 在深度学习上有着各种各样的应用，如图像识别、目标跟踪、目标检测、自然语言处理、网络安全与入侵检测、语音识别、电力应用等。在具体的深度学习实验的实现中，研究者们常常针对不同的应用领域选择不同的FPGA型号。选择合适的FPGA型号，对获得理想的实验结果十分重要。

这里总结了6类应用中较为常用的FPGA型号，如表4-4所示。

表4-4 常用的FPGA型号

应用分类	所用型号
图像识别	Spartan-3A、Virtex-5、Virtex-2、Virtex-4、Arria-10
目标跟踪	Virtex-5、Virtex-2、Virtex-4、Spartan Ⅱ、Cyclone Ⅱ
目标检测	Spartan-3
自然语言处理	Airtex-7
网络安全与入侵检测	Virtex-2、Virtex XCV1000
语音识别	Virtex-5、Virtex-4、Cyclone Ⅱ、Kintex Ultra-Scal FLEX-10K、Kintex-7
电力应用	Virtex-2

4.3 FPGA性能衡量指标

衡量FPGA的性能，是进行FPGA实验的关键之一。一般来说，FPGA芯片的性能指标可以从说明文档里查看。除此之外，FPGA的性能还可以从速率、带宽、时延、时延带宽积、往返时间和资源利用率等多个角度来衡量评估。

(1) 速率：衡量速率的指标包括吞吐量、CPI、MIPS、MFLOPS、GFLOPS和TFLOPS等。其中：

① 吞吐量是指系统在单位时间内处理请求的数量。

② CPI(Clock Cycle Per Instruction)是执行一条指令所需的时钟周期数。

③ MIPS(Million Instruction Per Second)是每秒执行多少百万条指令。

$$\text{MIPS}=\frac{\text{指令条数}}{\text{执行时间}\times 10^6}=\frac{\text{主频}}{\text{CPI}}$$

④ MFLOPS(Mega FLoating-point Operation Per Second)是每秒执行多少百万次浮点运算。

$$\text{MFLOPS} = \frac{\text{浮点操作次数}}{\text{执行时间} \times 10^6}$$

⑤ GFLOPS(Giga FLoating-point Operation Per Second)是每秒执行多少十亿次浮点运算。

$$\text{GFLOPS} = \frac{\text{浮点操作次数}}{\text{执行时间} \times 10^9}$$

⑥ TFLOPS(Tera FLoating-point Operation Per Second)是每秒执行多少万亿次浮点运算。

$$\text{TFLOPS} = \frac{\text{浮点操作次数}}{\text{执行时间} \times 10^{12}}$$

(2) 带宽(Bandwidth)：单位时间内从一端传送到另一端的最大数据量。

(3) 时延(Delay 或 Latency)：数据从一端传送到另一端所需的时间，有时也称为延迟或迟延。时延由以下几个不同的部分组成：

① 发送时延：主机或路由器发送数据帧所需的时间。

② 传播时延：电磁波在信道中传播一定的距离所需的时间。

③ 处理时延：主机或者路由器接收到分组后，对其进行处理所需的时间。

④ 排队时延：分组在网络传输时，进入路由器后要在输入队列中排队等待处理，路由器确定转发接口后，还要在输出队列中排队等待转发，这些等待时间即为排队时延。

(4) 时延带宽积(Bandwidth-Delay Product)：传播时延 × 带宽，表示一条链路上传播的所有比特(以比特为单位)。

(5) 往返时间(Round-Trip Time，RTT)：从发送端发送数据开始，到发送端收到来自接收端的确认(接收端收到数据后立即发送确认)，总共经历的时延。

(6) 资源利用率(Resource Utilization)：利用的资源占总 FPGA 资源的百分比。

可以看出，衡量 FPGA 实验性能的指标多种多样，研究者们应以实际实验需求进行选择，以求达到最好的评估效果。

第5章 FPGA神经网络开发基础

深度学习神经网络的发展主要依赖算法、计算力、数据三要素，使用 x86 + FPGA 异构计算的方法，就是从提高计算力的角度对算法本身进行加速。本章从神经网络算法本身进行分解，分析与计算力相关的因素，进而用 FPGA 的计算力来提升神经网络的性能。

5.1 FPGA 开发简介

可以使用硬件描述语言(Verilog、VHDL)或 C/C++/OpenCL 语言编写程序并烧录到 FPGA 上。通过这种方式对 FPGA 上的门电路以及存储器之间的连线进行调整，从而修改它的功能。这种烧录是可重复的，它给算法程序的设计、实现和优化留出了更多的空间，解决了 ASIC 灵活性不足的问题。在算法需要不断改进或者芯片需求量不多的情况下，FPGA 大大地降低了从算法编程到芯片电路的调试成本，是实现半定制人工智能芯片的最佳选择之一。

5.2 FPGA 的结构特性与优势

早在 20 世纪 60 年代，Gerald Estrin 就提出了可重构计算的概念。但是直到 1985 年，第一个 FPGA 芯片才被 Xilinx 引入。尽管 FPGA 平台的并行性和功耗非常出色，但由于其重构成本高、编程复杂，因此该平台没有引起人们的重视。不同于冯 • 诺依曼式架构下的 GPU 以及 CPU，虽然 FPGA 的开发难度比它们的大，但是仍具有诸多优势，现通过以下四个方面进行讨论。

1. 原始计算能力

Xilinx 的研究表明，Ultrascale+TM XCVU13P FPGA(38.3 INT8 TOP/s)与目前最先进的 NVidia Tesla P40 加速卡以基础频率运行(40 INT8 TOP/s)相比，具有几乎相同的计算能力。片上存储器对于减少深度学习应用中的延迟是至关重要的，FPGA 可以显著提高计算能力。大量的片上高速缓存可以减少与外部存储器访问相关的内存的瓶颈，以及高内存带宽设计的功耗和成本。此外，FPGA 支持各种精度的数据类型，例如 Int 8、Float 32、二进制和任何其他自定义数据类型，这是 FPGA 用于深度神经网络应用的强有力的论据之一。这背后的原因是深度学习应用程序正在快速发展，用户正在使用不同的数据类型，如二进制、三元甚至自定义数据类型。为了满足这种需求，GPU 供应商必须调整现有架构以保持最新状态。因此，GPU 用户必须暂停他们的项目，直到新架构可用。因为用户可以在设计中实现任何自定义数据类型，所以 FPGA 的可重新配置非常方便。

2. 效率和功耗

FPGA 以其功效而闻名。研究表明，Xilinx Virtex Ultrascale+在通用计算效率方面的性能几乎是 NVidia Tesla V100 的四倍。GPU 耗电的主要原因是它们需要围绕其计算资源的额外复杂性以促进软件的可编程性。虽然 NVidia Tesla V100 利用针对深度学习的 Tensor 操作设计的 Tensor 内核提供了与 Xilinx FPGA 相当的效率，但是也无法估计 NVidia 的 Tensor 内核的设计是否能在快速发展的深度学习领域保持有效。对于其他通用工作负载，即深度学习以外，NVidia Tesla V100 从性能和效率的角度来看仍充满挑战。除了主要供应商如 Xilinx(SDAccel)和英特尔(OpenCL 的 FPGA SDK)的软件开发工具包之外，FPGA 的可重新配置性为大量终端应用程序和工作负载提供了更高的效率。

3. 灵活性和易用性

GPU 中的数据流由软件定义，由 GPU 的复杂内存层次结构(如 CPU 的情况)指导。当数据通过存储器层次结构时，与存储器访问和存储器冲突相关的延迟和功率迅速增加。另一个重要的事实是 GPU 的架构，即单指令多线程(Single Instruction Multiple Threads，SIMT)，该功能允许 GPU 比 CPU 更节能。但是，很明显，在接收大量 GPU 线程的情况下，只有部分工作负载可以有效地映射到大规模并行体系结构中，如果在线程中找不到足够的并行性，则会导致性能降低。FPGA 可以提供更灵活的架构，这些架构是 DSP 和 BRAM(Block Random Access Memory，块随机存取存储器)模块混合体的硬件可编程资源。用户可以通过 FPGA 提供的资源满足所需工作负载的所有需求。这种灵活性使用户能够轻松地重新配置数据通道。这种独特的可重新配置意味着用户不受某些限制，例如 SIMT 或固定数据通路，就可以进行大规模并行计算。FPGA 的另一个重要特性——任意的 I/O 连接，使 FPGA 可以连接到任何设备、网络或存储设备，而无需主机 CPU 协助数据的调度。

4. 功能安全

GPU 最初的设计是用于不需要安全的图形和高性能计算系统中，但某些应用程序(如高级驾驶辅助系统，Advanced Driver Assitance Systems，ADAS)却需要功能安全性。在这种情况下，GPU 的设计应满足功能安全要求。对于 GPU 供应商来说，这可能是一个耗时的挑战。而 FPGA 已用于功能安全在其上起着非常重要的作用的行业，如自动化、航空电子和国防。因此，FPGA 的设计旨在满足包括 ADAS 在内的广泛应用的安全要求。

5.3 FPGA深度学习神经网络加速计算的开发过程

5.3.1 神经网络模型计算量分析

神经网络模型由多层神经网络层组成，其他每个神经网络层的基本结构可参见公式(5-1)。根据公式我们可以看出，网络模型中每一层的大量计算是上一层的输出结果和其对应的权重值这两个矩阵的乘加运算。

$$Y_i = X_i \times W_i + B_i \tag{5-1}$$

式中：Y_i表示当前层输出；X_i表示当前层输入；W_i表示当前层权重；B_i表示当前层偏置。

那么如何推算一套神经网络系统在指定计算平台中的性能呢？

我们知道，计算平台系统有两个主要指标：计算力与带宽。其定义如下：

(1) 计算力(也称计算平台的性能上限)：一个计算平台倾尽全力每秒所能完成的浮点运算数，单位是FLOPS。

(2) 带宽(也称计算平台的带宽上限)：一个计算平台倾尽全力每秒所能完成的内存交换量，单位是B/s。

神经网络模型同样有两个主要指标：计算量与访存量。其定义如下：

(1) 计算量(也称时间复杂度)：输入单个样本(对于CNN而言就是一幅图像)，模型完成一次前向传播过程所发生的浮点运算数，单位是FLOPS。

(2) 访存量(也称空间复杂度)：输入单个样本，模型完成一次前向传播过程所发生的内存交换总量，单位是字节(B)。在理想情况下(即不考虑片上缓存)，模型的访存量就是模型各层权重参数的内存占用(Kernel Mem)与每层所输出的特征图的内存占用(Output Mem)之和。由于数据类型通常为Float 32，因此需要将模型的访问量乘以4。

在神经网络模型中，我们常用的网络层有卷积层、POOL层、Plat层、激活层、全连接层等，为了更方便得出理论性能，这里只讨论常用网络层计算量的计算。

卷积层的计算量公式为

$$\text{卷积层计算量} = \text{Pow}(M,\ 2) \times \text{Pow}(K,\ 2) \times C_{in} \times C_{out} \tag{5-2}$$

式中：M表示每个卷积核输出特征图的边长；K表示每个卷积核的边长；C_{in}表示每个卷积核的通道数，即输入通道数，也即上一层的输出通道数；C_{out}表示本卷积层具有的卷积核个数，也即输出通道数。

全连接层的计算量公式为

$$\text{全连接层计算量} = H \times W \tag{5-3}$$

式中：H 表示当前层权重矩阵的行数；W 表示当前层权重矩阵的列数。

对于常用的神经网络模型，这里以 VGG16 模型为例来说明。VGG16 模型由 13 层卷积层与全连接层组成，其网络模型如图 5-1 所示。

<table>
<tr><td colspan="6">ConvNet Configuration</td></tr>
<tr><td>A</td><td>A-LRN</td><td>B</td><td>C</td><td>D</td><td>E</td></tr>
<tr><td>11 Weight Layers</td><td>11 Weight Layers</td><td>13 Weight Layers</td><td>16 Weight Layers</td><td>16 Weight Layers</td><td>19 Weight Layers</td></tr>
<tr><td colspan="6">Input(224 × 224 RGB Image)</td></tr>
<tr><td>Conv3-64</td><td>Conv3-64
LRN</td><td>Conv3-64
Conv3-64</td><td>Conv3-64
Conv3-64</td><td>Conv3-64
Conv3-64</td><td>Conv3-64
Conv3-64</td></tr>
<tr><td colspan="6">Maxpool</td></tr>
<tr><td>Conv3-128</td><td>Conv3-128</td><td>Conv3-128
Conv3-128</td><td>Conv3-128
Conv3-128</td><td>Conv3-128
Conv3-128</td><td>Conv3-128
Conv3-128</td></tr>
<tr><td colspan="6">Maxpool</td></tr>
<tr><td>Conv3-256
Conv3-256</td><td>Conv3-256
Conv3-256</td><td>Conv3-256
Conv3-256</td><td>Conv3-256
Conv3-256
Conv1-256</td><td>Conv3-256
Conv3-256
Conv3-256</td><td>Conv3-256
Conv3-256
Conv3-256
Conv3-256</td></tr>
<tr><td colspan="6">Maxpool</td></tr>
<tr><td>Conv3-512
Conv3-512</td><td>Conv3-512
Conv3-512</td><td>Conv3-512
Conv3-512</td><td>Conv3-512
Conv3-512
Conv1-512</td><td>Conv3-512
Conv3-512
Conv3-512</td><td>Conv3-512
Conv3-512
Conv3-512
Conv3-512</td></tr>
<tr><td colspan="6">Maxpool</td></tr>
<tr><td colspan="6">FC-4096</td></tr>
<tr><td colspan="6">FC-4096</td></tr>
<tr><td colspan="6">FC-1000</td></tr>
<tr><td colspan="6">Softmax</td></tr>
</table>

图 5-1　VGG16 网络模型

VGG16 模型运行时，输入一幅 224 × 224 的 RGB 图像，经过预处理后，得到(224，224，4)的特征数据，再经过卷积层后，特征数据尺寸越来越少，通道数越来越多，卷积层随后平展开来，经过全连接层，最后输出 1000 种分类概率情况，通过每种分类的概率情况便可得知该图像的分类。VGG16 模型运行数据规模图如图 5-2 所示。

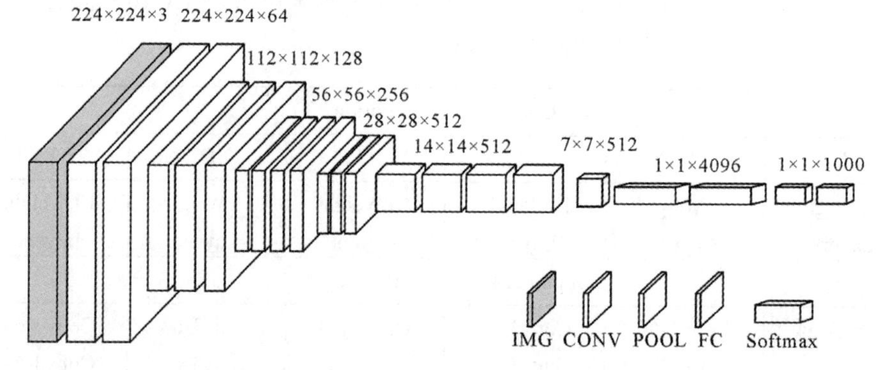

图 5-2　VGG16 模型运行数据规模图

根据式(5-2)和式(5-3)可知，第 1 层卷积的计算量为

$$\text{Pow}(3, 2) \times \text{Pow}(224, 2) \times 3 \times 64 = 86\ 704\ 128 \text{ Flops} = 86 \text{ MFlops}$$

第 2 层卷积的计算量为

$$\text{Pow}(3, 2) \times \text{Pow}(224, 2) \times 64 \times 64 = 1\ 849\ 688\ 064 \text{ Flops} = 1.8 \text{ GFlops}$$

…

第 13 层全连接的计算量为

$$25\ 088 \times 4096 = 102\ 760\ 448 \text{ Flops} = 102 \text{ MFlops}$$

以此类推，便可得到 VGG16 模型的计算量，如表 5-1 所示。

表 5-1　VGG16 模型的计算量

网络层名	参数量(规模)	卷积输出量/B	性 能
输入	(0)	(224, 224, 3)	0
Conv1_1	(3, 3, 3, 64)	(224, 224, 64)	86 MFLOPS
Conv1_2(POOL)	(3, 3, 64, 64)	(224, 224, 64)	1.8 GFLOPS
Conv2_1	(3, 3, 64, 128)	(112, 112, 128)	924 MFLOPS
Conv2_2(POOL)	(3, 3, 128, 128)	(112, 112, 128)	1.8 GFLOPS
Conv3_1	(3, 3, 128, 256)	(56, 56, 256)	1.8 GFLOPS
Conv3_2	(3, 3, 256, 256)	(56, 56, 256)	924 MFLOPS
Conv3_3(POOL)	(3, 3, 256, 256)	(56, 56, 256)	1.8 GFLOPS
Conv4_1	(3, 3, 256, 512)	(28, 28, 512)	924 MFLOPS
Conv4_2	(3, 3, 512, 512)	(28, 28, 512)	1.8 GFLOPS

续表

网络层名	参数量(规模)	卷积输出量/B	性 能
Conv4_3(POOL)	(3, 3, 512, 512)	(28, 28, 512)	1.8 GFLOPS
Conv5_1	(3, 3, 512, 512)	(14, 14, 512)	462 MFLOPS
Conv5_2	(3, 3, 512, 512)	(14, 14, 512)	462 MFLOPS
Conv5_3(POOL)	(3, 3, 512, 512)	(14, 14, 512)	462 MFLOPS
FC6	(25088, 4096)	25088	102 MFLOPS
FC7	(4096, 4096)	4096	16 MFLOS
FC8	(4096, 1000)	1000	4 MFLOPS

总之，神经网络模型主要由卷积层、全连接层等构成，每层的计算量都与其参数相关联，可以通过上述的计算量公式得到该层的计算量，这样最终可以得到整个模型的计算量。

5.3.2 神经网络模型访问带宽分析

神经网络模型带宽，也就是模型的空间复杂度，严格来讲包括三部分：输入量、参数量、输出量。

(1) 输入量：输入特征图的数据量的总和，其计算公式为

$$\text{卷积层输入量} = \text{Pow}(I,\ 2) \times C \tag{5-4}$$

$$\text{全连接层输入量} = H \tag{5-5}$$

式中：I 为在卷积层时输入特征图的边长；C 为在卷积层时输入特征图的通道数；H 为在全连接层时当前层输入矩阵的行数。

(2) 参数量：模型所有带参数的层的权重参数总量(即模型体积)，其计算公式为

$$\text{卷积层参数量} = \text{Pow}(K, 2) \times C_{\text{in}} \times C_{\text{out}} \tag{5-6}$$

$$\text{全连接层参数量} = H \times W \tag{5-7}$$

式中：K 为在卷积层时每个卷积核的边长；C_{in} 为在卷积层时每个卷积核的通道数，也即输入通道数；C_{out} 为在卷积层时本卷积层具有的卷积核个数，也即输出通道数；H 为在全连接层时当前层权重矩阵的行数；W 为在全连接层时当前层输出矩阵的列数。

(3) 输出量：输出特征图的数据量的总和，其计算公式为

$$\text{卷积层输出量} = \text{Pow}(O,\ 2) \times C_{\text{out}} \tag{5-8}$$

$$\text{全连接层输出量} = W \tag{5-9}$$

式中：O 为在卷积层时输出特征图的边长；C_{out} 为在卷积层时本卷积层具有的卷积核个数，也即输出通道数；W 为在全连接层时当前层输出矩阵的列数。

我们仍以 VGG16 为例。根据上述公式，各层计算过程如下。

第 1 层卷积：

输入量为

$$\text{Pow}(224, 2) \times 3 = 150\,528 \times \text{Float } 32 = 150\,528 \times 4\text{ B}$$

参数量为

$$\text{Pow}(3, 2) \times 64 \times 3 = 1728 \times \text{Float } 32 = 1728 \times 4\text{ B}$$

输出量为

$$\text{Pow}(224, 2) \times 64 = 3\,211\,264 \times \text{Float } 32 = 3\,211\,264 \times 4\text{ B}$$

第 2 层卷积：

输入量为

$$\text{Pow}(224, 2) \times 64 = 3\,211\,264 \times \text{Float } 32 = 3\,211\,264 \times 4\text{ B}$$

参数量为

$$\text{Pow}(3, 2) \times 64 \times 64 = 36\,864 \times \text{Float } 32 = 36\,864 \times 4\text{ B}$$

输出量为

$$\text{Pow}(224, 2) \times 64 = 3\,211\,264 \times \text{Float } 32 = 3\,211\,264 \times 4\text{ B}$$

…

第 14 层全连接的计算量：

输入量为

$$25\,088 \times 1 = 25\,088 \times \text{Float } 32 = 25\,088 \times 4\text{ B}$$

参数量为

$$25\,088 \times 4096 = 102\,760\,448 \times \text{Float } 32 = 102\,760\,448 \times 4\text{ B}$$

输出量为

$$4096 \times 1 = 4096 \times \text{Float } 32 = 4096 \times 4\text{ B}$$

第 15 层全连接的计算量：

输入量为

$$4096 \times 1 = 4096 \times \text{Float } 32 = 4096 \times 4\text{ B}$$

参数量为

$$4096 \times 4096 = 16\,777\,216 \times \text{Float } 32 = 16\,777\,216 \times 4\text{ B}$$

输出量为

$$4096 \times 1 = 4096 \times \text{Float } 32 = 4096 \times 4\text{ B}$$

第 16 层全连接的计算量：

输入量为

$$4096 \times 1 = 4096 \times \text{Float } 32 = 4096 \times 4\text{ B}$$

参数量为

$$4096 \times 1000 = 4\,096\,000 \times \text{Float } 32 = 4\,096\,000 \times 4 \text{ B}$$

输出量为

$$1000 \times 1 = 1000 \times \text{Float } 32 = 1000 \times 4 \text{ B}$$

以此类推，便可得到 VGG16 模型的带宽量，如表 5-2 所示。

表 5-2　VGG16 模型的带宽量

网络层名	输入量/B	参数量/B	输出量/B
Input	150 528 × 4	0	150 528 × 4
Conv1_1	150 528 × 4	1728 × 4	3 211 264 × 4
Conv1_2(POOL)	3 211 264 × 4	36 864 × 4	3 211 264 × 4
Conv2_1	802 816 × 4	73 728 × 4	1 605 632 × 4
Conv2_2(POOL)	1 605 632 × 4	147 456 × 4	1 605 632 × 4
Conv3_1	200 704 × 4	294 912 × 4	802 816 × 4
Conv3_2	802 816 × 4	589 824 × 4	802 816 × 4
Conv3_3(POOL)	802 816 × 4	589 824 × 4	802 816 × 4
Conv4_1	200 704 × 4	1 179 648 × 4	401 408 × 4
Conv4_2	401 408 × 4	2 359 296 × 4	401 408 × 4
Conv4_3(POOL)	401 408 × 4	2 359 296 × 4	401 408 × 4
Conv5_1	100 352 × 4	2 359 296 × 4	100 352 × 4
Conv5_2	100 352 × 4	2 359 296 × 4	100 352 × 4
Conv5_3(POOL)	100 352 × 4	2 359 296 × 4	100 352 × 4
FC6	250 88 × 4	102 760 448 × 4	4096 × 4
FC7	4096 × 4	16 777 216 × 4	4096 × 4
FC8	4096 × 4	4 096 000 × 4	1000 × 4

总之，神经网络模型主要由卷积层、全连接层等构成，每层的带宽量都与其参数相关联，可以通过上述带宽量公式得到该层的带宽量，这样最终可以得到整个模型的带宽量。

5.3.3　加速硬件芯片选型

利用硬件加速产品是大数据加速的专业技术解决方案，可以广泛应用于数据中心、云计算、机器视觉、深度学习、高性能计算、仿真、金融等领域。

因此，加速硬件产品在设计时的芯片选型是至关重要的。一般硬件设计都有一些常规的选型原则，加速硬件也不例外。根据产品需求对相关功能模块进行器件选型时，应该遵循以下原则：

(1) 开源性原则：尽量选择有开源 IP 的芯片。

(2) 普遍性原则：元器件要被广泛使用和验证过，尽量少用冷偏芯片，减少开发风险。

(3) 高性价比原则：在功能、性能、使用率都相近的情况下，尽量选择价格低的器件，减少成本。

(4) 采购方便原则：尽量选择容易买到、供货周期短的元器件。

(5) 持续发展原则：尽量选择在可预见的时间内，不会停产的、生命周期长的元器件。

(6) 可替代原则：尽量选择有较多可替代型号的元器件。

(7) 向上兼容原则：尽量选择被大量使用或者在市场上应用较为成熟的器件，减少开发风险。

(8) 资源节约原则：器件资源选择以满足设计需求为原则，以节约成本。

(9) 归一化原则：尽量精简器件种类，方便产品化后的批量生产和器件采购，减轻供应链压力。

一般情况下，加速硬件产品的选型一般涉及 FPGA、DDR、CPLD、Ethernet Phy、Flash、EEPROM、时钟 IC、电源芯片等主要器件。

1. FPGA 芯片选型

FPGA 芯片选型应该从器件资源、规模大小、速度、引脚、IP 的可用性、器件的生命周期和功耗等方面来评估。

(1) 器件资源：评估是否需要高速接口，需要多少个通道，每个通道的最高收发速度为多少，是否需要 DSP 模块和 RAM 模块。

(2) 规模大小：把功能模块、IP 核以及调试过程中耗费的资源评估进去，再留出 20%～30%的余量即可。

(3) 速度：分析功能需求和平衡资源后，估算速度等级要求，然后留出一定的余量即可。

(4) 引脚：设计时需要评估 I/O 引脚数量、接口类型、标准和驱动强度以及外部接口的电气标准，以此来选择适合的 FPGA 封装和类型。

(5) IP 的可用性：选型时应注意芯片厂家的 IP 核是否足够多以覆盖设计，是否能免费提供。因为 IP 可以大大缩短开发周期，降低开发成本。

(6) 器件的生命周期：选型时应注意芯片的生命周期，防止选到将要停产或者已停产的芯片。同时，也尽量选择那些已经大量出货或者应用的芯片，因为已开发过的芯片意味着资源很多，可以缩短开发周期。

(7) 功耗：根据设计的功能需求，确定 FPGA 需要使用的电源。例如对 IP 核、I/O、

transceiver/*-(高速串行接口)等模块，提供各自独立的电源层；通过 FPGA 供应商提供的功耗评估软件等估算将要消耗的功耗，从而确定所需要的 FPGA 功耗。

以加速云的 SC-OPM 产品为例，本产品从以上各方面资源综合考虑，结合算法用例，选用了 Intel 的 10AX066N3F40E2SG，含有 660K LE 逻辑资源、540 个 I/O 引脚以及 48 个高速 SERDES 通道。该 FPGA 芯片具有较高的性价比和较低的功耗，可以满足一般的数据加速类算法的运行要求。

2. 内存芯片选型

内存芯片选型需要根据系统的设计需求，以及确认 FPGA 主芯片能支持的类型和参数，从 SDRAM 种类(例如 DDR4 SDRAM)、内存容量、数据位宽、内存速率等方面进行选择。

3. CPLD 芯片选型

CPLD 芯片可以实现对系统和单元的管理，主要功能包括实现对 FPGA 的配置、电源管理、温度监控、锁相环配置、单板信息和日志管理等。

CPLD 选型需要根据系统的实现需求，确认器件逻辑和 I/O 资源，以及需要实现的外围接口，从而再去选择适合系统要求的芯片型号。

4. 时钟芯片选型

时钟芯片应该根据系统需求和系统时钟拓扑，选择满足功能需求的、低噪声的芯片。

5. 电源芯片选型

电源芯片选型也应根据系统的电源分配网络和功能器件的规格需求，确认电源设计的电源类型、电压、电流、上下电时序等设计参数，进而选择适合本系统的电源模块和具体型号。

5.3.4 加速硬件系统设计

一个产品的设计离不开最开始的需求，而需求一般也是从市场调研、竞品分析、已量产产品的经验中获得的。从设计需求得出设计规格，然后从设计规格归纳出产品的系统设计。

以加速云的 SC-OPM 产品为例，该加速卡是加速云专为 SBB(Storage Bridge Bay，存储桥接坞)架构的高密度刀片服务器定制的，可以插入各种高密度服务器；采用了 Altera 最新 20 nm 工艺的 A10 660/1150 FPGA，集成了 660K/1150K LE 和 1.5T/1.3T FLOPS 单精度浮点处理能力，单板支持 2 个 40GE 电口，提供 2 × 40GE 的互联能力，板载 3 个 DDR4，支持高带宽和大容量的存储访问；可以广泛应用于深度学习、机器视觉、数字信号处理、高性能计算、边缘计算、云计算等领域。为了方便客户二次开发，加速云提供了支持面向 OpenCL 的 SDK(Software Development Kit，软件开发套件)开发环境和 BSP(Board Support Package，板级支持包)，以方便客户快速开发。

SC-OPM 产品的设计规格如表 5-3 所示。

表 5-3　SC-OPM 产品的设计规格

特　征	描　　述
处理器	Intel FPGA 芯片 Arria 10 GX066/GX1150： • 采用 TSMC 20 nm 工艺； • 包含 660K LE/1150K LE； • 1.5T/1.3T FLOPS 单精度处理能力； • 高性能的 FPGA 架构； • NF40 封装 (40 mm × 40 mm)
内存	板载 3 个 DDR4 通道，最大支持 24 GB 内存。 • 2 个 64 位 DDR4 通道，单通道速率为 2133 MT/s，每个通道支持最大 8 GB 内存； • 1 个 32 位(660)或者 64 位(1150)DDR4 通道，速率为 2133 MT/s，通道支持最大 4 GB(660)/8 GB(1150)内存； • 单板支持 341 Gb/s(660)/409 Gb/s(1150)超高内存访问带宽
板载接口	• 1 个 FPGA JTAG 管理接口； • 1 个 12 V 风扇接口； • 1 个 PCIE 3.0 8X 接口
扩展接口	板载 2 个 4X 高速扩展接口。 • 每个接口单通道 SERDES 速率最大支持 10.3125 Gb/s，接口总带宽最大支持 41.25 Gb/s，接口速率可配置； • 支持 2 个 40 GB 光模块接口或者 2 个 4X 高速 SERDES 电口； • 支持 10GBASE-KR、40GBASE-KR4 等高速传输协议； • 支持单板间互联或者进行设备间级联
指示灯	板载 LED 指示灯用于用户调试。 • 板载 8 个 FPGA LED 指示灯，用户可自定义； • 板载 1 个电源 OK 指示灯； • 板载 1 个逻辑加载状态指示灯
温度管理	板载温度传感器用于单板温度监控。 • FPGA 芯片核温监测； • 单板本地温度监测

续表

特 征	描 述
板载存储	板载 256 Mb NOR Flash
物理尺寸	PCIE 半长半高卡，167.65 mm × 68.9 mm (长 × 宽)
电源	• 设备典型功耗：33 W； • 金手指供电，12 × (1±10%)V
可靠性	MTBF：> 140 000 h (35℃时)
环境需求	• 工作温度：0℃～50℃； • 存储温度：-20℃～70℃； • 湿度：10%RH～90% RH，不凝结
兼容性	符合相关 ROHS 标准

SC-OPM 加速卡的系统框图如图 5-3 所示。该系统主要包括 FPGA 逻辑模块、3 个 DDR4 内存模块通道、1 个 PCIE3.0 8X 接口、2 个 40 GB 高速互连接口，以及存储、时钟、电源等模块。其中，PCIE3.0 接口用于和 x86 系统进行互连，实现 CPU 和 FPGA 间的数据传输以及 DMA(Direct Memory Access，直接访问储存)等功能；40 GB 高速互连接口可实现光纤拉远或者机框内的单板间级联，还可实现多模块间的数据传输以及性能扩展；DDR4 接口可实现数据的高速缓存，从而提高算法的实现速率和效率。另外，本系统还板载了一颗 SPI NOR Flash，用于存储单板逻辑镜像，可以实现 FPGA 镜像的快速加载。

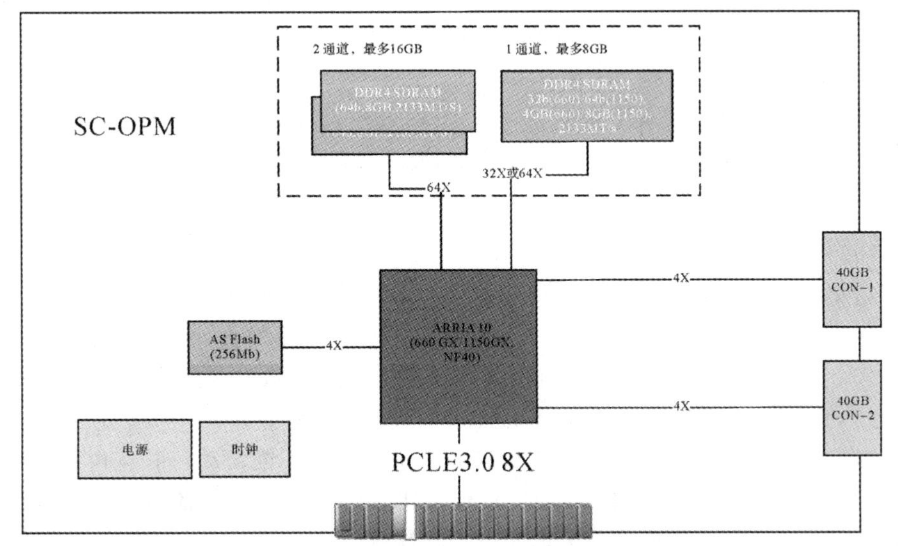

图 5-3　SC-OPM 加速卡的系统框图

5.4 FPGA在深度学习方面的发展

随着深度学习的持续发展，其应用的高并行性使得越来越多的研究人员投入到基于FPGA深度学习加速器的研究中来。下面从计算密集型任务以及通信密集型任务两个方面进行讨论。

1. 计算密集型任务

计算密集型任务包含矩阵计算、图像处理、机器学习等内容。一般将计算密集型任务通过CPU下发到计算板卡(GPU、FPGA等)中。Intel Stratix V FPGA的整数乘法运算性能与20核的CPU基本相当；浮点乘法运算性能与8核的CPU基本相当，但比GPU低一个数量级。新一代的FPGA Intel Stratix 10将配备更多的乘法器和硬件浮点运算部件，从而在理论上可达到与现在的顶级GPU计算卡旗鼓相当的计算能力。

以数据中心的计算密集型任务为例，由于FPGA与GPU的体系结构的差异，使得FPGA同时拥有流水线并行和数据并行，而GPU几乎只有数据并行。流水线并行的优势在于能给数据中心的任务带来可靠且低延迟的计算。

GPU的数据并行方法是做10个计算单元，每个计算单元处理不同的数据包，然而所有的计算单元必须按照统一的步调，做相同的事情。这就要求10个数据包必须一起输入、一起输出，这种处理方式意味着输入数据的批大小必须足够大，才能达到理想的加速比。

FPGA的流水线并行处理一个数据包有10个步骤。FPGA可以搭建一个10级流水线，不同级处理不同的数据包，每个数据包流经10级之后处理完成。每处理完成一个数据包，就能马上输出。当任务的数据是逐个而非成批到达时(如自动驾驶等实时性应用)，FPGA就可以大大减少输入到输出之间的延迟。

2. 通信密集型任务

通信密集型任务指的是需要从外部不断交换数据的计算任务。传统的通信方式是CPU中的数据包需要经过网卡进行接收，然后下发到GPU上进行计算，得到计算结果后通过网卡发送出去。这就凸显了FPGA任意的I/O连接的优势。FPGA的收发器可以直接连接网线，以网线的速度进行数据处理，而不必经过多级的数据转发。

以深度学习的分布式集群为例，其中包含着大量参数不断流动，并且也有大量的数据进行传递。传统的分布式训练都需要CPU与GPU的配合，使设备间的数据得以交换。FPGA的使用则给分布式集群带来了不同设备间计算单元直接相连的优势，而无需CPU进行中间的调度以及协助。

现在国际上的主流厂家有 Xilinx、Intel、Lattice 和 Microsemi。FPGA 被广泛运用在单设备电动控制器、视频传输、无线技术和高性能计算等领域。FPGA 在深度学习中的研究大致可以分为四个部分：对特定的应用程序进行加速，对特定的算法进行加速，对算法的公共特性进行加速，以及带有硬件模板的通用加速器框架。对于前两种情况，现有的设计较为普遍，难度相对较小；后两种仍处于探索阶段，虽未被普及，但具有巨大的发展潜力。

第6章 FPGA神经网络计算的RTL级开发

本章详细介绍基于FPGA的神经网络计算RTL(Register Transfer Level，寄存器转换级电路)级开发的相关知识。首先介绍FPGA开发环境的选择和搭建，读者可以根据本节内容快速搭建所需的开发环境；而后分析RTL级开发的优势与劣势，并以专业项目设计的角度详细介绍RTL级开发的完整流程，其中包括需求理解、方案评估、芯片理解、详细方案设计、RTL设计输入、功能仿真、综合优化、布局布线、静态时序分析、芯片编程测试等环节，并着重阐述RTL级神经网络加速设计中各环节的重要性和实施步骤以及注意事项；接着从神经网络的模型特性和FPGA芯片特点分析入手，阐述三层FPGA神经网络计算加速方案，归纳并总结三层加速方案各自的优缺点；最后详细介绍神经网络基本算子：卷积、池化，以及全连接的FPGA设计实现思想和实现方法。

6.1 搭建开发环境

6.1.1 开发环境的选择

FPGA开发首先需要明确开发环境，合适的开发环境不仅可以提高开发效率，在后端布局布线环节还可以提高项目实现的性能和质量。FPGA神经网络算法的RTL级开发需要根据所选的FPGA芯片来确定合适的开发环境。通常除了选择开发所用的操作系统外，FPGA开发流程中的综合仿真布局布线等工作都需要选择相应的专业开发工具，表6-1列出了一个Intel FPGA开发的神经网络算法实际项目中所选择的开发环境。

表6-1的综合布局布线集成工具Quartus软件是Intel官方提供的FPGA开发软件。如果开发芯片是Xilinx FPGA，则综合布局布线集成工具可以选择ISE(Integrated Software Environment，集成软件环境)或者Vivado。需要注意的是，无论是Quartus还是Vivado等工具都有众多子版本，开发者需要根据自己所选芯片的具体型号以及不同的开发方式，到官方网站选择合适的版本。

表 6-1　FPGA 开发环境示例

类 别	名　　称	备注
系统(OS)	Windows/Linux	
模拟(Simulation)	Modelsim_10.1c_se	
综合(Synthesis)	Quartus Prime Standard 18.1	
布局布线(Place&Route)	Quartus Prime Standard 18.1	
语言(Language)	Verilog HDL	

6.1.2　开发环境的搭建

FPGA 的开发环境中最重要的工具就是综合布局布线工具，下面我们以 Quartus Prime Standard 18.1 的软件安装为例演示此类工具的安装过程。

(1) 选择版本。

根据项目使用的 FPGA 型号，到 Intel 官网 http://fpgasoftware.intel.com/?edition=standard 下载合适的软件版本，如图 6-1 所示。

图 6-1　软件下载

(2) 安装软件。

EDA(Electronic Design Automatic，电子设计自动化)工具的安装和一般的软件安装相同，按照安装向导逐步操作即可。需要注意的是，安装路径尽量用英文且最好不要出现空格或特殊字符。EDA 工具通常是集成开发环境，所需的磁盘空间较大，如果磁盘空间不足，安装时可根据需要裁剪定制软件来节省磁盘空间，如图 6-2 所示。

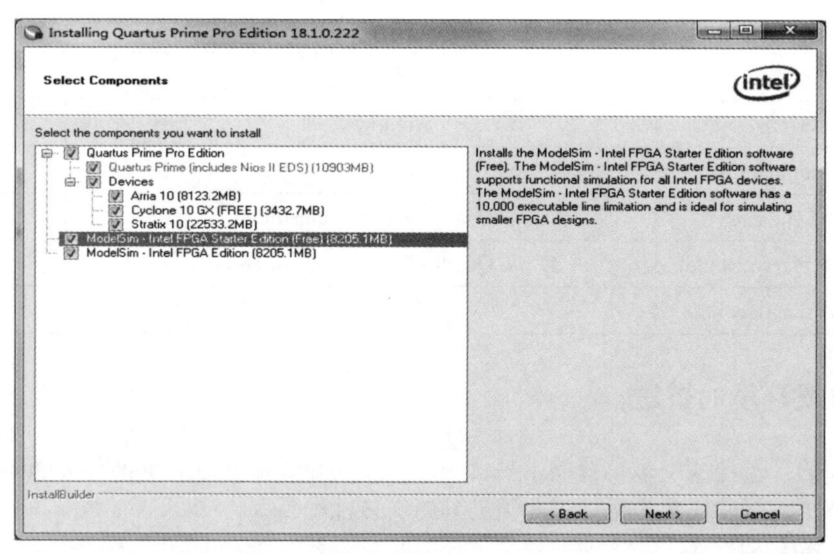

图 6-2　安装软件

(3) 安装软件授权。

EDA 工具通常需要授权 License 才可以完全使用，如图 6-3 所示。如果没有授权，通常无法使用该软件或者只能使用该软件的部分功能。Quartus 的授权文件(通常是一个以 .dat 为扩展名的 License 文件)可以通过官网申请或官方其他渠道购买。

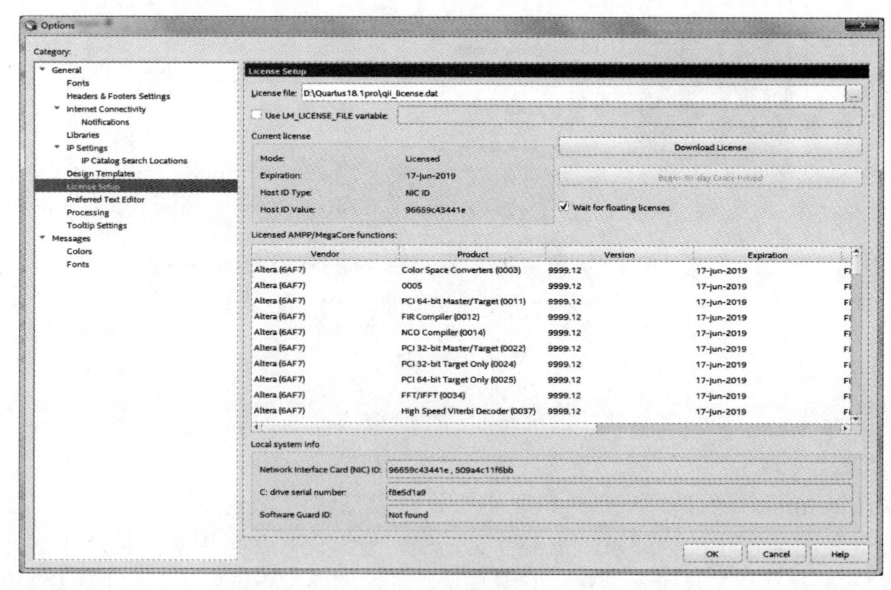

图 6-3　安装软件授权

6.2　RTL 级开发的优势与劣势

要理解 RTL 级开发的优势和劣势，首先要理解 RTL 级开发的层次定位。HDL(Hardware Description Language，硬件描述语言)用于描述硬件电路，它有五种层级的描述模型，分别为系统级、算法级、RTL 级、门级和开关级。RTL 级指的是用寄存器级的描述方式来描述电路的数据流，它描述的目标是可综合的，并可直接用综合工具生成电路网表。通常 RTL 级描述过程即是对流水线原理图的绘制过程，哪里是组合逻辑，哪里是寄存器以及各硬件资源之间的互联关系通常直接体现在描述语句中。

理解了 RTL 级开发的层次定位，就很容易理解 RTL 级开发 FPGA 的优势：

(1) RTL 级开发可以更清晰准确地描述电路结构，提高设计稳定性；

(2) 实现预定义逻辑功能所需的 FPGA 芯片内部资源由设计者控制，通常相对于更高层级的开发方式更节省资源；

(3) 设计者可以在 RTL 级开发过程中，提前考虑芯片内部结构和描述电路的匹配关系，更有利于后端布局布线，提高整体设计性能。

当然，RTL 级开发也有劣势，且其劣势也很突出：

(1) 开发难度大，不仅要求开发者自身的技能水平高、开发经验丰富，而且要求开发者深刻理解所开发的 FPGA 芯片内部资源结构的细节，并做到开发的电路和 FPGA 芯片资源完美匹配；

(2) 开发效率低、周期长，RTL 级项目的开发通常需要数月甚至以年为单位的开发周期；

(3) 修改迭代周期长、成本高，RTL 级开发描述的是电路的数据流，修改功能需求就相当于修改电路数据流结构，修改所需投入的时间和人力成本都相对较高。

6.3　RTL 级开发的基本流程

FPGA 项目 RTL 级开发通常都是系统级工程，环节多且过程复杂，从项目需求理解、方案评估、芯片理解、详细方案设计、RTL 级代码设计、仿真、综合、布局布线、时序分析与优化、测试，到最后验收，一整套流程环环相扣，相互影响、相互依赖，每一个环节都需要高质量完成才能确保整个项目到目标，如图 6-4 所示。

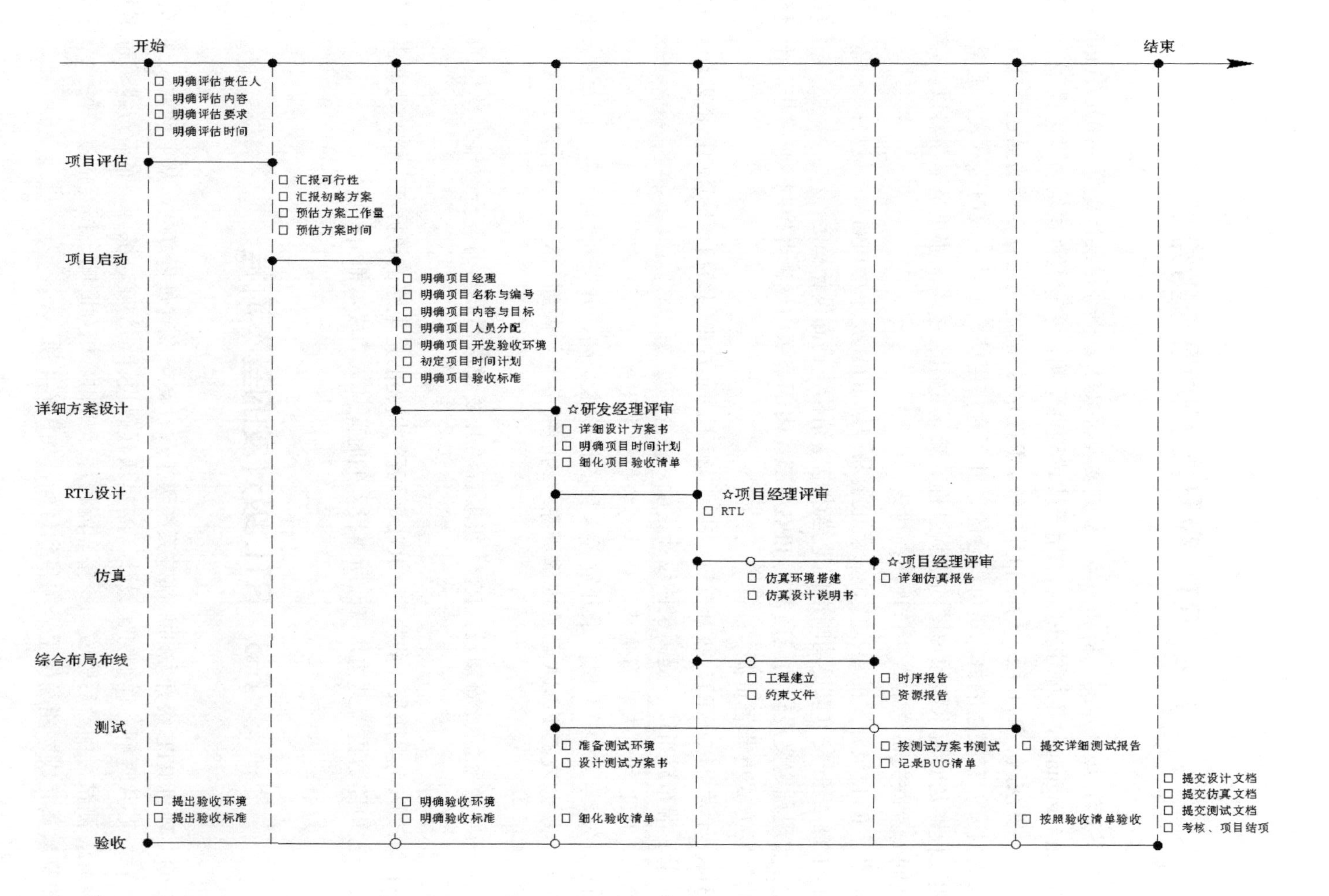

图 6-4 RTL 级 FPGA 开发流程示例

6.3.1 需求理解

在 FPGA 项目开始之前，必须充分理解项目的详细功能需求以及各功能的性能指标。在项目需求理解阶段，需要根据项目功能需求和性能指标，分析项目所需的 FPGA 资源数量、设计复杂度、通信带宽、带宽计算等关键技术瓶颈；同时，需要确认项目的时间要求、验收标准、验收环境等，并给出详细的需求理解报告。

6.3.2 方案评估

根据需求理解报告，对需求理解报告中各因素进行权衡，选择合适的器件和设计方案，并给出方案评估报告。通常，FPGA 设计方案评估报告包含 FPGA 芯片选型、FPGA 开发环境选择、FPGA 整体功能结构、关键技术瓶颈解决方法、FPGA 系统数据流、FPGA 系统控制流、FPGA 时钟系统结构、FPGA 复位系统结构等信息。其中，FPGA 芯片选型需要考虑设计方案所需的 FPGA 内部资源数量、FPGA 芯片成本、技术熟悉度等诸多因素。FPGA 芯片内部资源又包括 I/O 资源、时钟资源、逻辑资源、RAM 资源、DSP 资源、高速接口资源、硬核 IP 等。选型通常需要平衡各种资源需求，并优先考虑关键资源瓶颈。例如，在神经网络计算加速设计中，通常需要优先考虑 DSP 数量、BRAM 数量以及所支持的外部存储最大带宽(与 I/O 数量、I/O 速度、外部存储控制器 IP 个数有关)。图 6-5 为 FPGA 引脚资源评估示例。

6.3.3 芯片理解

在方案评估完成并通过审核后，通常并不推荐直接进行 FPGA 的详细方案设计。在此之前，我们建议设计者对方案评估报告中所选择的 FPGA 芯片进行充分的学习和理解，这一环节很容易被忽略，然而这一环节却极其重要。一个好的 FPGA 设计一定是建立在对 FPGA 充分理解的基础上的，只有对 FPGA 内部每个资源有了充分的理解，才能正确地使用 FPGA，才能使设计的电路完美地和 FPGA 芯片相匹配，也才能发挥 FPGA 最佳的性能和工作状态。在此环节，需要详细了解 FPGA 内部的基本逻辑单元、I/O 资源、时钟资源、DSP 资源、RAM 资源、硬核 IP 等各种资源的详细内部结构和它们的使用方法，如图 6-6 所示。

首先需要了解所选 FPGA 内部的基本逻辑单元结构，了解芯片内部有多少个 ALM，它们可以工作在哪几种模式下，每个 ALM 内有几个输入查找表、几个触发器、多少加法器、多少进位链和布线资源，以及布线资源可以走的路径有哪些。图 6-7 为 Intel Arria 10 FPGA 内一个基本逻辑单元结构。

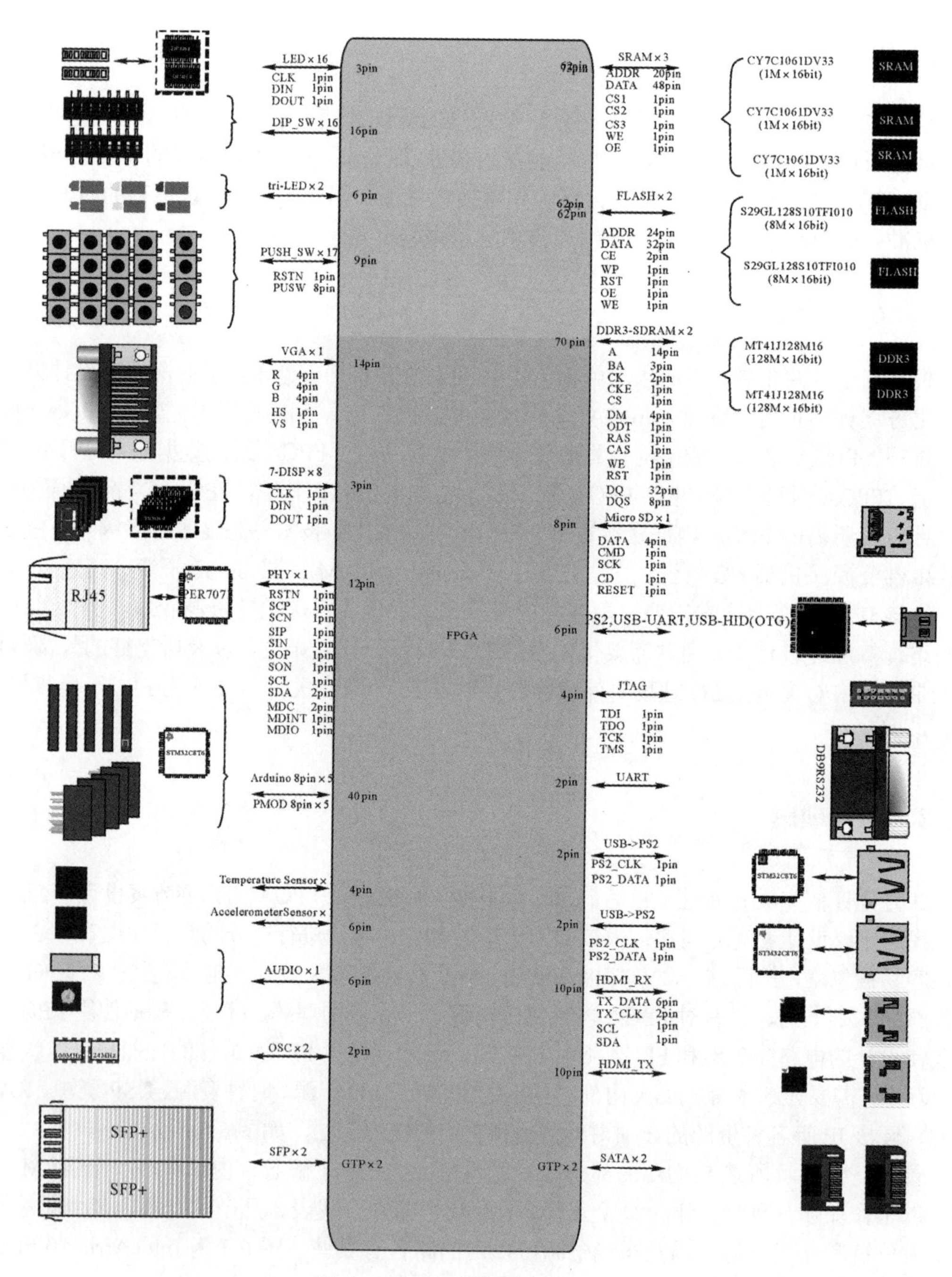

图 6-5　FPGA 引脚资源评估示例

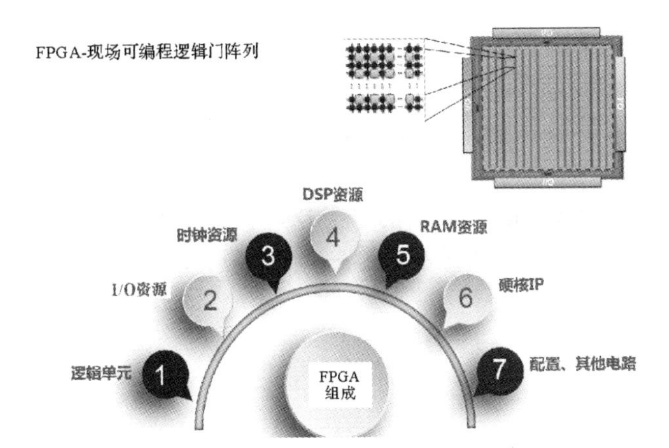

图 6-6　FPGA 芯片内部资源组成

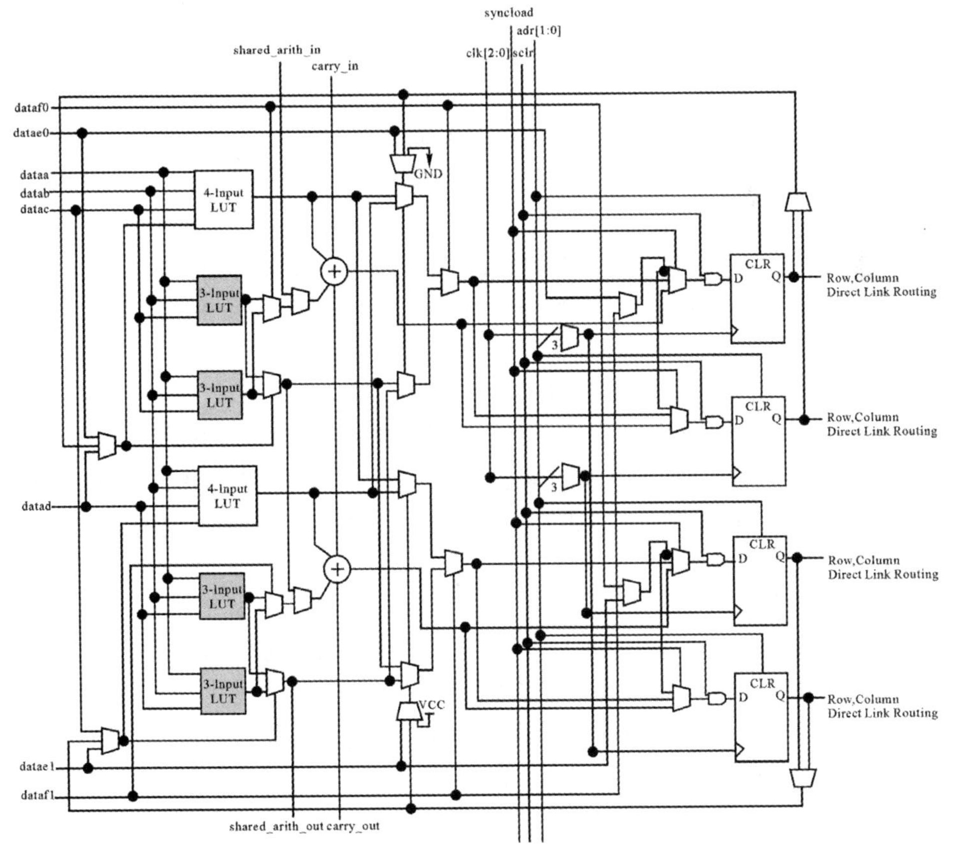

图 6-7　Intel Arria 10 FPGA 内一个基本逻辑单元结构

图 6-8 为 Intel Arria 10 FPGA 芯片内的一个 IOE(In-Out Element，输入/输出单元)内部结构，其中既有输入/输出和三态控制用寄存器，又有 I/O 延迟电路，同时还有三态门控制器和上下拉电路，以及大量的布线资源。该电路可以在不同的设计场景下选择不同的资源满足项目的设计需求。

图 6-9 为 Intel Arria10 FPGA 芯片内的一个 DSP 内部结构，其中含有 2 个乘法器、4 个加法器、四组寄存器以及相应的布线资源，在不同的设计场景下可以选择不同的资源满足项目的设计需求。

6.3.4 详细方案设计

若方案评估报告已通过审核，并已对所选 FPGA 充分理解，即可开始进行详细方案设计了。一般都采用自顶向下的设计方法，即把系统分成若干个基本单元，然后把每个基本单元划分为下一层次的基本单元，直到可以直接使用 EDA 元件库为止。详细方案设计通常包括开发环境定义、FPGA 整体功能结构设计(含 RTL 阶层设计)、FPGA 时钟系统设计、FPGA 复位系统设计、FPGA 寄存器系统设计、FPGA 芯片对外通信接口定义及时序设计、各子单元间通信接口定义及时序设计、各子单元电路结构设计、FPGA 与软件交互流程设计等。

(1) 整体功能结构设计是设计方案的概览，是自顶向下设计中的顶层设计。通常，整体功能结构设计需要体现出设计的全部外部通信接口、功能及实现各功能的子模块，同时也要体现出整体功能的数据流和控制流信息。

图 6-10 为某项目的整体功能结构图，从图中可以看出，该项目整体结构包含一个 EDK(Embedded Development Kit，嵌入式开发套件)软核、DDR3(一种计算机内存规格)控制器、VbyOne(专门面向图像传输开发的数字接口标准)接口控制器、HDMI(High Definition Multimedia Interface，高密度多芯片互连接口)控制器等模块，同时整体结构图也描述了视频数据流和控制流。

(2) RTL 阶层设计是模块化分层设计的思想体现。在 RTL 设计输入之前，详细设计方案阶段就需要自顶向下明确各功能模块以及它们的子模块的模块名和相应的层级结构。层级清楚、脉络清晰的 RTL 阶层规划，一方面有助于观察和思考模块划分是否合理，是否符合低耦合原则，以及是否符合最简设计原则等；另一方面，不仅可以为后面 RTL 输入环节提供全局思想指导，而且也可以为不同设计者之间协同工作提供帮助。

图 6-11 是某项目 RTL 阶层设计图，其中 FPGA_TOP 为该项目的顶层设计，其他模块为项目各功能子模块设计以及它们之间的阶层归属关系。

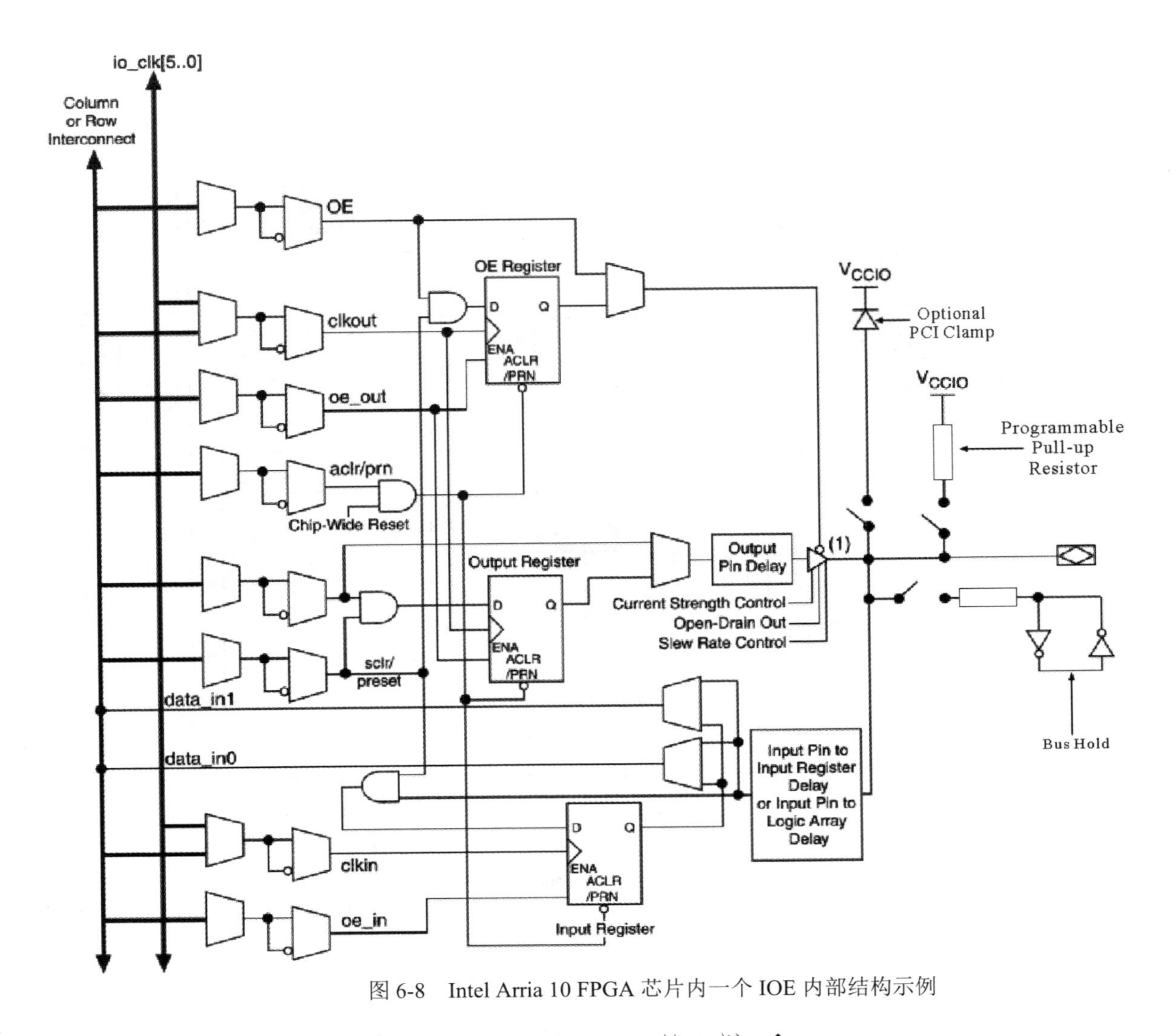

图 6-8 Intel Arria 10 FPGA 芯片内一个 IOE 内部结构示例

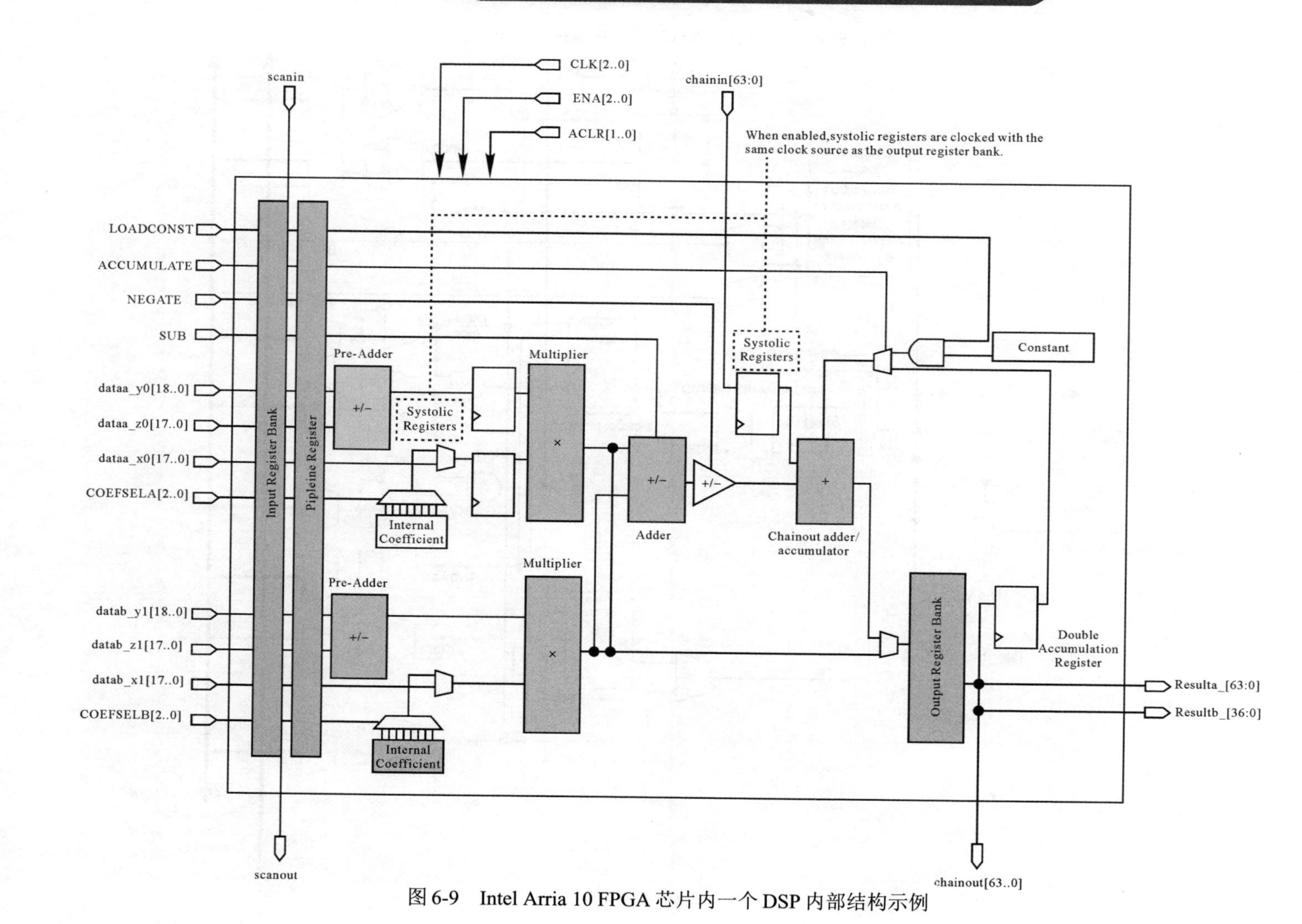

图 6-9　Intel Arria 10 FPGA 芯片内一个 DSP 内部结构示例

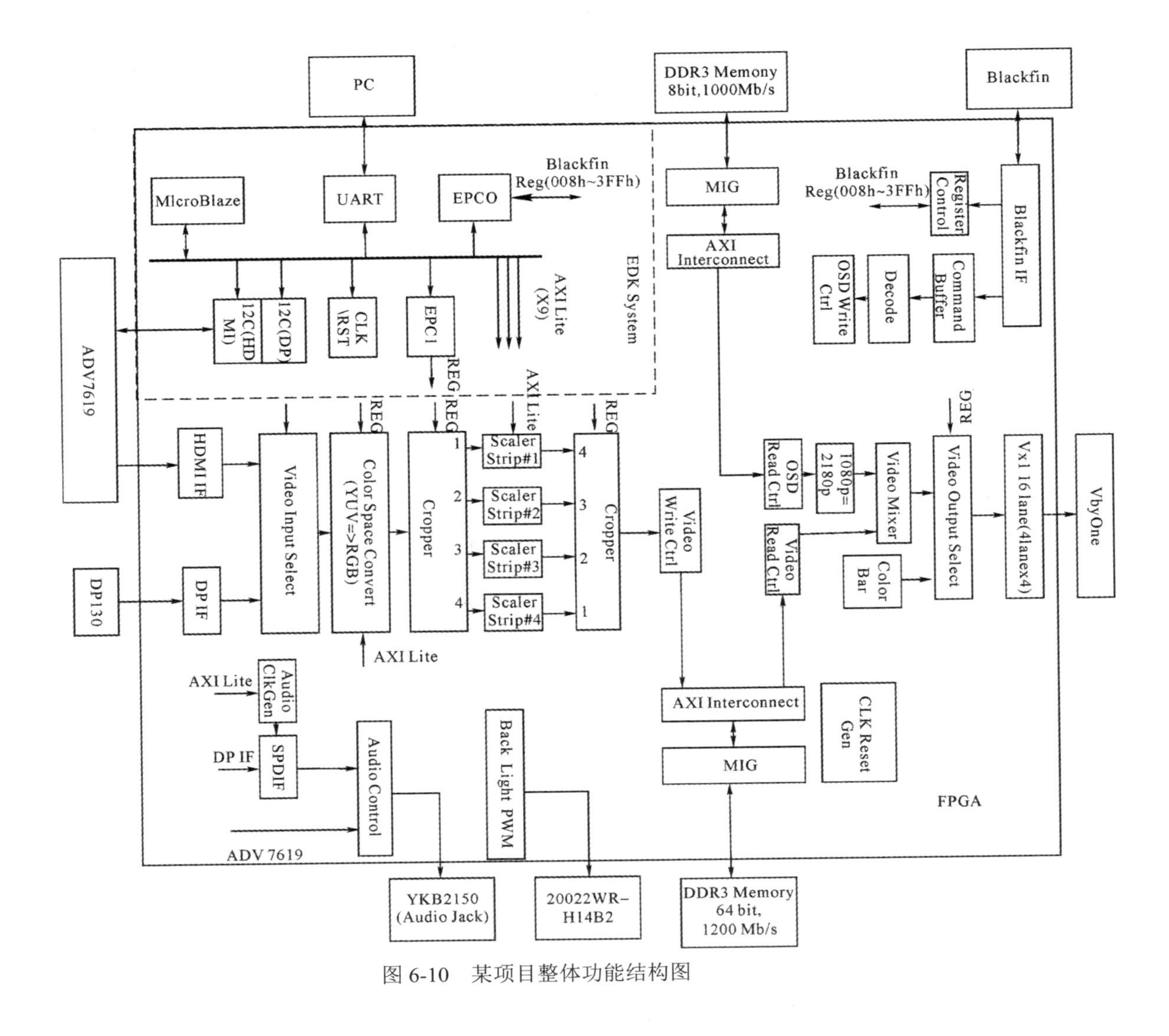

图 6-10　某项目整体功能结构图

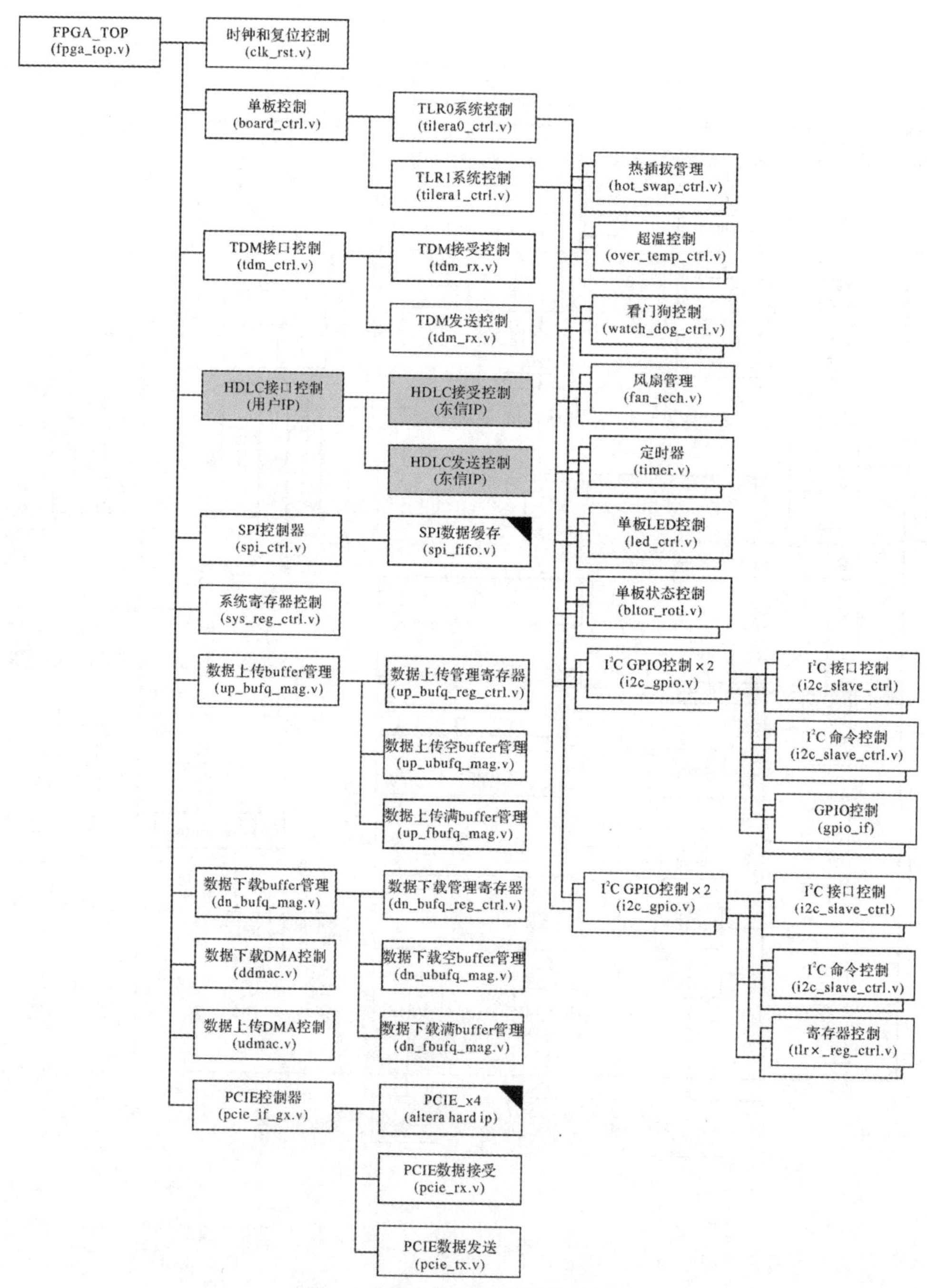

图 6-11　某项目 RTL 阶层设计图

(3) 时钟系统设计是 FPGA 方案设计的重要环节。时钟系统设计需要将 FPGA 芯片内所有使用的时钟规划清楚，并明确每个时钟的输入源、生成时钟的拓扑结构以及每个时钟所驱动的模块。FPGA 时钟系统设计的好坏不仅关系到 FPGA 设计的稳定性，而且在后期的 RTL 输入阶段可以提醒设计者各模块的时钟频率以及异步关系，并且可以为后期的时序约束和时序优化环节提供数据支撑。

图 6-12 为某项目的时钟系统设计图，该项目中各功能模块设计所需的时钟不同，不同的用户时钟分别接到了各自驱动的模块端口上。

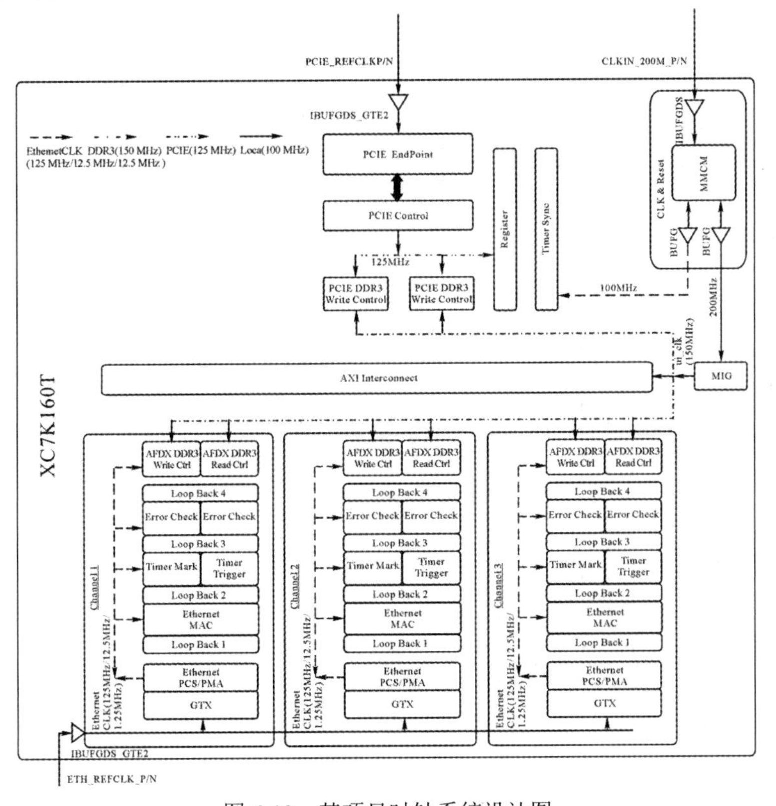

图 6-12　某项目时钟系统设计图

(4) 复位系统设计与时钟系统设计同等重要，它需要将 FPGA 芯片内的所有复位信号规划清楚，并明确每个复位的输入源、生成复位信号的拓扑结构以及每个复位信号所驱动的模块。FPGA 复位系统的好坏关系到 FPGA 设计的稳定性、适应性和逻辑自恢复能力等重要指标。

图 6-13 为某项目的复位系统设计图，该项目中各功能模块设计所需复位时间和解除的复位时间不同，不同的复位信号分别接到了各自控制的模块端口上。

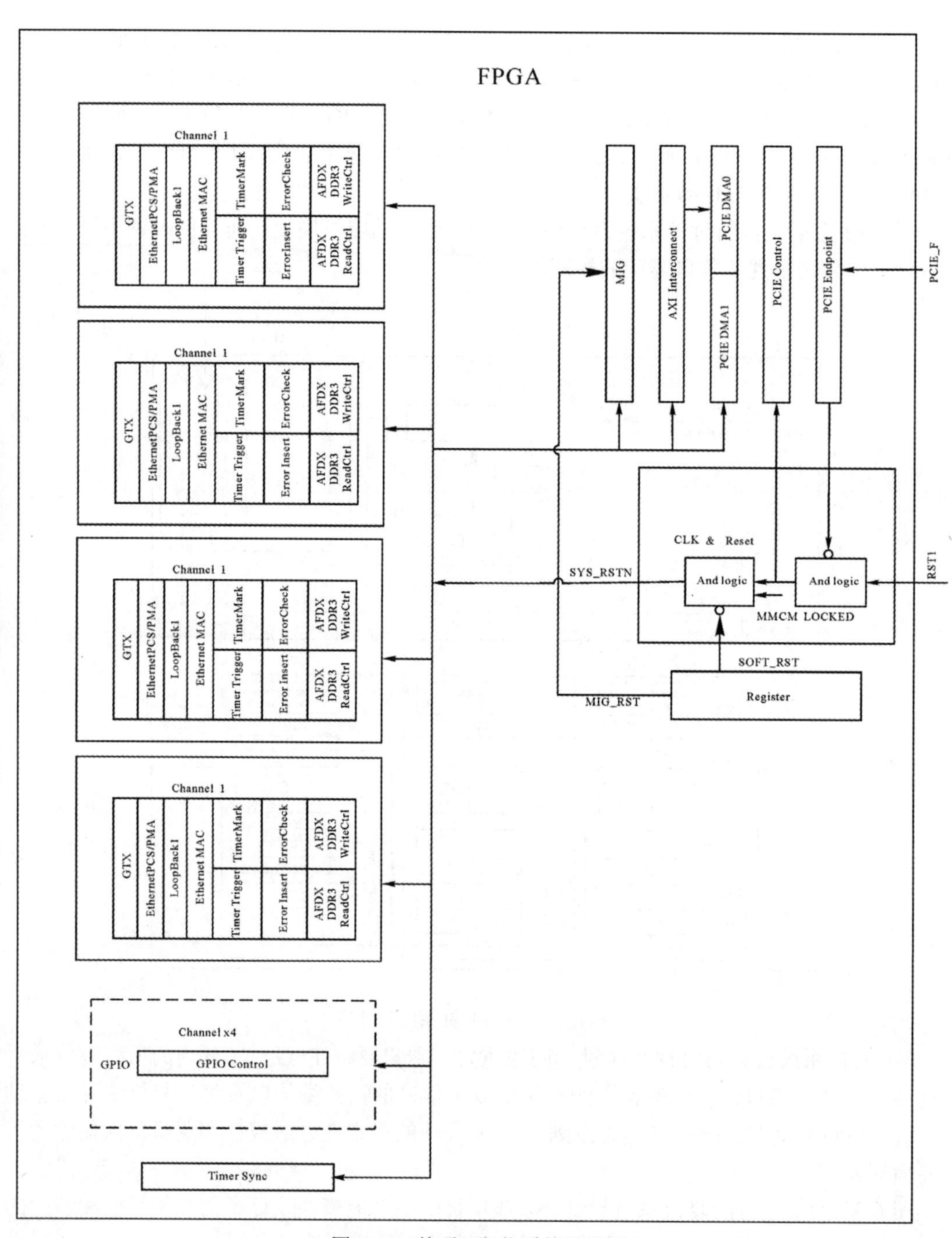

图 6-13　某项目复位系统设计图

(5) 接口定义及时序设计。详细方案设计需要将各模块之间的接口定义清楚，为下面的 RTL 输入阶段提供标准，也为不同的设计者协同工作提供支撑。

图 6-14 为某项目中 SPI(Serial Peripheral Interface，串行外设接口)的时序设计图，其中清楚地定义了 SPI 接口的信号名和各信号的时序关系。

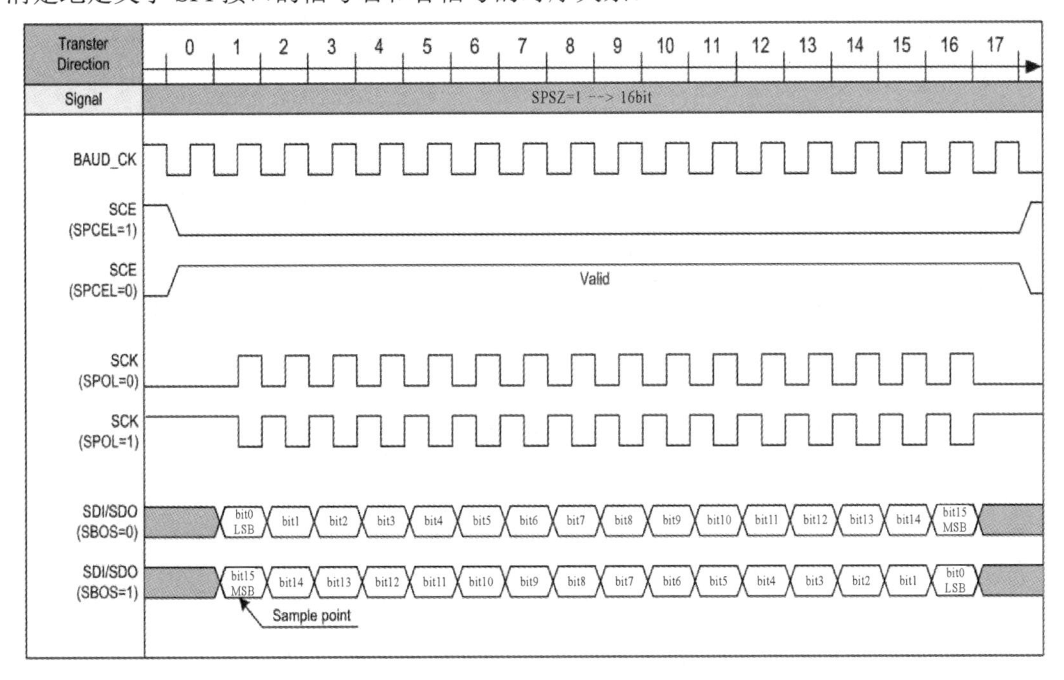

图 6-14 某项目中 SPI 时序设计示例

(6) 各子模块设计。详细方案设计需要将子模块内部的功能实现电路描述清楚，为下面的 RTL 输入阶段提供标准，也为不同的设计者协同工作提供支撑。

图 6-15 为某项目中 SPI 子模块设计，图中清晰地描述了该子模块的接口信号名，以及实现该 SPI 的电路结构。

(7) 寄存器系统设计。FPGA 方案设计中通常会设计一定数量的寄存器，如可能用于标记 FPGA 设计版本和日期的版本寄存器，或标记 FPGA 内各模块或接口工作状态的状态寄存器，或用于测试的信息跟踪寄存器，又或者是用于交互控制的控制寄存器等，这些寄存器都需要设计者在方案设计阶段规划清楚，并将它们的地址分配、初期值以及功能定义描述清楚。

图 6-16 是某项目的寄存器地址映射图，分为系统寄存器、SPI 控制寄存器、数据上传管理寄存器、数据下载管理寄存器，并详细列出了各寄存器名及其地址信息。

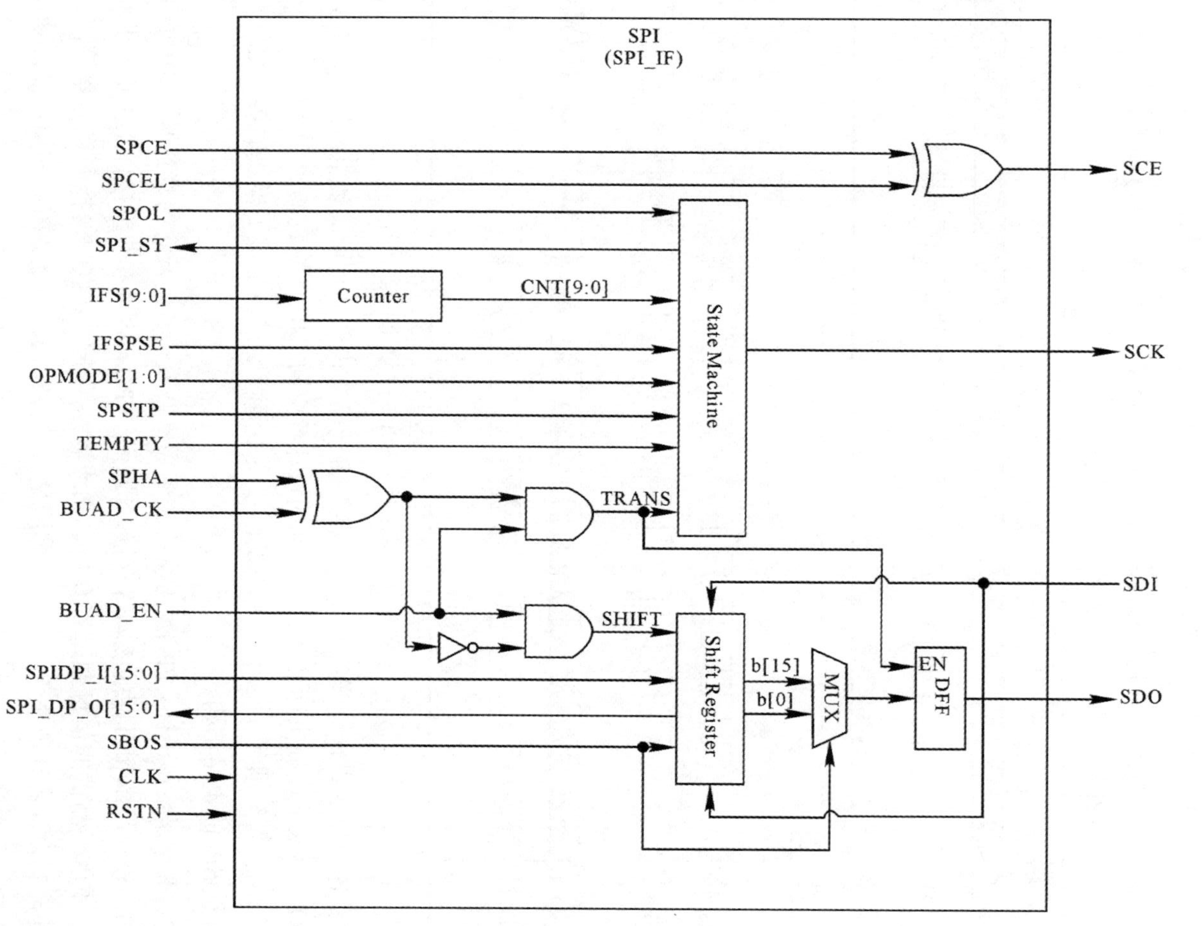

图 6-15　子模块设计示例

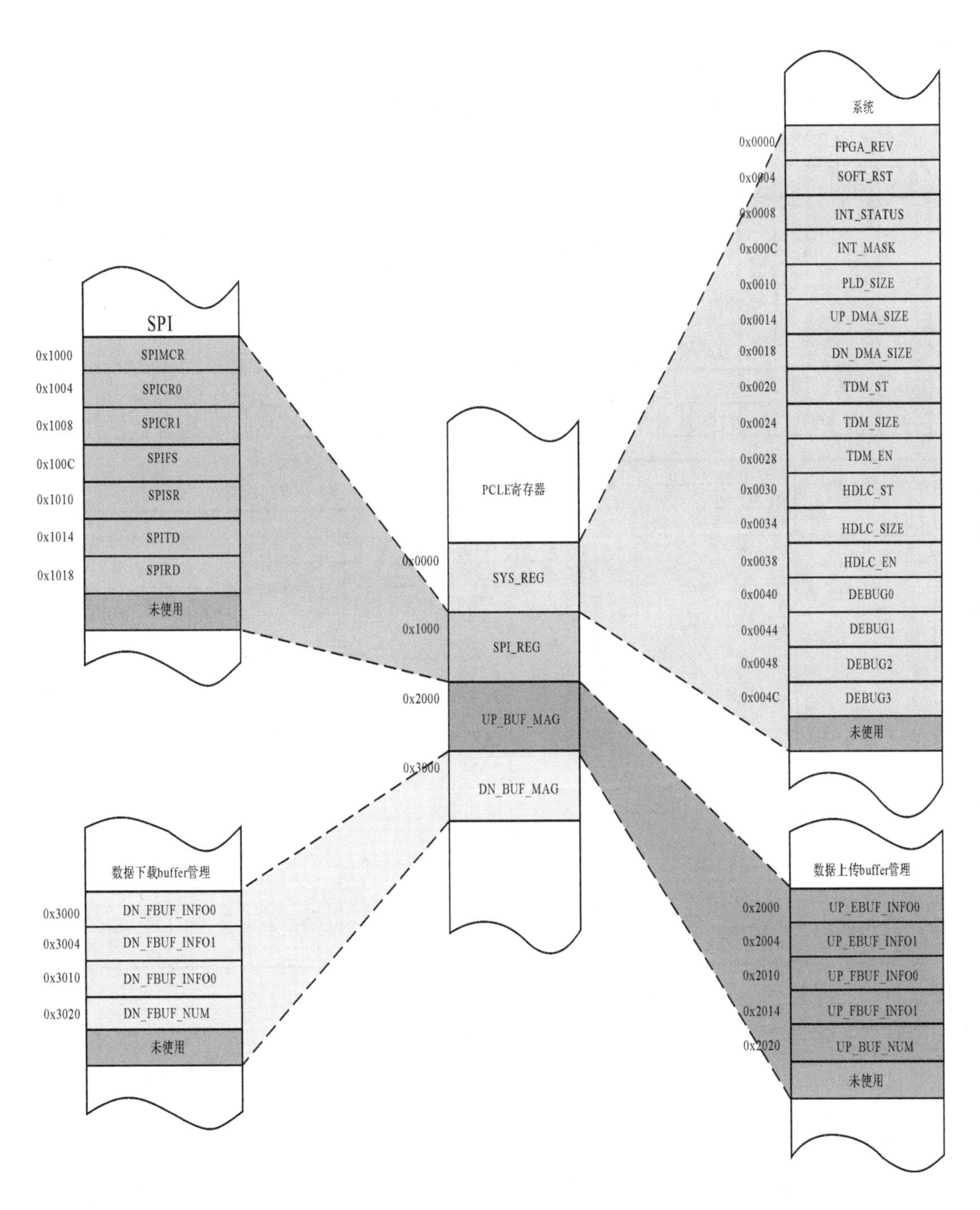

图 6-16　某项目寄存器地址映射图

图 6-17 是某项目的控制寄存器详细说明图，其中包含寄存器的地址(0x0100)、寄存器功能(DMA 控制寄存器)、寄存器每比特的含义以及寄存器的初始值(0x00000000)。

(ADDR=0x0100) DMA_CTRL 寄存器

bit	31	30	29	28	27	26	25	24	23	22	21	20	19	18	17	16	15	14	13	12	11	10	9	8	7	6	5	4	3	2	1	0
Data	Reserve			DMA_STATUS	DMA_STOP	Reserve					DMA_DIR	DMA_STR	Reserve																			
Type	R			R	R/W	R					R/W	R/W	R																			
Init	0	0	0	0	0	0	0	0	0	0	0	0	0	0	0	0	0	0	0	0	0	0	0	0	0	0	0	0	0	0	0	0

Address	0x0100		
Initial Value	0x00000000		
Description	DMA 控制寄存器		
Data	Name	bit	Function
	-	31:29	未使用
	DMA_STATUS	28	DMA 状态 1：动作中 0：待机
	DMA_STOP	27	DMA 取消 1：DMA 取消请求 0：无动作
	-	26:22	未使用
	DMA_DIR	21	DMA 方向 1：FPGA→PCIE 0：PCIE→FPGA
	DMA_STR	20	DMA 开始 1：DMA 开始请求 0：无动作
	-	19:0	未使用
Note			

图 6-17　某项目控制寄存器详细说明图

(8) FPGA 与软件交互流程设计。FPGA 项目中，FPGA 时常会和软件进行协同工作，FPGA 详细方案设计需要将软件与 FPGA 协同工作的交互流程和注意事项描述清楚。

图 6-18 是某项目软件系统启动 PCIE DMA 的软件和 FPGA 交互流程图。从图中可以看出，计算机若要通过 DMA 将数据写到 FPGA，软件需要先配置 FPGA 寄存器、FPGA 命令缓存和数据缓存，然后配置 FPGA 发起 DMA 传输，DMA 结束后主动发出中断告知上位机动作结束。

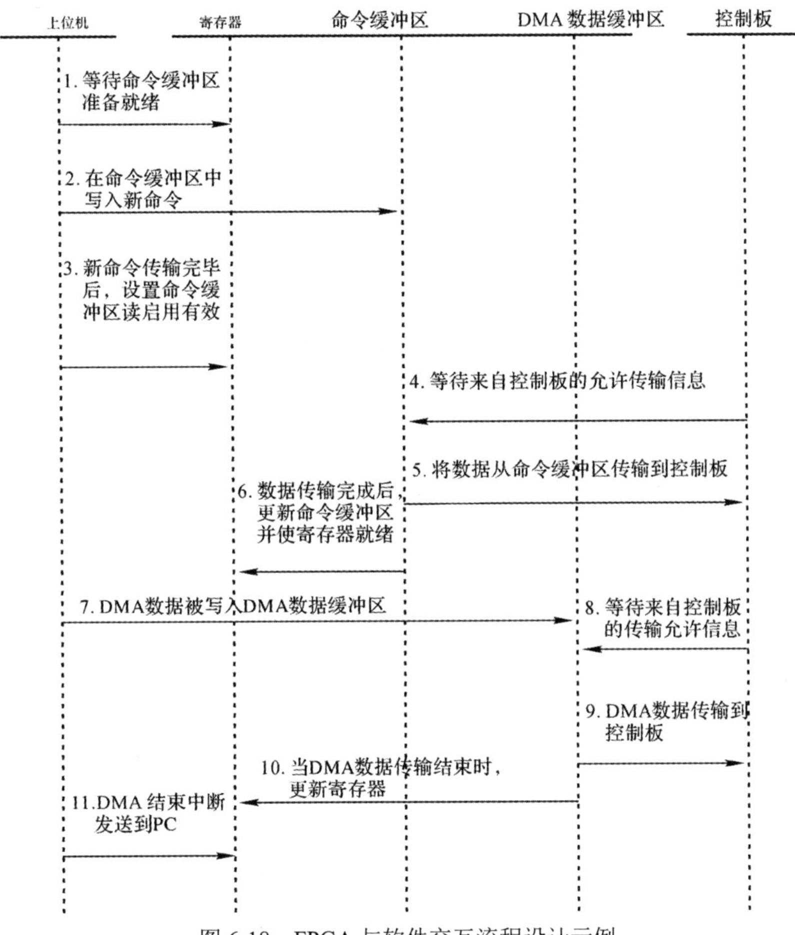

图 6-18　FPGA 与软件交互流程设计示例

6.3.5　RTL 级 HDL 设计输入

RTL 级设计输入是将详细方案书中所设计的系统或电路以 RTL 级描述形式表示出来，并输入给 EDA 工具的过程，通常使用 VHDL 或 Verilog 语言来描述所设计的电路。需要注意的是，RTL 级描述的目标对象是可综合、可映射为电路的结构，并且可直接用综合工具生成网表文件的电路，并且必须可以直接映射布局布线到 FPGA 芯片内。RTL 设计者在描述电路的过程中需要时刻思考两件事，一是描述的电路是否符合详细设计方案书的功能要求，是否是最佳电路结构；二是描述的电路在 FPGA 芯片内部用什么资源实现，是否是最佳实现方式。

以下为加速云某项目中寄存器写控制模块的部分代码示例。

```
=====+/
||                                                              ||
||                     寄存器写入控制                           ||
||                                                              ||
/+==============================================================*/

    /*--------------------------------------------------------------------+/
    ||                  软件复位寄存器
    ||    [31:01] --- 预约储备
    ||    [00:00] --- 软件复位(低激活)
    ||                  [add:0x 0008]  [WC]
    /+--------------------------------------------------------------------*/
    always @ (posedge CLK or negedge XRST) begin
        if(!XRST) begin
            r_REG_SOFT_XRST <= 1'b1;
        end else begin
            if (r_REG_WEN == 1'b1 && s_REG_SOFT_XRST_EN == 1'b1) begin
                r_REG_SOFT_XRST   <= r_REG_WDT[0];
            end
        end
    end

    /*--------------------------------------------------------------------+/
    ||                  传输启用寄存器
    ||     [*:00] --- 传输启用
    ||                  [add:0x 000C]  [R/W]
    /+--------------------------------------------------------------------*/
    always @ (posedge CLK or negedge XRST) begin
  if(!XRST) begin
            r_REG_TX_XRST <= 1'b0;
        end else begin
            if (r_REG_WEN == 1'b1 && s_REG_SOFT_TX_EN == 1'b1) begin
    r_REG_TX_XRST   <= r_REG_WDT[0];
    end
  end
end
```

6.3.6 功能仿真

功能仿真也称为前仿真，是在编译之前对用户所设计的电路进行逻辑功能验证，此时的仿真没有延迟信息，仅对初步的功能进行检测。FPGA 的仿真通常分为如下五步来完成：

(1) 分析、理解 FPGA 项目需求和 FPGA 设计方案。

(2) 设计 FPGA 仿真方案书。通常，FPGA 仿真方案书包含仿真环境选择、仿真 Case 设计和仿真系统结构设计(激励生成系统、结果校验系统、报告生成系统等)。

(3) 编写仿真系统结构代码和仿真 Case 代码。

(4) 按仿真 Case 清单逐条仿真(大规模设计中，此步骤通常用批处理自动完成)。

(5) 提交仿真报告书(含仿真 Case 正确性报告和仿真覆盖率报告)。需要特别提出的是，FPGA 的仿真用来验证电路设计的正确性，验证设计的电路是否符合详细设计方案书中规划的功能，而不是用来检查错误和排除系统漏洞。这两者似乎是一个意思，其实差距非常大，一个是通过方案设计保证系统设计的正确性，再通过仿真验证设计是否和方案相匹配；另一个是通过仿真来排查错误、查漏补缺，试图通过仿真来保证系统的正确性。

图 6-19 为加速云自动化仿真系统的仿真平台环境和仿真界面，其仿真过程通常通过批处理的形式自动进行，并通过 log 文件报告仿真结果。如果仿真发现设计错误，log 中会详细报告错误代码、错误类型、错误详细波形文件，供设计者查阅参考。

图 6-19　自动化仿真平台示例

图 6-20 为加速云自动化仿真系统的仿真平台给出的某设计模块的仿真覆盖率报告。

Scope	TOTAL	Cvg	Cover	Statement	Branch	UDP Expression	UDP Condition	FEC Expression	FEC Condition	Toggle	FSM State	FSM Trans	Assertion Attempted	Assertion Passes	Assertion Failures	Assertion Successes
TOTAL	99.87%	--	--	99.75%	99.84%	99.90%	100.00%	99.93%	100.00%	--	--	--	--	--	--	--
U_UHS2_MRM_RW	98.82%	--	--	99.31%	99.31%	96.15%	100.00%	97.22%	100.00%	--	--	--	--	--	--	--
gen_xcs_ram[255]	100.00%	--	--	100.00%	100.00%	100.00%	--	100.00%	--	--	--	--	--	--	--	--
gen_xcs_ram[254]	100.00%	--	--	100.00%	100.00%	100.00%	--	100.00%	--	--	--	--	--	--	--	--
gen_xcs_ram[253]	100.00%	--	--	100.00%	100.00%	100.00%	--	100.00%	--	--	--	--	--	--	--	--
gen_xcs_ram[252]	100.00%	--	--	100.00%	100.00%	100.00%	--	100.00%	--	--	--	--	--	--	--	--
gen_xcs_ram[251]	100.00%	--	--	100.00%	100.00%	100.00%	--	100.00%	--	--	--	--	--	--	--	--
gen_xcs_ram[250]	100.00%	--	--	100.00%	100.00%	100.00%	--	100.00%	--	--	--	--	--	--	--	--
gen_xcs_ram[249]	100.00%	--	--	100.00%	100.00%	100.00%	--	100.00%	--	--	--	--	--	--	--	--
gen_xcs_ram[248]	100.00%	--	--	100.00%	100.00%	100.00%	--	100.00%	--	--	--	--	--	--	--	--
gen_xcs_ram[247]	100.00%	--	--	100.00%	100.00%	100.00%	--	100.00%	--	--	--	--	--	--	--	--
gen_xcs_ram[246]	100.00%	--	--	100.00%	100.00%	100.00%	--	100.00%	--	--	--	--	--	--	--	--
gen_xcs_ram[245]	100.00%	--	--	100.00%	100.00%	100.00%	--	100.00%	--	--	--	--	--	--	--	--
gen_xcs_ram[244]	100.00%	--	--	100.00%	100.00%	100.00%	--	100.00%	--	--	--	--	--	--	--	--
gen_xcs_ram[243]	100.00%	--	--	100.00%	100.00%	100.00%	--	100.00%	--	--	--	--	--	--	--	--
gen_xcs_ram[242]	100.00%	--	--	100.00%	100.00%	100.00%	--	100.00%	--	--	--	--	--	--	--	--
gen_xcs_ram[241]	100.00%	--	--	100.00%	100.00%	100.00%	--	100.00%	--	--	--	--	--	--	--	--
gen_xcs_ram[240]	100.00%	--	--	100.00%	100.00%	100.00%	--	100.00%	--	--	--	--	--	--	--	--
gen_xcs_ram[239]	100.00%	--	--	100.00%	100.00%	100.00%	--	100.00%	--	--	--	--	--	--	--	--
gen_xcs_ram[238]	100.00%	--	--	100.00%	100.00%	100.00%	--	100.00%	--	--	--	--	--	--	--	--
gen_xcs_ram[237]	100.00%	--	--	100.00%	100.00%	100.00%	--	100.00%	--	--	--	--	--	--	--	--
gen_xcs_ram[236]	100.00%	--	--	100.00%	100.00%	100.00%	--	100.00%	--	--	--	--	--	--	--	--
gen_xcs_ram[235]	100.00%	--	--	100.00%	100.00%	100.00%	--	100.00%	--	--	--	--	--	--	--	--
gen_xcs_ram[234]	100.00%	--	--	100.00%	100.00%	100.00%	--	100.00%	--	--	--	--	--	--	--	--
gen_xcs_ram[233]	100.00%	--	--	100.00%	100.00%	100.00%	--	100.00%	--	--	--	--	--	--	--	--
gen_xcs_ram[232]	100.00%	--	--	100.00%	100.00%	100.00%	--	100.00%	--	--	--	--	--	--	--	--
gen_xcs_ram[231]	100.00%	--	--	100.00%	100.00%	100.00%	--	100.00%	--	--	--	--	--	--	--	--
gen_xcs_ram[230]	100.00%	--	--	100.00%	100.00%	100.00%	--	100.00%	--	--	--	--	--	--	--	--
gen_xcs_ram[229]	100.00%	--	--	100.00%	100.00%	100.00%	--	100.00%	--	--	--	--	--	--	--	--

图 6-20　仿真覆盖率报告示例

6.3.7 综合优化

综合就是将较高级抽象层次的描述转化成较低层次的描述。综合优化根据目标与要求优化所生成的逻辑连接，使层次设计平面化，供 FPGA 布局布线软件进行实现。就目前的层次来看，综合优化(Synthesis)是将输入编译成由与门、或门、非门、RAM、触发器等基本逻辑单元组成的逻辑连接网表，并非真实的门级电路。真实、具体的门级电路需要利用 FPGA 制造商的布局布线功能，根据综合后生成的标准门级结构网表来产生。为了能转换成标准的门级结构网表，HDL 程序的编写必须符合特定综合器所要求的风格。由于门级结构、RTL 级的 HDL 程序的综合是很成熟的技术，因此所有的综合器都可以支持到这一级别的综合。

6.3.8 布局布线与实现

布局布线可理解为利用实现工具把逻辑映射到目标器件结构的资源中，同时决定逻辑的最佳布局，选择逻辑与输入/输出功能链接的布线通道进行连线，并产生相应的文件(如配置文件与相关报告)；实现是将综合生成的逻辑网表配置到具体的 FPGA 芯片上，而布局布线是其中最重要的过程。布局将逻辑网表中的硬件原语和底层单元合理地配置到芯片内部的固有硬件结构上，并且在速度最优和面积最优之间做出选择；布线根据布局的拓扑结构，利用芯片内部的各种连线资源，合理正确地连接各个元件。目前，FPGA 的结构非常复杂，特别是在有时序约束条件时，需要利用时序驱动的引擎进行布局布线。布线结束后，软件工具会自动生成报告，并提供有关设计中各部分资源的使用情况。由于 FPGA 芯片生产商对芯片结构最为了解，所以布局布线必须选择芯片开发商提供的工具。

6.3.9 静态时序分析与优化

静态时序分析是指将布局布线的电路在不模拟的条件下，通过计算电路的延时来检测有无时序违规(即不满足时序约束条件或器件固有的时序规则，如建立时间、保持时间等)。

时序优化是指通过合理约束、修改设计(插入寄存器、并行结构、逻辑展开、寄存器平衡、路径重组)、手工修改布局布线等方式反复优化综合布局布线，使得时序逐渐收敛，从而满足设计要求的过程。

6.3.10 芯片编程与调试

芯片编程与调试是 FPGA 设计的最后一步。芯片编程是指将设计生成的数据文件(Bitstream Generation，产生位数据流文件)烧写到 FPGA 芯片中。FPGA 芯片编程需要满足一定的条件，如编程电压、编程时序和编程算法等；调试是指实机验证设计功能的正确性和性能指标。

6.4 RTL 级神经网络加速设计流程

RTL 级神经网络加速设计流程除了基本的 FPGA 设计开发流程外，通常还需要做大量的前后期工作。需要特别注意的是，FPGA 加速计算推演的数据精度需要和软件验证的数据精度保持一致，否则可能因在 FPGA 加速后会有精度损失而达不到预期的算法效果(FPGA 内的浮点乘法器计算精度和 CPU 的浮点计算精度可能不一致)。如果采用定点计算，需要软件先对算法进行定点化效果模拟和 FPGA 内数据截位模拟效果推演，最终结果符合预期后再进一步设计。

在确认了用 FPGA 加速的算法结构、计算精度和加速效果后，就可以按 FPGA 设计开发流程进行加速设计了。FPGA 的设计流程通常包括设计需求理解、方案评估、芯片理解、详细方案设计、RTL 设计输入、仿真、综合、布局布线、时序优化、芯片编程与调试。其中，详细方案设计最为重要，关系到整体 FPGA 加速方案的设计质量和开发效率。FPGA 神经网络加速方案的设计除了要考虑时钟系统、复位系统、数据流、控制流以外，以下几点需要重点考虑：

(1) 如何设计 RTL 层级结构？神经网络最底层的计算因子基本都是卷积、池化、全连接和各种非线性函数，这些计算因子的各种组合构成神经网络的各层计算，而多个单层的神经网络计算构成了整体的神经网络算法。

(2) 如何调度这些计算因子以组成不同的单层计算？又如何调度各层计算从而构成完整的神经网络框架？其中，调度包含数据流调度、控制流调度以及计算结构调度。通过合理的调度，使得在每个时钟周期内有尽可能多的 FPGA 计算资源在有效工作，从而整体提升计算加速效果。

(3) 如何平衡设计中不同层级、不同计算因子之间对计算带宽和存储带宽的不同需求？除了合理的计算调度外，还需要有合理的内部 BRAM 存储器容量平衡(访存带宽够大，存储容量较小)和外部存储器访存带宽(存储容量够大，访存带宽较小)平衡，既要求能放得下算法计算所需的数据和权重，又要求访存带宽能赶得上计算所需的数据流量带宽。

6.5 RTL 级神经网络加速仿真

RTL 级神经网络设计的仿真通常难度较大且仿真时间较长。神经网络结构通常由卷积、池化、全连接以及各种非线性函数组成，网络层数多且结构复杂，并且每一层网络的参数规格和大小都可能不一样，这就产生了两个问题，一个是单 Case 仿真数据量较大、时间较长；另一个是神经网络设计各层各环节所组合的仿真 Case 数量极其庞大。为了提高神经网络设计仿真的效率，通常先将神经网络按两个维度进行拆解来单独仿真，然后进行功能性系统仿真。拆解的两个维度分别是计算因子维度和层级维度，计算因子维度是指对神经网络中所包含的卷积、池化、全连接以及各种非线性函数等进行单独仿真；层级维度是指对神经网络各层级进行单独仿真。在计算因子维度和层级维度仿真的基础上，再进一步进行系统级功能仿真。需要特别注意的是，由于神经网络结构中可能存在大量的卷积、池化、全连接等计算，且各层的卷积大小、个数以及步幅等都不尽相同，因此需要对 FPGA 设计中各种边界问题，包括计算边界和存储边界进行严格的覆盖性仿真。

6.6 RTL 级神经网络加速时序优化

使用 FPGA 进行神经网络计算加速设计，通常都需要做大量的时序优化工作。一方面，神经网络加速设计本身对时序的要求比较高，时序越好，FPGA 工作的时钟频率就越高，加速效果就越好；另一方面，神经网络设计中存在的复杂网络层级关系以及各层可能存在的不同的卷积、池化、全连接、非线性函数的计算使得 FPGA 设计中存在大量的运算组合逻辑和数据流路径选择逻辑，并使得 FPGA 设计中存在极其复杂的布线结构，直接导致了使用 FPGA 进行神经网络加速设计的时序很难有较高的频率。高时序的需求和工程存在的时序困境使得时序优化问题特别突出。

面对 RTL 级神经网络加速设计的时序优化，我们首先需要理解的是，优秀的时序是设计出来的，而不是优化出来的，所有的后端优化工作都只能起到锦上添花的作用。优秀的时序表现需要在前期方案评估阶段、芯片理解阶段、详细方案设计阶段以及 RTL 输入阶段都做出相应的有关优秀时序的思考。首先，在方案评估阶段需要对神经网络各层级架构以及各层计算所需的 FPGA 资源(特别是存储资源、计算资源、布线资源、IO 资源等)做充分的理解和计算，并选出合适的 FPGA 芯片；其次，在芯片理解阶段，需要详细地了解所选 FPGA 内部关键资源数量、资源内部硬件结构、使用方法以及其在 FPGA 内部的位置，在后面的详细方案设计和 RTL 描述设计过程中应熟练应用芯片各种资源特性，做到设计和芯片完美匹配，并充分利用每一个 FPGA 内部资源且充分发挥每一个 FPGA 内部资源的特性，至少做到不浪费资源，且不改变综合布局布线总体形状，因为能真正理解设计思想和设计意图的永远是设计者而不是工具。

在优秀的时序设计的基础上，必要的时序优化工作可以起到画龙点睛的效果。时序优化工作往往需要反复地优化综合布局布线，使得时序逐渐收敛，从而满足设计要求。时序优化有很多种方式，面对不同的设计有不同的优化方式，因此选择正确的优化方式至关重要。首先，在时序优化之前，需要让设计工具“明白”设计者的真正意图，从而让设计工具以最优的方式达成设计者的目标。让设计工具“明白”设计者的意图，最重要的是进行正确的时序约束，包含时钟约束、偏移约束、建立分组、多周期约束、假(FALSE)路径约束等，必要的时候配合指定资源位置、指定资源区域、指定资源路径等约束方式，其目的只有一个，让设计工具把主要的贡献和最优的路径交给最难达成的时序资源和最需要关注的时序路径。其次，选择合适的综合布局布线配置，如综合布局布线的努力程度，速度优先还是面积优先，是否允许工具增加寄存器降低扇出，是否允许删除重复逻辑等。如果以上两项实施后依然无法达成时序目标，就需要用人工的方式优化时序。首先通过时序分析报告找出时序不满足的关键路径，对时序不满足的路径进行逻辑分析和布局布线分析，找出时序不满足的真正原因；如果是因为工具不够智能，未能“明白”设计者的意图或是没有选择合适的路径，设计者可以通过手工布线的方式调整关键路径；而如果是因为组合逻辑太大，或者是因为扇出太多，又或者是布线确实无法缩短路径，就需要设计者修改 RTL 代码，可通过拆分组合逻辑、增加寄存器层级、复制逻辑等方法来解决。

第7章 基于FPGA实现YOLO V2模型计算加速实例分析

本章对 YOLO V1 的模型架构、训练流程以及损失函数进行详尽的介绍；然后从更快(批归一化、高分辨率分类、带锚框(Anchor Box)的卷积、维度聚类、直接坐标预测、细粒度特征、多尺度训练)和更好(基础网络 DarkNet19、训练流程)两个方面阐述 YOLO V2 对 YOLO V1 的改进，并且对 TensorFlow 版本的 YOLO V2 代码的代码框架以及核心部分(conv_layer 层的封装、损失函数的定义)进行简单的说明；最后以图示的方式阐述图像在 FPGA 板卡上的处理流程，从"异构计算"的角度阐述 CPU+FPGA 架构和 CPU+GPU 架构在 VOC(Visual Object Classes)数据集上检测精度和检测速度的差异性。

7.1 神经网络基本算子的 FPGA 实现

7.1.1 加速逻辑方案整体设计

在神经网络加速设计开始之前，需要先确定神经网络的网络结构和各层级参数，避免因在 FPGA 开发中途修改网络结构或层级参数而造成大量的资源重复投入和延期。前期的网络结构和参数定型阶段可以在通用神经网络开发平台通过 GPU 或 CPU 进行算法效果认证，效果符合预期后再进行进一步的 FPGA 加速设计。在神经网络算法效果符合预期后，需要对神经网络算法进行拆解和分析。通过分析算法所需的计算带宽、存储带宽、存储容量、关键计算瓶颈、计算数据流等，结合 FPGA 芯片各资源特性进行加速效果推算，把适合 FPGA 加速的算法交给 FPGA 来加速，把不适合 FPGA 加速的计算交由其他加速芯片来加速。

通常，在对图 7-1 所示的神经网络模型和参数分析后，可以把神经网络需要加速计算的任务按计算加速的层级划分为整体神经网络加速、单层神经网络加速、神经网络算子加速三个层次。如图 7-2 所示的神经网络算子层通常包含矩阵卷积、矩阵乘法、Hadamard 积等基本计算单元；常见单层神经网络通常有卷积层、池化层、全连接层、其他非线性函数层等；整体神经网络可以通过单层神经网络搭建，常见的有 LeNet、VGGNet、ResNet 等。

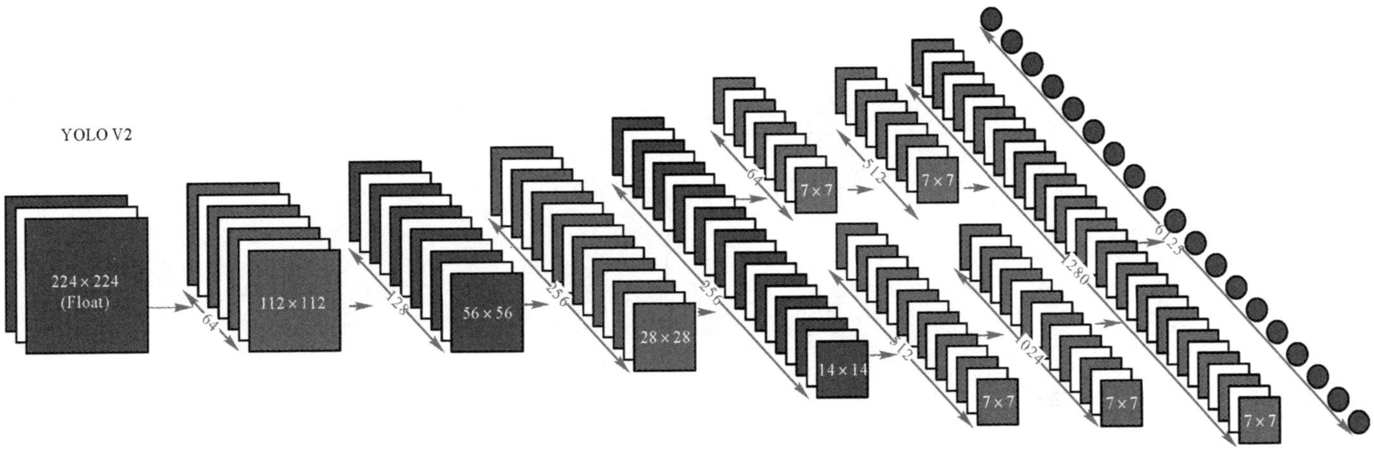

图 7-1 YOLO V2 网络模型结构

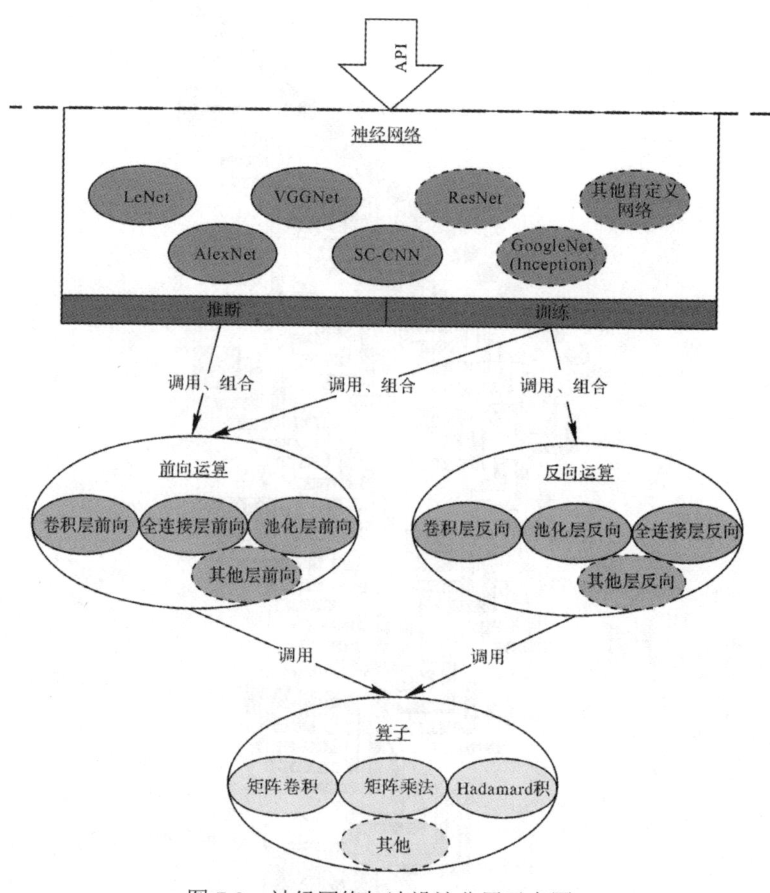

图 7-2　神经网络加速设计分层示意图

当然，也可以把神经网络按需要加速任务的灵活性和加速性能的需求不同，分层设计：

(1) 专用神经网络加速。整体神经网络全部固化到 FPGA 内部进行加速计算，优点是 FPGA 设计是针对某一神经网络结构进行的优化设计，其加速性能高、稳定性好；缺点是模型结构固定，更改模型结构后需重新设计 FPGA。

(2) 可配置神经网络加速。将 FPGA 内部加速计算单元做成可配置模式，可以配置成常见的神经网络层级，并用可配置层级配置器和调度器来配置调度各层网络加速，从而实现可配置神经网络设计加速。此类设计加速灵活性高，性能也相对较高。

(3) 神经网络算子加速。FPGA 内只做神经网络算子加速，神经网络各层级间的组合与调度交由软件来完成。此类设计算子加速性能高、灵活性最强，但层级调度由软件完成，大大降低了整体神经网络的计算时间，从而使得加速性能大大降低。按灵活性和加速性进行分层设计，示意图如图 7-3 所示，图中 L1 层为神经网络算子加速，L2 层为可配置神经网络加速，L3 层为专用神经网络加速。其中，L3 层专用神经网络加速性能高，但加速灵活性差；L1 层神经网络算子加速灵活性够高，但加速效果相对较差；L2 层可配置神经网络加速效果理想，灵活性高。

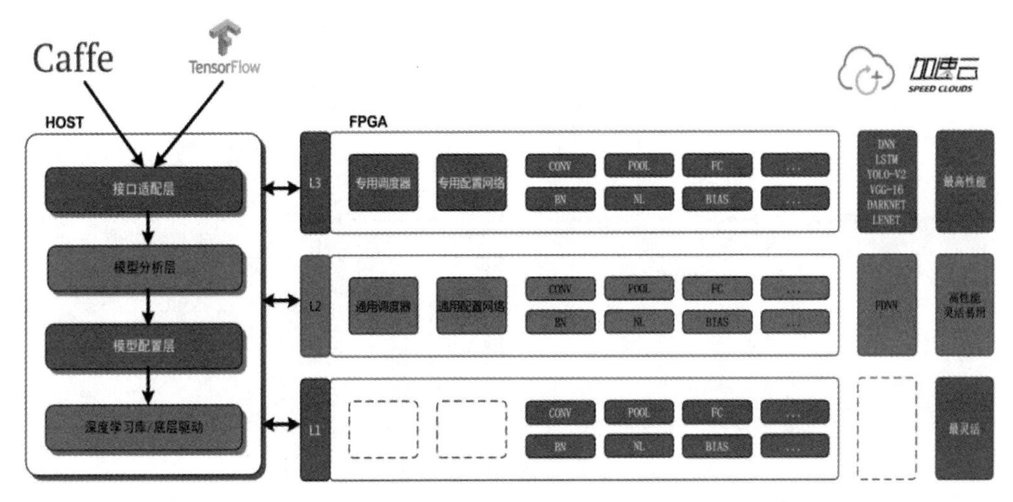

图 7-3　加速云三层神经网络加速设计示意图

7.1.2　卷积算子设计

当前大多数深度学习模型中的卷积层运算如式(7-1)所示，表示输入通道数为 m、输出通道数(也即卷积神经元数量)为 n 的卷积运算。其特点是：层运算过程中，数据会被多次使用(每个神经元用一次)，而卷积参数只参与一次。

$$D^j = \sum_{i=1}^{m} D^i \times K^{i,j} \quad j = 1, 2, \cdots, n \tag{7-1}$$

式(7-2)为式(7-1)的特殊情况，表示一个神经元内的多个卷积内核之间参数共享。其特点是：层运算过程中，数据会被多次使用(每个神经元用一次)，卷积参数也会多次参与(每个输入数据用一次)。

$$D^j = \sum_{i=1}^{m} D^i \times K^j \quad j = 1, 2, \cdots, n \tag{7-2}$$

设计卷积算子，首先需要将输入的数据和参数矩阵分别转换为相应的向量，以便用向量点乘的方式实现矩阵的卷积运算。

图 7-4 是一个卷积算子设计示例。

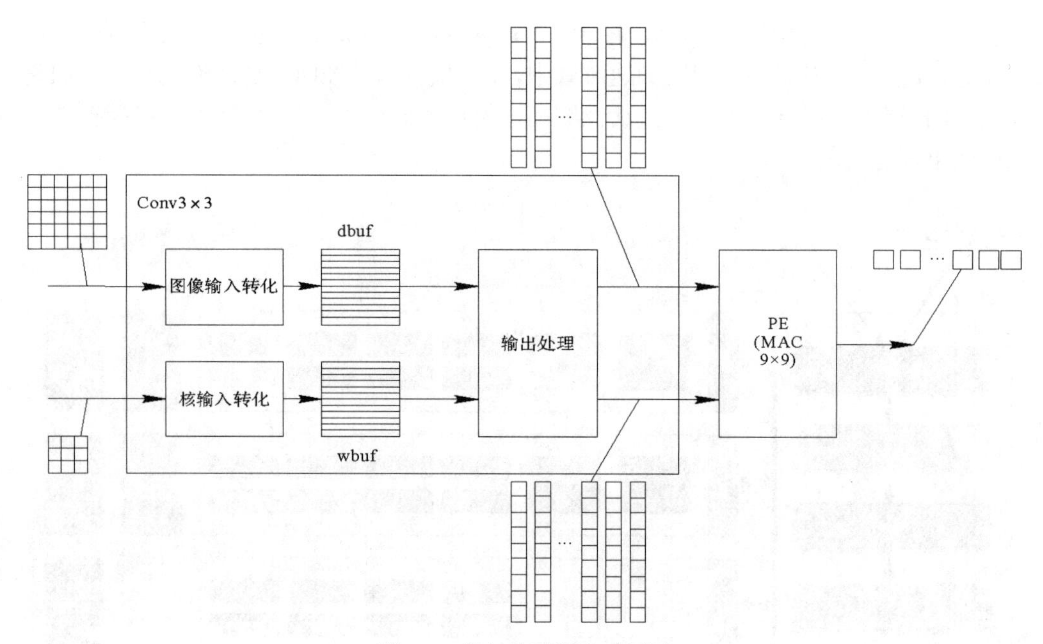

图 7-4　卷积算子设计示例图

如图 7-4 所示，3 × 3 卷积是通过 9 × 9 的点乘计算单元(Processing Elements，PE)来完成计算的，输入图像是一个 $m \times n$ 的矩阵，卷积权值是一个 3 × 3 的矩阵，为了方便地把数据送入 9 × 9 的点乘 PE 中，首先需要将 3 × 3 的权值展开成 9 × 1 的向量送入 PE。同样的，图像数据的卷积滑窗位置 3 × 3 数据也需要展开成 9 × 1 的向量送入 PE。

通常，卷积算子 IP 设计需要考虑卷积算子的详细参数特性，如所支持卷积配置的类型(Conv3 × 3，Conv5 × 5，Conv7 × 7 等)、输入图像尺寸的大小是否可配置、支持的卷积步幅(Stride)、是否支持扩张卷积等。

如图 7-5 所示，PE 选择 54 × 54 的点乘，既可以配置成 1 个 7 × 7 的卷积算子，又可以配置成 2 个 5 × 5 的卷积算子，还可以配置成 5 个 3 × 3 的卷积算子，从而适应不同神经网络层对卷积算子的不同设计需求。

为了平衡卷积算子 IP 对图像和卷积参数访存带宽的需求，同时也为了提高数据复用性，并充分发挥 FPGA 内各计算单元的性能，当图像达到一定大小时，需要对数据结构进行必要的分割和调整，可按块分割，也可按行分割，如图 7-6 所示。

分割后的图像可以同时送往不同的卷积 IP 同时计算，图 7-7 为卷积算子设计的横向分割计算示意图。

卷积算子的计算部分通常用 FPGA 内的 DSP 资源实现。图 7-8 为一个 3 × 3 卷积算子设计的 FPGA 实现 DSP 结构图，其中 3 × 3 卷积用 9 个 DSP 做点乘运算和加法运算。

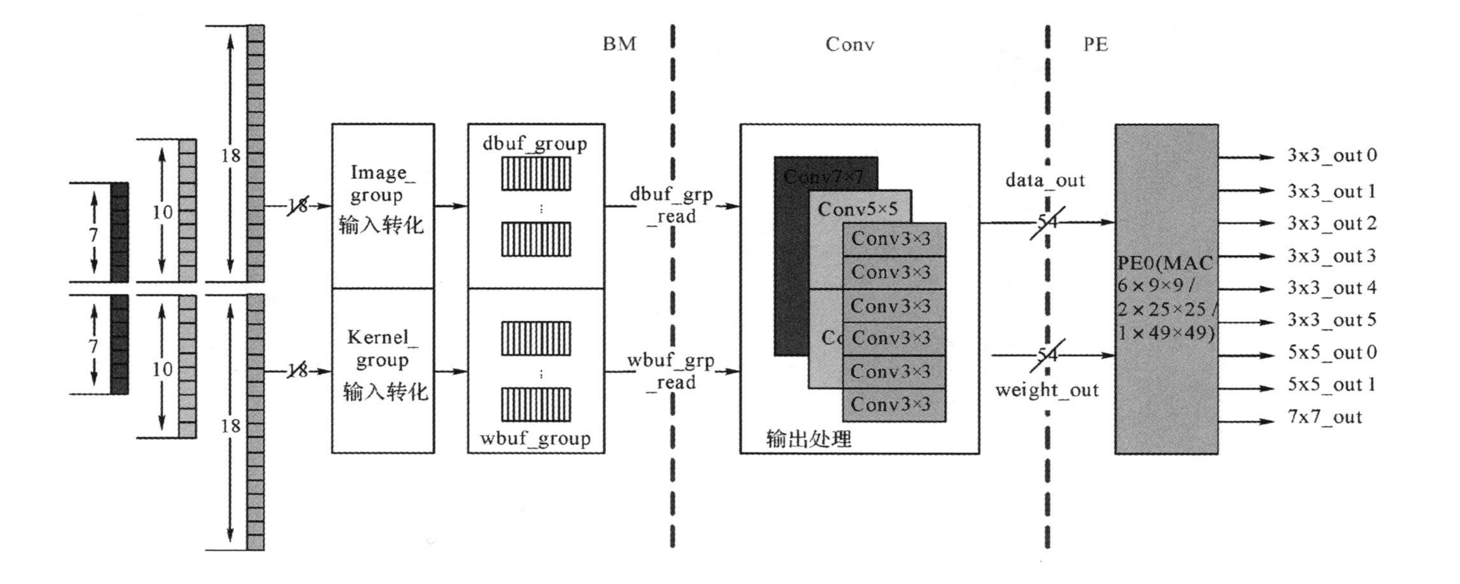

图 7-5　卷积算子设计示例图 B

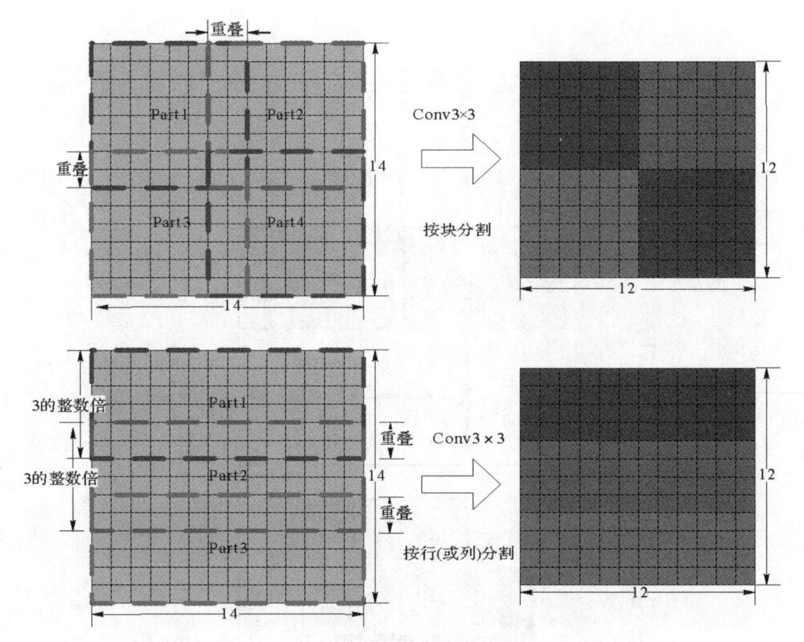

图 7-6　卷积算子设计的数据调整示例

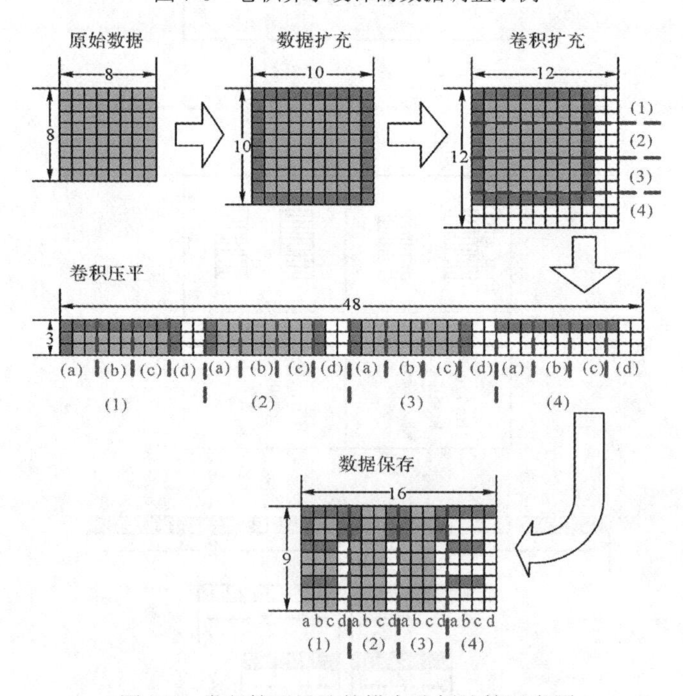

图 7-7　卷积算子设计的横向分割计算示意图

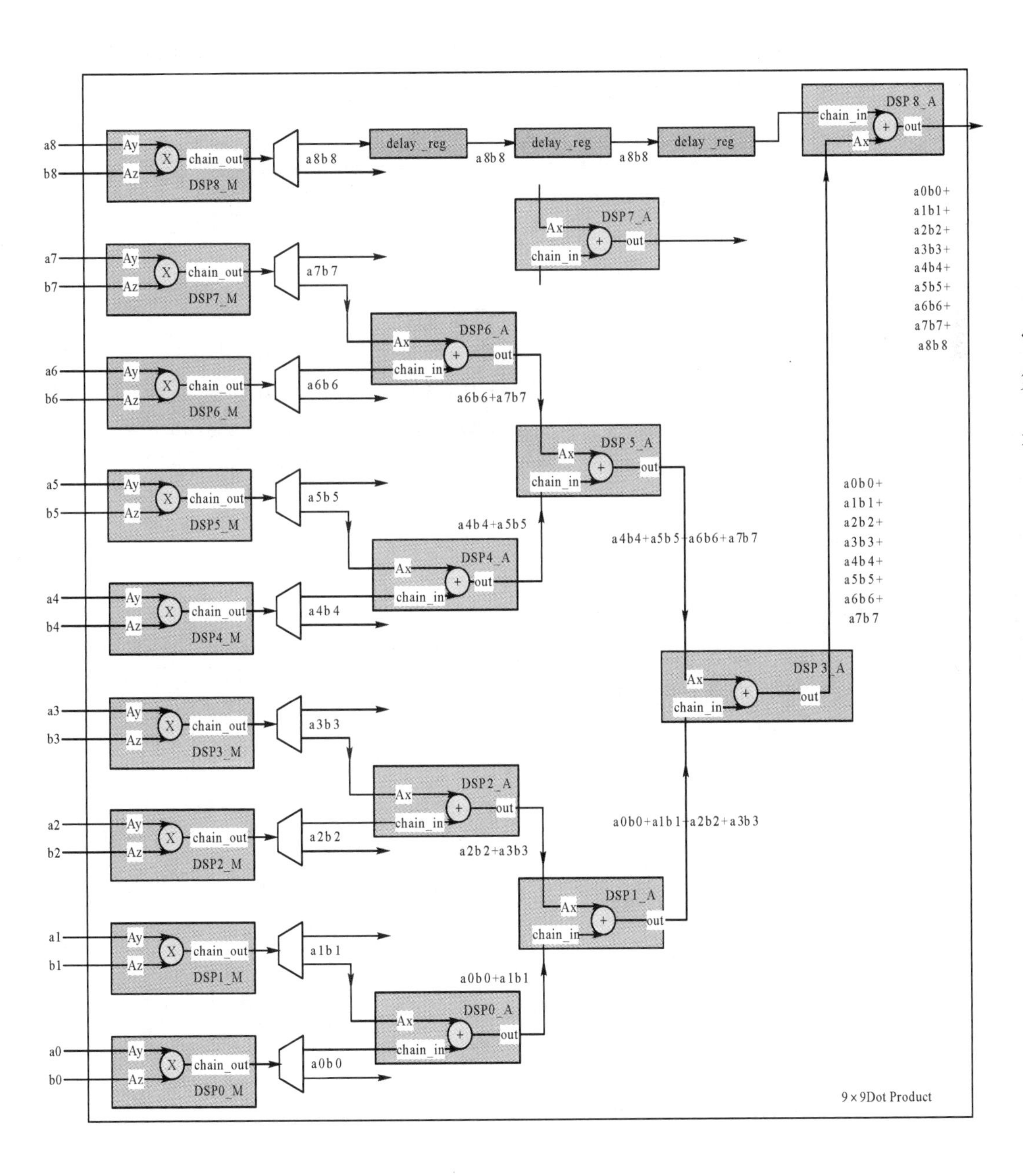

图 7-8　3×3 卷积算子设计的 FPGA 实现 DSP 结构图

以下为 3 × 3 卷积 RTL 级代码，其中使用了 17 个 DSP 来实现计算(9 个乘法 DSP 和 8 个加法 DSP)。由上文可知，RTL 设计中的 8 个加法 DSP 可以通过复用 9 个乘法 DSP 中的加法器来实现，但需要调用最底层的 DSP 单元，并合理设计连接结构。

```
genvar i, j, k;
generate
    for (i = 0; i < 9; i = i + 1)
        begin : MULT
        DSP_MULT U_DSP_MULT(
            .CLK                    ( CLK               ), //(i)
            .EN                     ( EN                ), //(i)
            .A                      ( r_DATA[i]         ), //(i)
            .B                      ( r_WEIGH[i]        ), //(i)
            .P                      (s_ADD_BUF0[i]      ) //(o)
        )
    end

    for (j = 0; j < 4; j = j + 1)
        begin : TREE_ADD_LV0
        DSP_ADD U_DSP_ADD0(
            .CLK                    ( CL                ), //(i)
            .EN                     ( EN                ), //(i)
            .A                      ( s_ADD_BUF0[j]     ), //(i)
            .B                      ( s_ADD_BUF0[j+4]   ), //(i)
            .P                      ( s_ADD_BUF1[j]     ) //(o)
        )
    end

    for (k = 0; k < 2; k = k + 1)
        begin : TREE_ADD_LV1
        DSP_ADD U_DSP_ADD1(
            .CLK                    ( CLK               ), //(i)
            .EN                     ( EN                ), //(i)
            .A                      ( s_ADD_BUF1[k]     ), //(i)
```

```
            .B                              ( s_ADD_BUF1[k+2] ), //(i)
            .P                              ( s_ADD_BUF3[k]    ) //(o)
        )
    end

    DSP_ADD U_DSP_ADD2(
        .CLK                        ( CLK                ), //(i)
        .EN                         ( EN                 ), //(i)
        .A                               ( s_ADD_BUF2[0]    ), //(i)
        .B                               ( s_ADD_BUF2[1]    ), //(i)
        .P                          ( s_ADD_BUF3         ) //(o)
    )

    DSP_ADD U_DSP_ADD3(
        .CLK                        ( CLK                ), //(i)
        .EN                         ( EN                 ), //(i)
        .A                               ( s_ADD_BUF3       ), //(i)
        .B                               ( s_ADD_BUF0[8]    ), //(i)
        .P                          ( s_CONV_OUT         ) //(o)
        )
endgenerate
```

卷积算子中通常会用到矩阵的点乘计算。在深度神经网络算法中，不同网络层的卷积算子其大小不同。为了适应不同层级、不同大小的卷积算子需求，并提高 DSP 的利用率，在进行卷积算子 IP 设计的还需要考虑 FPGA 内 DSP 的级联、布局布线以及复用关系，通常容易相互组合搭配且在各组合中资源利用率均比较高的最佳点乘结构为最小点乘单元，应将其进行复用设计。

图 7-9 为抽象出的 5 × 5 点乘计算结构，其中乘法部分使用了 5 个 FPGA 内 DSP 单元，相加部分可以单独调用 DSP 进行相加，也可以复用乘法部分使用的 DSP 内部加法器进行相加。

图 7-10 所示的卷子算子 IP 通过 12 个 5 × 5 点乘算子级联，兼容实现了 12 个 Conv2 × 2、6 个 Conv3 × 3、3 个 Conv4 × 4、2 个 Conv5 × 5、1 个 Conv6 × 6 或者 1 个 Conv7 × 7 所需的乘加运算，共计占用 60 个 DSP。

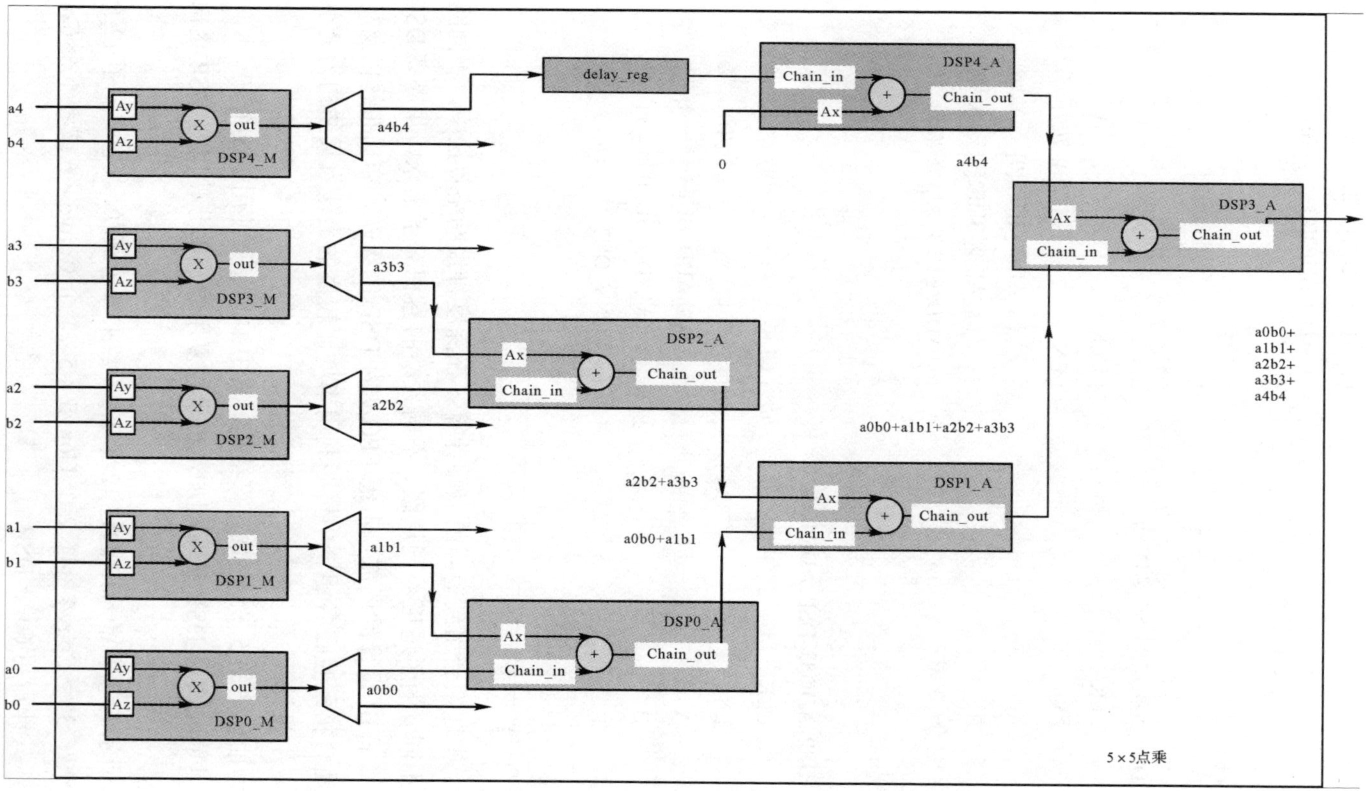

图 7-9　5 × 5 点乘计算结构

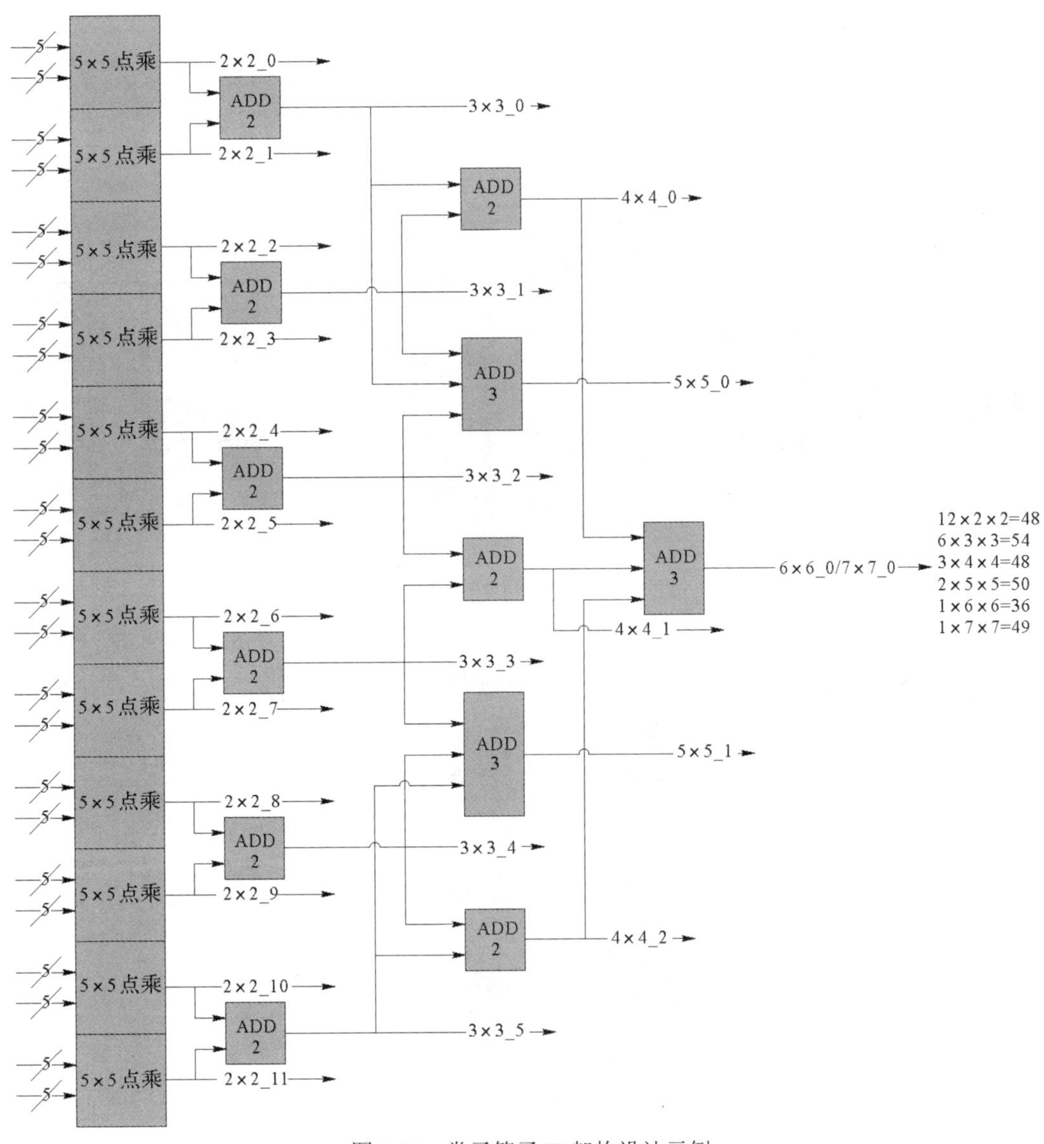

图 7-10 卷子算子 IP 架构设计示例

7.1.3 全连接算子设计

全连接层(Fully Connected Layers，FC)在整个卷积神经网络中起到“分类器”的作用。如果说卷积层、池化层和激活函数层等操作是将原始数据映射到隐层特征空间的话，全连接层则起到将学到的“分布式特征表示”映射到样本标记空间的作用。

在实际使用中，全连接的核心操作就是矩阵向量乘积，全连接算子的计算通常就是 $m \times k$ 维特征图向量与参数矩阵 $k \times n$ 进行矩阵乘法运算，输出为新的 $m \times n$ 维特征图，如图 7-11 所示。

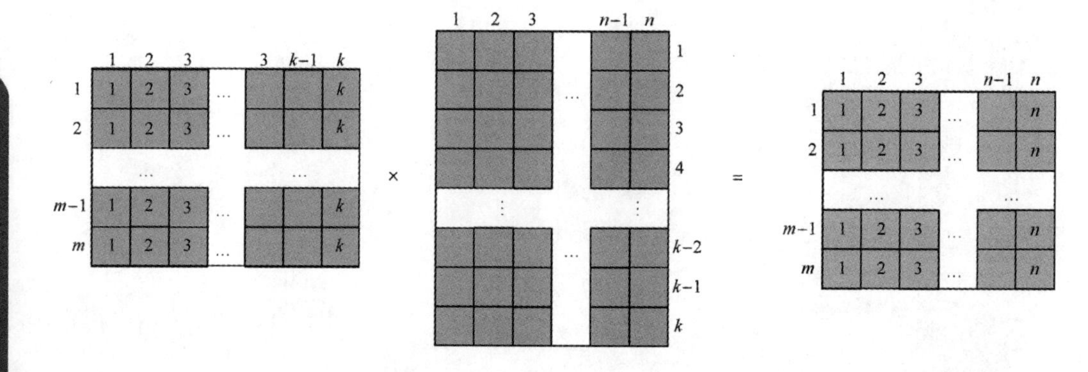

图 7-11　全连接算子计算示意图 A

卷积神经网络中全连接层算子在计算时，m 大部分等于 1，即通常是 $1 \times k$ 维特征图向量与参数矩阵 $k \times n$ 进行矩阵乘法运算，输出为新的 $1 \times n$ 维特征图，如图 7-12 所示。

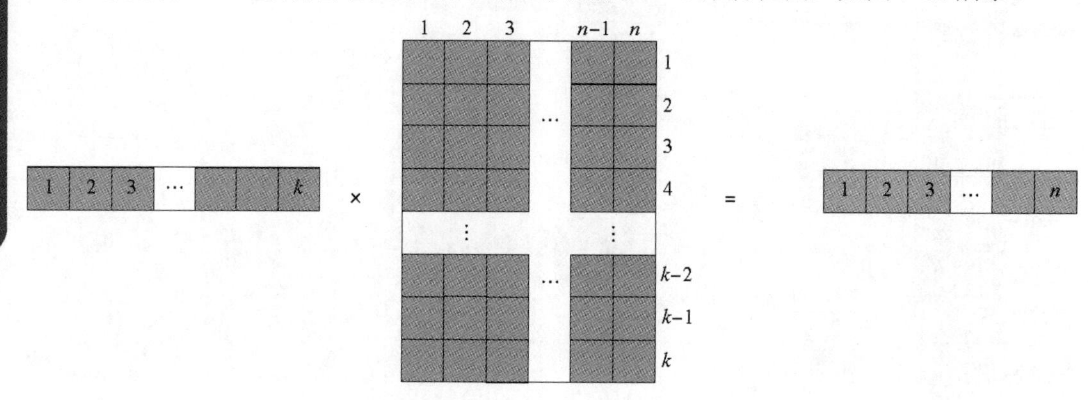

图 7-12　全连接算子计算示意图 B

而矩阵乘运算通常在 FPGA 中采用 DSP 来实现其乘法和加法部分，图 7-13 为 5×5 加乘计算结构，它实现了[a0, a1, a2, a3, a4]与[b0, b1, b2, b3, b4]的点乘求和计算。其中，乘法部分使用了 5 个 FPGA 内 DSP 单元来实现按点分别相乘，然后将相乘的结果通过 5 个 DSP 分级相加来实现求和；相加部分可以单独调用 DSP 实现，也可以复用乘法部分使用的 DSP 内部加法器实现，后者可以更高效地利用 FPGA 内的 DSP 资源，并可以在相同的芯片上实现更高性能的计算，但对设计者的设计水平和设计经验要求比较高。

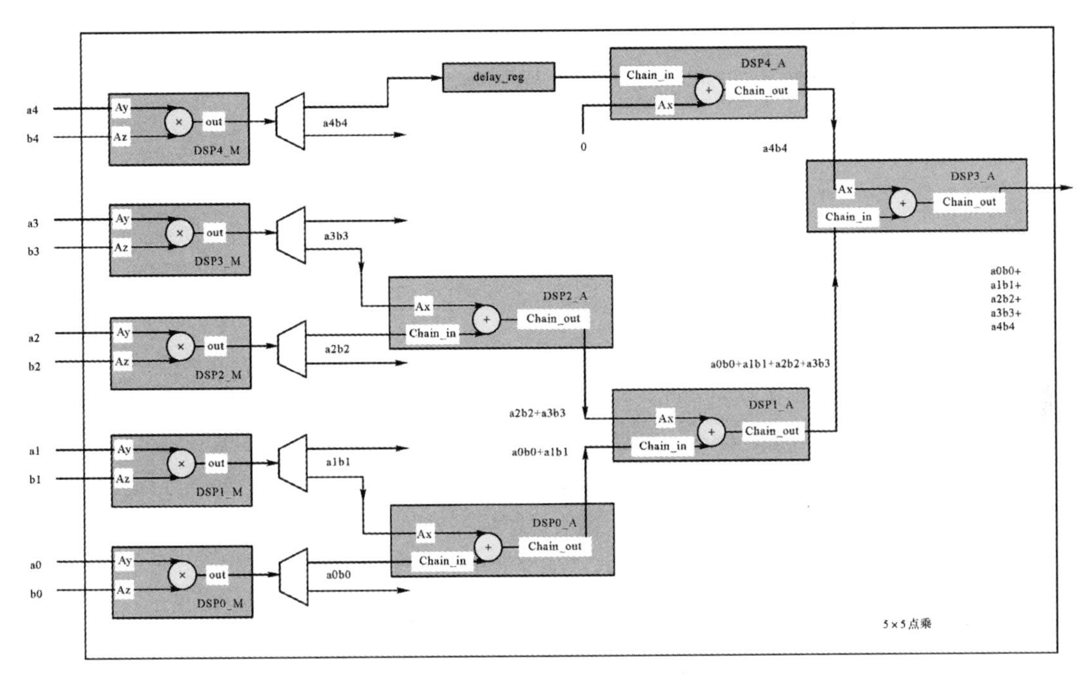

图 7-13　5 × 5 点乘求和示例

以下为 5 × 5 全连接 RTL 级设计代码，其中使用了 9 个 DSP 来实现计算(5 个乘法 DSP 和 4 个加法 DSP)。从上文可知，以下 RTL 设计中的 4 个加法 DSP 可以通过复用 5 个乘法 DSP 中的加法器来实现，但需要调用最底层的 DSP 单元，并合理设计连接结构。

```
genvar i, j;
generate
    for (i = 0; i < 5; i = i + 1) begin : MULT
        DSP_MULT U_DSP_MULT(
            .CLK                    ( CLK               ), //(i)
            .EN                     ( EN                ), //(i)
            .A                      ( r_DATA[i]         ), //(i)
            .B                      ( r_WEIGH[i]        ), //(i)
            .P                      ( s_ADD_BUF0[i]     ) //(o)
            )
    end

    for (j = 0; j < 2; j = j + 1) begin : TREE_ADD_LV0
```

```
    DSP_ADD U_DSP_ADD1(
        .CLK                    ( CLK               ), //(i)
        .EN                     ( EN                ), //(i)
        .A                      ( s_ADD_BUF0[j]     ), //(i)
        .B                      ( s_ADD_BUF0[j+4]   ), //(i)
        .P                      ( s_ADD_BUF1[j]     ) //(o)
        )
end


DSP_ADD U_DSP_ADD2(
    .CLK                    ( CLK               ), //(i)
    .EN                     ( EN                ), //(i)
    .A                          ( s_ADD_BUF1[0]     ), //(i)
    .B                          ( s_ADD_BUF1[1]     ), //(i)
    .P                      ( s_ADD_BUF2        ) //(o)
    )

DSP_ADD U_DSP_ADD3(
    .CLK                    ( CLK               ), //(i)
    .EN                     ( EN                ), //(i)
    .A                          ( s_ADD_BUF2        ), //(i)
    .B                          ( s_ADD_BUF0[5]     ), //(i)
    .P                      ( s_FC_OUT          ) //(o)
    )
endgenerate
```

7.1.4 池化算子设计

池化层本质上就是对数据进行分区采样，把一个大的矩阵采样成一个小的矩阵。池化层的输入一般来源于上一个卷积层，其可在减小计算量的同时防止过拟合。

在神经网络计算中，常用的池化方法有最大池化和均值池化两种，最大池化即对局部池化域取最大值，均值池化即对局部池化域中的所有值取平均值。图 7-14 为 2 × 2 最大池化和均值池化示意图。

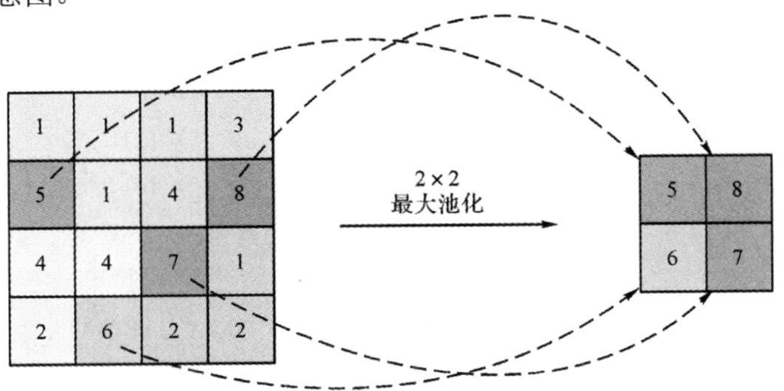

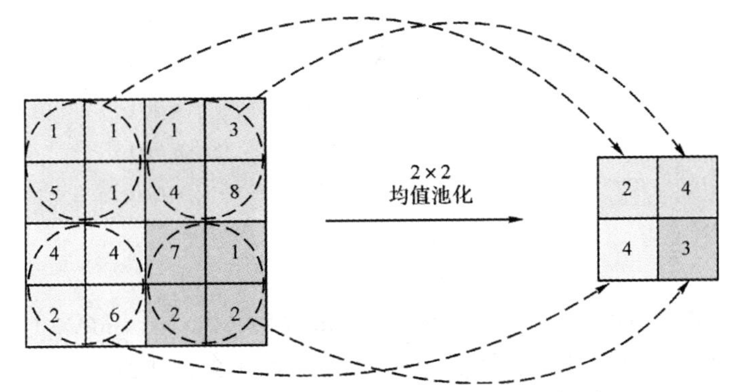

图 7-14　2 × 2 最大池化与均值池化示意图

以下为 2 × 2 最大池化 RTL 级设计代码，其中通过 3 个数据比较器选出 2 × 2 池化域中最大的数值。

```
ALT_COMP U_COMP0(
    .CLK                    ( CLK           ), //(i)
    .EN                     ( EN            ), //(i)
    .A                      ( r_DATA_0      ), //(i)
    .B                      ( r_DATA_1      ), //(i)
    .P                      ( s_COMP_0      ) //(o)
)

assign s_MAX_0              = s_COMP_0 ? r_DATA_0 : r_DATA_1;

ALT_COMP U_COMP1(
```

```
        .CLK        ( CLK        ), //(i)
        .EN         ( EN         ), //(i)
        .A          ( r_DATA_2   ), //(i)
        .B          ( r_DATA_3   ), //(i)
        .P          ( s_COMP_1   ) //(o)
        )

    assign s_MAX_1          = s_COMP_1 ? r_DATA_2 : r_DATA_3;

    ALT_COMP U_COMP2(
        .CLK        ( CLK        ), //(i)
        .EN         ( EN         ), //(i)
        .A          ( s_MAX_0    ), //(i)
        .B          ( s_MAX_1    ), //(i)
        .P          ( s_COMP_2   ) //(o)
        )

    assign s_MAX_POOL       = s_COMP_2 ? s_MAX_0 : s_MAX_1;
```

以下为 2 × 2 均值池化 RTL 级设计代码，其中通过 3 个加法器和一个除法器计算出 2 × 2 池化域的平均值。

```
    DSP_ADD U_DSP_ADD1(
        .CLK        ( CLK        ), //(i)
        .EN         ( EN         ), //(i)
        .A          ( r_DATA_0   ), //(i)
        .B          ( r_DATA_1   ), //(i)
        .P          ( s_ADD_0    ) //(o)
        )

    DSP_ADD U_DSP_ADD2(
        .CLK        ( CLK        ), //(i)
        .EN         ( EN         ), //(i)
        .A          ( r_DATA_2   ), //(i)
        .B          ( r_DATA_3   ), //(i)
```

```
        .P                  ( s_ADD_1         ) //(o)
        )

    DSP_ADD U_DSP_ADD3(
        .CLK                ( CLK             ), //(i)
        .EN                 ( EN              ), //(i)
        .A                  ( s_ADD_0         ), //(i)
        .B                  ( s_ADD_1         ), //(i)
        .P                  ( s_SUM           ) //(o)
        )

    DSP_DIV U_DSP_DIV(
        .CLK                ( CLK             ), //(i)
        .EN                 ( EN              ), //(i)
        .A                  ( s_SUM           ), //(i)
        .B                  ( 4               ), //(i)
        .P                  ( s_AVG_POOL      ) //(o)
        )
```

7.2 FPGA YOLO V2 的顶层设计

7.2.1 YOLO V2 模型简介

经典的目标检测网络 RCNN(Regions with CNN features)系列在进行目标检测时分为两步，目标识别和目标分类。Faster-RCNN 是把目标识别和目标分类作为一个网络的两个分支分别输出，从而大大缩短了计算时间；而 YOLO 系列则把这两个分支都省了，只用一个网络同时输出目标的位置和分类。YOLO 把每张图片分成 $S \times S$ 个方格，对每个方格输出一个 $B \times 5 + C$ 维的数组。其中，B 是该方格预测方框的数目，每个方框包含一个(x, y, w, h, x, s)，其中 x、y 为方框左上角坐标，w、h 为方框的宽、高，s 为方框的置信度；C 表示需要预测的类别数。YOLO 网络结构主要分为两个部分，第一部分是特征提取网络，主要是为了提取物体的通用特征，一般在 ImageNet 上进行训练；第二部分是后处理网络，目的是回归出待检测物体的坐标和类别。

YOLO V2 是 YOLO V1 的升级版本，是为了提高物体定位的精准性和召回率，该模型应用时的简化过程如图 7-15 所示。相比于 YOLO V1，YOLO V2 提高了训练图像的分辨率，引入了 Faster-RCNN 中的思想(Anchor box)，对网络结构的设计进行了改进，其输出层使用卷积层替代 YOLO 的全连接层，并联合使用 COCO 物体检测标注数据和 ImageNet 物体分类标注数据训练物体检测模型。YOLO V2 在继续保持处理速度的基础上，在预测更准确(Better)、速度更快(Faster)、识别对象更多(Stronger)这三个方面进行了改进。YOLO V2 网络结构具体的改进列表如图 7-16 所示。

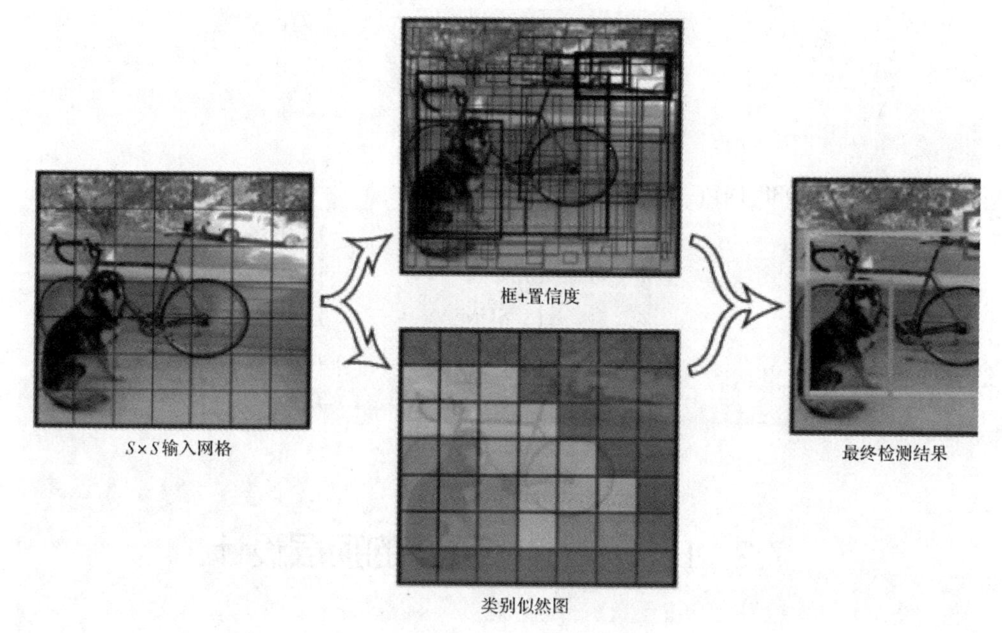

图 7-15　YOLO V2 模型示意图

	YOLO V1								YOLO V2
batch norm?		✓	✓	✓	✓	✓	✓	✓	✓
hi-res classifier?			✓	✓	✓	✓	✓	✓	✓
convolutional?				✓	✓	✓	✓	✓	✓
anchor boxes?				✓	✓				
new network?					✓	✓	✓	✓	✓
dimension priors?						✓	✓	✓	✓
location prediction?						✓	✓	✓	✓
passthrough?							✓	✓	✓
multi-scale?								✓	✓
hi-res detector?									✓
VOC2007 mAP	63.4	65.8	69.5	69.2	69.6	74.4	75.4	76.8	**78.6**

图 7-16　YOLO V2 网络结构改进列表

经过网络结构改进后，得到的 YOLO V2 网络在小尺寸图像检测中的成绩优秀，输入为 228 像素 × 228 像素时，检测帧率达到 90FPS(Frame Per Secend，每秒帧率)，mAP(mean Average Precision，平均精度)几乎和 Faster-RCNN 的水准相同，这使得其在低性能 GPU、高帧率视频、多路视频场景中更加适用。在大尺寸图像检测中，YOLO V2 达到了先进水平，在 VOC2007 上 mAP 为 78.6%，仍然高于平均水准，而且检测的种类有 9000 多种。图 7-17 是 Pascal VOC2007 上 YOLO V2 和其他网络的成绩对比。

Detection Frameworks	Train	mAP	FPS
Fast -RCNN[5]	2007+2012	70.0	0.5
Faster -RCNN VGG-16[15]	2007+2012	73.2	7
Faster -RCNN ResNet[6]	2007+2012	76.4	5
YOLO [14]	2007+2012	63.4	45
SSD300[11]	2007+2012	74.3	46
SSD500[11]	2007+2012	76.8	19
YOLO V2 288×288	2007+2012	69.0	91
YOLO V2 352×352	2007+2012	73.7	81
YOLO V2 416×416	2007+2012	76.8	67
YOLO V2 480×480	2007+2012	77.8	59
YOLO V2 544×544	2007+2012	78.6	40

图 7-17　Pascal VOC2007 上 YOLO V2 与其他网络成绩对比图

在 VOC2012 上对 YOLO V2 网络进行训练，YOLO V2 的精度达到了 73.4%，并且速度更快。同时和 Faster -RCNN、SSD、ResNet 进行对比，YOLO V2 的成绩同样非常优秀。图 7-18 是 YOLO V2 在 Pascal VOC2012 上的成绩与其他网络的成绩对比。

Method	data	mAP	aero	bike	bird	boat	bottle	bus	car	cat	chair	cow	table	dog	horse	mbike	person	plant	sheep	sofa	train	tv
Fast -RCNN	07++12	68.4	82.3	78.4	70.8	52.3	38.7	77.8	71.6	89.3	44.2	73.0	55.0	87.5	80.5	80.8	72.0	35.1	68.3	65.7	80.4	64.2
Faster -RCNN	07++12	70.4	84.9	79.8	74.3	53.9	49.8	77.5	75.9	88.5	45.6	77.1	55.3	86.9	81.7	80.9	79.6	40.1	72.6	60.9	81.2	61.5
YOLO	07++12	57.9	77.0	67.2	57.7	38.3	22.7	68.3	55.9	81.4	36.2	60.8	48.5	77.2	72.3	71.3	63.5	28.9	52.2	54.8	73.9	50.8
SSD300	07++12	72.4	85.6	80.1	70.5	57.6	46.2	79.4	76.1	89.2	53.0	77.0	60.8	87.0	83.1	82.3	79.4	45.9	75.9	69.5	81.9	67.5
SSD512	07++12	74.9	87.4	82.3	75.8	59.0	52.6	81.7	81.5	90.0	55.4	79.0	59.8	88.4	84.3	84.7	83.3	50.2	78.0	66.3	86.3	72.0
ResNet	07++12	73.8	86.5	81.6	77.2	58.0	51.0	78.6	76.6	93.2	48.6	80.4	59.0	92.1	85.3	84.8	80.7	48.1	77.3	66.5	84.7	65.6
YOLOv2 544	07++12	73.4	86.3	82.0	74.8	59.2	51.8	79.8	76.5	90.6	52.1	78.2	58.5	89.3	82.5	83.4	81.3	49.1	77.2	62.4	83.8	68.7

图 7-18　Pascal VOC2012 上 YOLO V2 与其他网络成绩对比图

7.2.2　YOLO V2 模型结构

大多数目标检测的框架是建立在 VGG16 基础上的，VGG16 在 ImageNet 上能达到 90% 的 top5(准确度排在前五的数值)，但是单张图像需要 30.69 billion 浮点运算。YOLO V2 是依赖于 DarkNet19 的排名前五的类别包含实际结果的准确率结构，该模型在 ImageNet 上能达到 91%的 top5，并且单张图像只需要 5.58 billion 浮点运算。DarkNet 的结构图如图 7-19 所示。

Type	Filters	Size/Stride	Output
Convolutional	32	3×3	224 × 224
Maxpool		2×2/2	112 × 112
Convolutional	64	3×3	112×112
Maxpool		2×2/2	56×56
Convolutional	128	3×3	56×56
Convolutional	64	1×1	56×56
Convolutional	128	3×3	56×56
Maxpool		2×2/2	28×28
Convolutional	256	3×3	28×28
Convolutional	128	1×1	28×28
Convolutional	256	3×3	28×28
Maxpool		2×2/2	14×14
Convolutional	512	3×3	14×14
Convolutional	256	1×1	14×14
Convolutional	512	3×3	14×14
Convolutional	256	1×1	14×14
Convolutional	512	3×3	14×14
Maxpool		2×2/2	7×7
Convolutional	1024	3×3	7×7
Convolutional	512	1×1	7×7
Convolutional	1024	3×3	7×7
Convolutional	512	1×1	7×7
Convolutional	1024	3×3	7×7
Convolutional	1000	1×1	7×7
Avgpool		Global	1000
Softmax			

图 7-19　DarkNet 结构图

YOLO V2 是在 DarkNet19 上对大小为 224 × 224 的图像进行初始训练之后，再对网络进行微调。使用同样的参数对大小为 448 × 448 的图像进行训练，在这种更高的分辨率下，网络能够达到 93.3%的 top5 准确率。

分类网络训练完后，就可以训练检测网络了。YOLO V2 中去掉了 DarkNet 网络最后一个卷积层，转而增加了 3 个 3 × 3 × 1024 的卷积层，并且在每一个卷积层后增加一个 1 × 1 的卷积层，输出维度是检测所需的数量。对于 VOC 数据集，YOLO V2 网络预测 5 种框的大小，每个框包含 5 个坐标值和 20 个类别，所以共 5 × (5 + 20) = 125 个输出维度。YOLO V2 中同时也添加了转移层(从最后那个 3 × 3 × 512 的卷积层连到倒数第二层)，使模型有了细粒度特征。

本次的 YOLO V2 是基于大小为 224 × 224 的图像，其网络模型及参数如图 7-20 所示。

Layer	Type	Filters	Size/Stride	Output
Conv1-1	Convolutional	32	3x3	224x224x32
	Maxpool		2x2/2	112x112x32
Conv2-1	Convolutional	64	3x3	112x112x64
	Maxpool		2x2/2	56x56x64
Conv3-1	Convolutional	128	3x3	56x56x128
Conv3-2	Convolutional	64	1x1	56x56x64
Conv3-3	Convolutional	128	3x3	56x56x128
	Maxpool		2x2/2	28x28x128
Conv4-1	Convolutional	256	3x3	28x28x256
Conv4-2	Convolutional	128	1x1	28x28x128
Conv4-3	Convolutional	256	3x3	28x28x256
	Maxpool		2x2/2	14x14x256
Conv5-1	Convolutional	512	3x3	14x14x512
Conv5-2	Convolutional	256	1x1	14x14x256
Conv5-3	Convolutional	512	3x3	14x14x512
Conv5-4	Convolutional	256	1x1	14x14x256
Conv5-5	Convolutional	512	3x3	14x14x512
	Maxpool		2x2/2	7x7x512
Conv6-1	Convolutional	1024	3x3	7x7x1024
Conv6-2	Convolutional	512	1x1	7x7x512
Conv6-3	Convolutional	1024	3x3	7x7x1024
Conv6-4	Convolutional	512	1x1	7x7x512
Conv6-5	Convolutional	1024	3x3	7x7x1024
Conv6-6	Convolutional	1000	3x3	7x7x1000
Conv6-7	Convolutional	1024	3x3	7x7x1024
	Route			
Conv7-1	Convolutional	64	1x1	14x14x64
	Reorg			7x7x256
	Route			7x7x1280
Conv8-1	Convolutional	1024	3x3	7x7x1024
Conv8-2	Convolutional	125	1x1	7x7x125
	Softmax	—	—	—
	Region	—	—	—
	Detection			

图 7-20　YOLO V2 网络模型及参数

7.2.3　YOLO V2 的 FPGA 实现设计

YOLO V2 网络主要由 23 个卷积层、5 个池化层和 1 个 Softmax 层组成。整个 YOLO V2 网络在 FPGA 内部实现的整体结构如图 7-21 所示。

图 7-21 中的模块含义如下：

SYS_CLK：主要控制整个系统的复位动作，以及时钟管理。

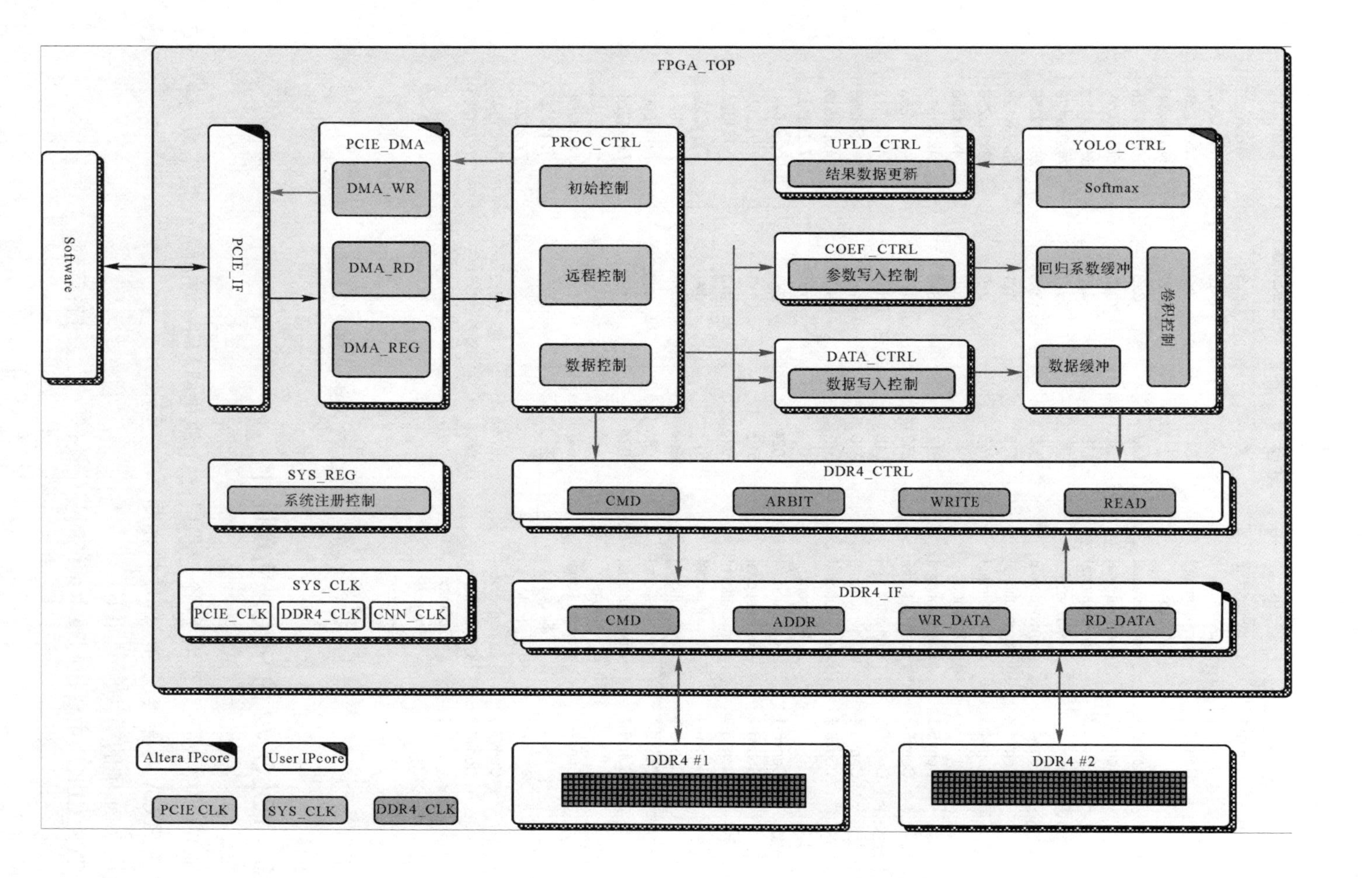

图 7-21 FPGA 顶层设计

PCIE_IF：PCIE 接口专用 IP 核，作为计算机软件端与 FPGA 之间的传输通道；主要用于数据下行和上行的传输，包括图像数据传输、模型中各层参数传输，以及运算结果数据传输等。

PCIE_DMA：PCIE 接口与计算机通信数据收发控制，在接收数据时做相关解包控制；在发送数据时对数据进行打包和发送控制。

PROC_CTRL：由于 YOLO V2 网络的各个卷积运算层是顺序进行的，所以 FPGA 需要有一个中心调度控制器，保证每层计算依次进行，且将上一层的计算传输给下一层，然后启动下一层进行计算。

SYS_REG：系统控制寄存器是 FPGA 系统的控制中心，所有的运行模式、计算启动与停止都依赖于系统控制寄存器。上层软件可以从系统控制寄存器中读取到 FPGA 系统的运行状态。

DDR4_CTRL：YOLO V2 网络模型在每一层的卷积运算中，需要大量的卷积参数参与计算，系统在初始化过程中需要将这些参数预存到 DDR 中。在启动运算时，再从 DDR 中将参数读出并进行计算。DDR4 控制器在数据的存储和读取过程中，对访问外部的 DDR4 芯片的指令、时序进行仲裁传输控制。

DDR4_IF：DDR4 存储器接口专用 IP 核，用于 DDR4 外部芯片访问时序与指令的控制。

COEF_CTRL：YOLO V2 计算参数传输控制，按照特定的格式给算法模块提供参数数据。

DATA_CTRL：YOLO V2 计算图像传输控制，按照特定的格式给算法模块提供图像数据。

YOLO_CTRL：YOLO V2 的卷积、池化等一系列运算都在这个模块中实现。该模块在系统运行过程中，接收每个运算层的数据与参数，然后进行计算，并将计算结果输出至对应模块。

UPLD_CTRL：YOLO V2 计算结果输出给该模块缓存，然后通过 PCIE_DMA 模块上传至计算机端。

FPGA YOLO V2 系统上电后，整体动作流程如下：

(1) 系统启动后，PC 软件启动时通过 PCIEL PeripheraL(Component Interconnect Expree, 一种高速串行计算机扩展总线标准)接口将 YOLO V2 算法中每一个卷积层的卷积核参数预存至 DDR4 中，并设置系统寄存器，完成初始化操作。

(2) PC 软件启动计算时，先以 3 帧图像为一组(图像大小为 224 × 224)将图像数据写入到 FPGA 内部的图像数据缓存中，然后启动 FPGA 系统进行运算。FPGA 在完成 YOLO V2 网络所有层的计算后，再将计算结果上传给软件。

(3) 当上层软件检测到 FPGA 内部的图像缓存区为空闲状态时，会继续将图像数据更新至缓存中，使 FPGA 系统再次启动新一轮的计算。

其流程示意图如图 7-22 所示。

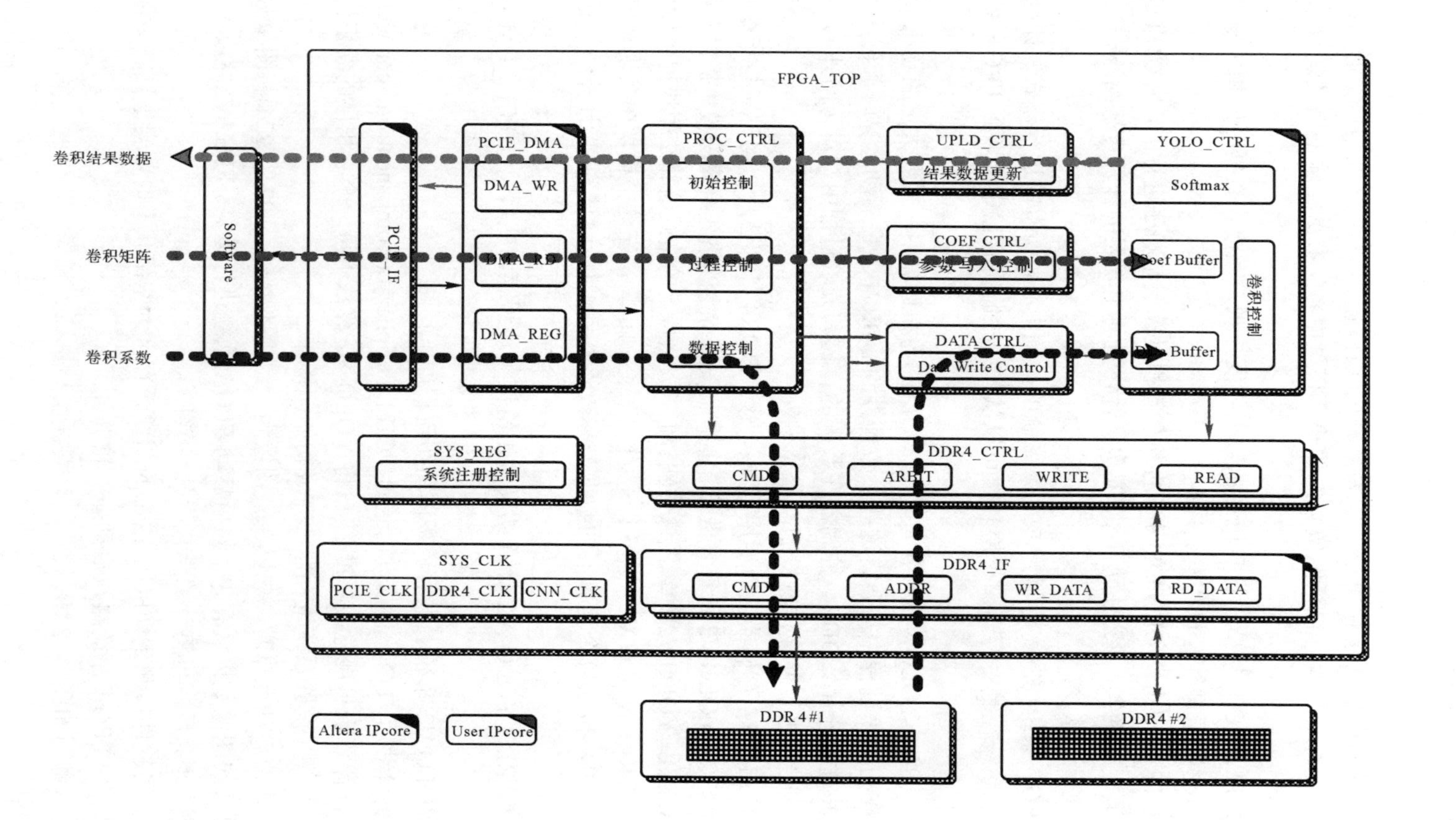

图 7-22 FPGA YOLO V2 系统上电后整体动作流程示意图

7.3　FPGA YOLO V2 的模块设计

YOLO V2 主要分为卷积滑窗(3 × 3/1 × 1)、池化(2 × 2 最大值)、偏置、归一化/缩放/激活、Softmax、Region 和 Detection 等模块。根据运算量、算法灵活性的不同，前四种模块采用 FPGA 加速，Region 和 Detection 模块用软件实现。

YOLO V2 一般包含卷积、偏置、归一化/缩放/激活、池化、Softmax 五种处理，前四种处理基本每层都有，只是参数不同。因此，可以设计一个通用模块来完成这四种处理，再配合一个数据双向缓存来进行各层计算，如图 7-23 所示。

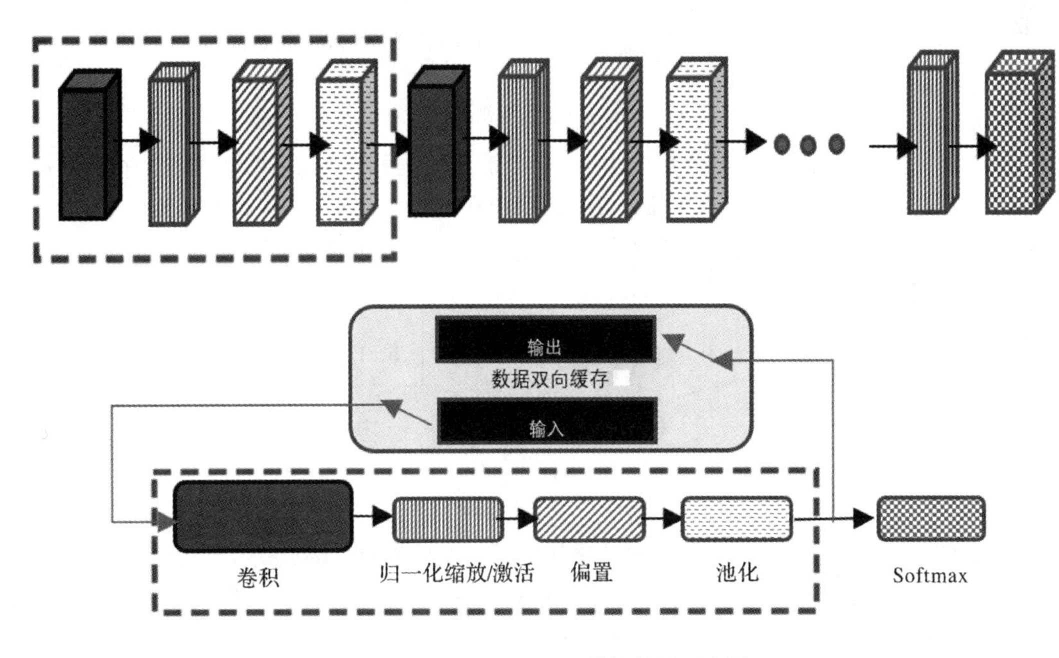

图 7-23　FPGA YOLO V2 模块设计示意图

采用图 7-23 所示通用结构，可以完成 YOLO V2 所有层的计算。

7.3.1　卷积

1 × 1 的卷积较为简单，以下主要讨论 3 × 3 的情况(5 × 5、7 × 7 的情况其方法类似)，如图 7-24 所示。

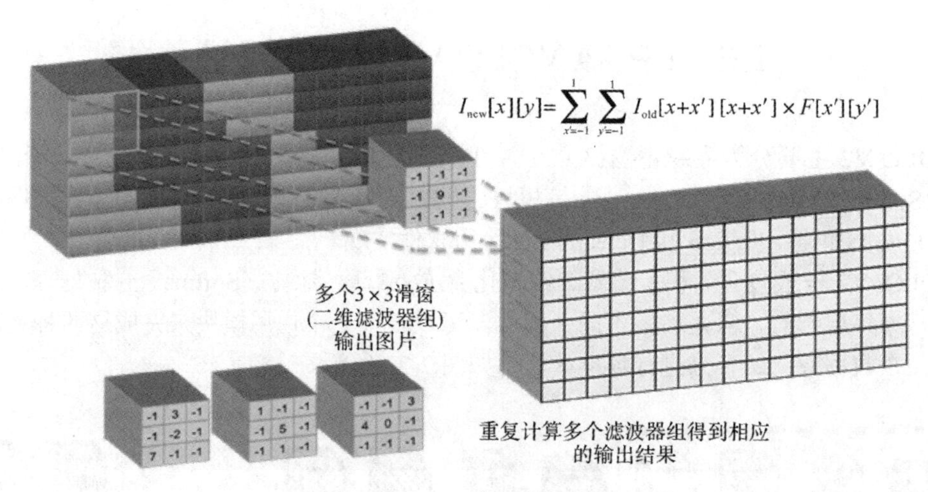

图 7-24　3 × 3 卷积滑窗示意图

图 7-24 中，输出图像的每个数据由 3 × 3 个输入数据和 3 × 3 个系数做点乘得到。每个 3 × 3 的系数窗口对输入图像做 2D 滤波(系数窗口在图像上滑动)，重复计算多个滤波器组，可得到相应的输出结果，如图 7-25 所示。

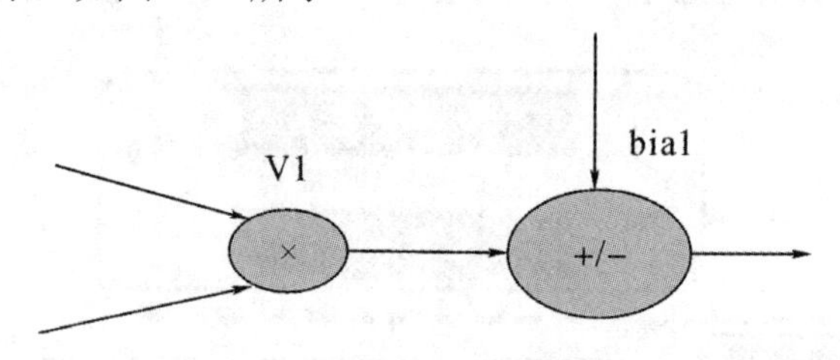

图 7-25　3 × 3 卷积详解

YOLO V2 包含多层卷积，每层的结果作为下一层的数据，因此可用一个双缓存来切换输入和输出。卷积模块的并行度(数量)可由 FPGA 资源和性能要求决定。

3 × 3 卷积必须适应不同大小的图像，同时并行度也要可变，如图 7-26 所示。

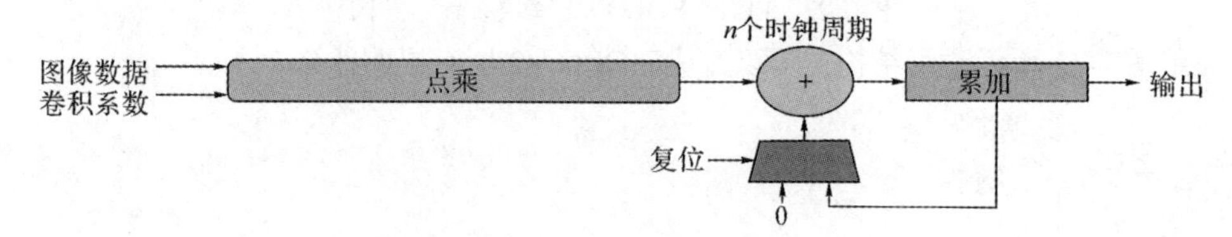

图 7-26　适应图像大小的卷积原理

点乘是矩阵运算的一个基本单元，3 × 3 卷积就是一个 9 维点乘。n 维点乘由 n 次乘法和 $n-1$ 次加法组成，其示意图如图 7-27 所示。

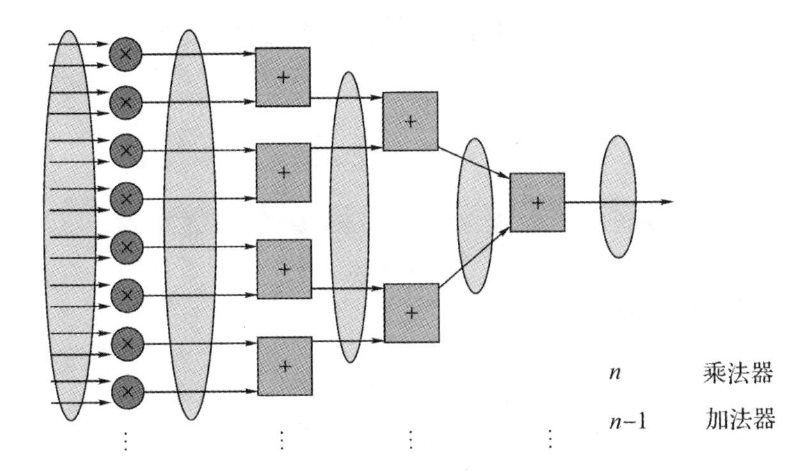

图 7-27 矩阵点乘示意图

采用脉动结构可以提升 FPGA 实现的效率，Intel 在设计软件中提供了点乘的 IP，支持定点和浮点两种结构，如图 7-28 所示。

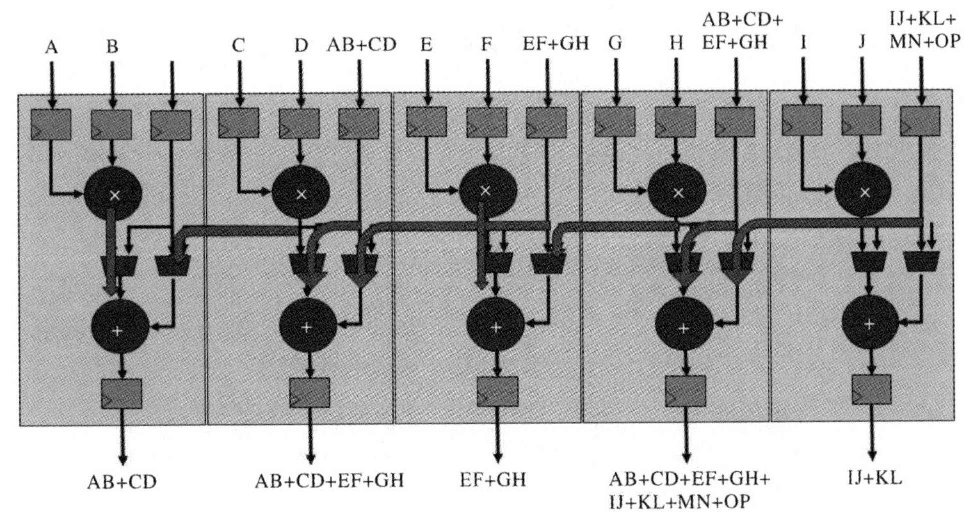

图 7-28 脉动结构示意图

卷积的实现可以调用 Quartus 自带的 IP 实现，如图 7-29 所示。其具体流程为：

(1) 调用 altera_fp_functions IP；

(2) 选择 Scalar Product 函数；

(3) 根据滑窗的大小，设置输入的向量个数(3 × 3，输入为 9)；

(4) 产生 HDL 后，在设计中就可以直接调用。

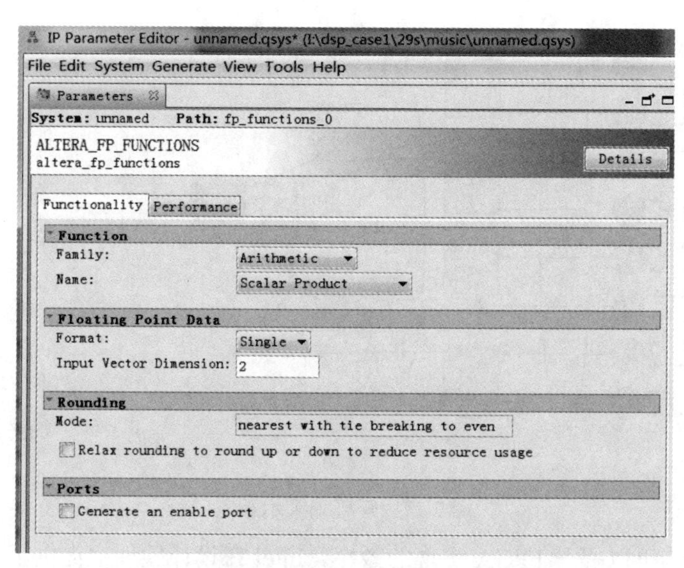

图 7-29 调用 Quartus 自带的 IP 实现卷积

7.3.2 YOLO V2 偏置、归一化/缩放/激活

除了卷积，YOLO V2 的每个层还需要做偏置、归一化/缩放/激活等处理，如图 7-30 所示。由于 FPGA 的 DSP 模块是先乘后加结构，为了节省资源，必须将如下算法(如图 7-31 所示)进行合并，以匹配 FPGA 的 DSP 结构。

编号	1 归一化	
参数:	rolling_mean	大小: num * 4
参数:	rolling_variance	大小: num * 4
公式	int index = f*(size*size) + i; x[index] = (x[index] - mean[f])/(sqrt(variance[f]) + .000001f);	

编号	2 缩放	
参数:	scales	大小: num * 4
公式	int index = f*(size*size) + i; output[index] *= scales[f];	

编号	3 偏置	
参数:	biases	大小: num * 4
公式	int index = f*(size*size) + i; output[index] += biases[f];	

编号	4 激活
公式	(x≥0): y=x (x<0): y=0.1*x;

图 7-30 归一化/缩放/激活、偏置参数大小及公式情况

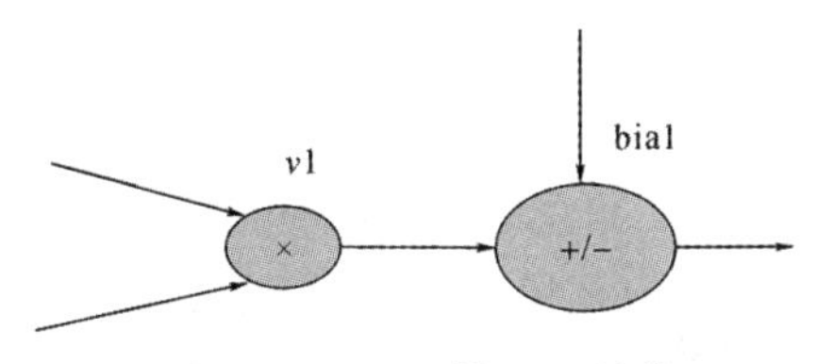

图 7-31　FPGA 的 DSP 结构

$\frac{x-m}{v+10^{-6}}\times \text{scales}+\text{bia}$ 对应归一化、缩放和偏置，按如图 7-31 所示方式合并，$v1$ 和 bia1 为转换后 FPGA 输入的参数。

$$\frac{x-m}{v+10^{-6}}\times \text{scales}+\text{bia}=x\times\frac{1}{v1}+\text{bia1} \tag{7-3}$$

$$\frac{1}{v1}=\frac{1}{\frac{v+10^{-6}}{\text{scales}}} \tag{7-4}$$

$$\text{bia1}=\text{bia}-m\times\frac{\text{scales}}{v+10^{-6}} \tag{7-5}$$

偏置/缩放/归一化函数的实现可以调用 Quartus 自带的 IP 实现，如图 7-32 所示。其具体实现流程为：

(1) 调用 altera_mult_add IP；

(2) 设置乘和加的参数(有无预加、累加、级联……)；

(3) 设置输入、输出的寄存模式和流水级数；

(4) 产生 HDL 后，在设计中就可以直接调用。

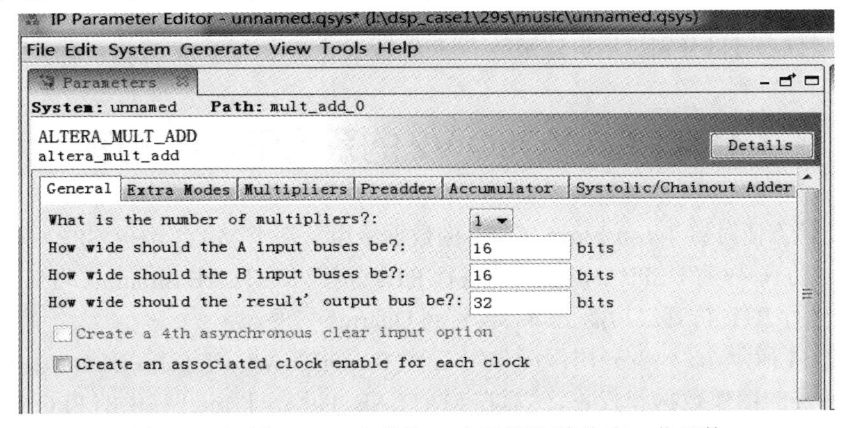

图 7-32　调用 Quartus 自带的 IP 实现偏置/缩放/归一化函数

7.3.3 激活函数

激活函数通常包含自然指数、三角正切、加减乘除等运算，可以直接调用 Intel 提供的 IP。激活函数的实现可以调用 Quartus 自带的 IP 实现，如图 7-33 所示。其具体实现流程为：

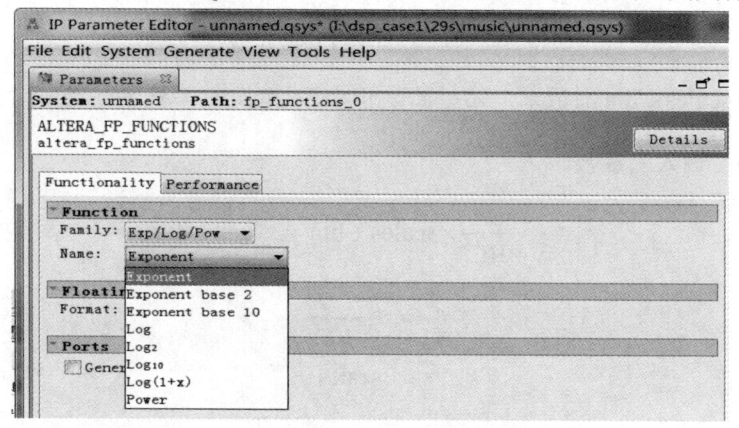

图 7-33 调用 Quartus 自带的 IP 实现激活函数

(1) 调用 altera_fp_functions：Exp/Log/Pow；

(2) 通常选择指数函数；

(3) 设置性能、资源参数；

(4) 产生 HDL 后，在设计中就可以直接调用。

例如，以常见的激活函数 Sigmoid 为例：

$$F(x)=\frac{1}{1+\mathrm{e}^{-x}}$$

e^{-x} 和倒数都可以分别调用自然函数 IP 和倒数函数 IP 再组合成 Sigmoid 激活函数。

7.4 FPGA YOLO V2 的系统和 RTL 仿真

为了能够方便对接 TensorFlow，Caffe 的数据采用了基于 MATLAB/DSPBA +ModelSim 的 RTL 设计仿真环境，DSPBA 可以快速进行 RTL 建模，MATLAB Simulink 可以基于 Caffe 的 AI 数据进行 RTL 仿真，功能正确后再转到 Quartus 实现。

如图 7-34 所示，设计者先用深度学习工具(TensorFlow/Caffe)对 YOLO V2 进行训练，得到相应各层的图像数据和权重，然后在 MATLAB 中用基于 Intel 提供的 FPGA 工具 DSP Builder 进行 YOLO V2 的算法建模，完成后可用 Simulink 做算法仿真以及用 ModelSim 做 RTL 仿真。

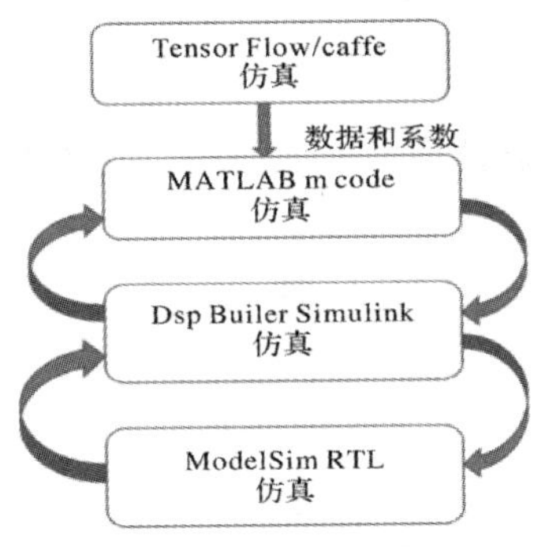

图 7-34　RTL 仿真流程

DSP Builder 是一款数字信号处理(DSP)设计工具，它支持直接在 Intel FPGA 的 MathWorks*Simulink*环境中，通过按下不同按钮生成 DSP 算法的 HDL 代码。该工具可从 MATLAB 函数和 Simulink 模型中，生成高质量的、可合成的 VHDL/Verilog 代码，生成的 RTL 代码可用于 Intel FPGA 编程。

图 7-35 显示了基于 DSP Builder 的通用算法设计流程，设计者可以在 MATLAB 中搭建 YOLO V2 的模型(第一步)；完成算法仿真和性能优化后(第二步)，可以产生 Quartus 工程；编译后，即可下载到 FPGA 板上进行调试(第三步)。

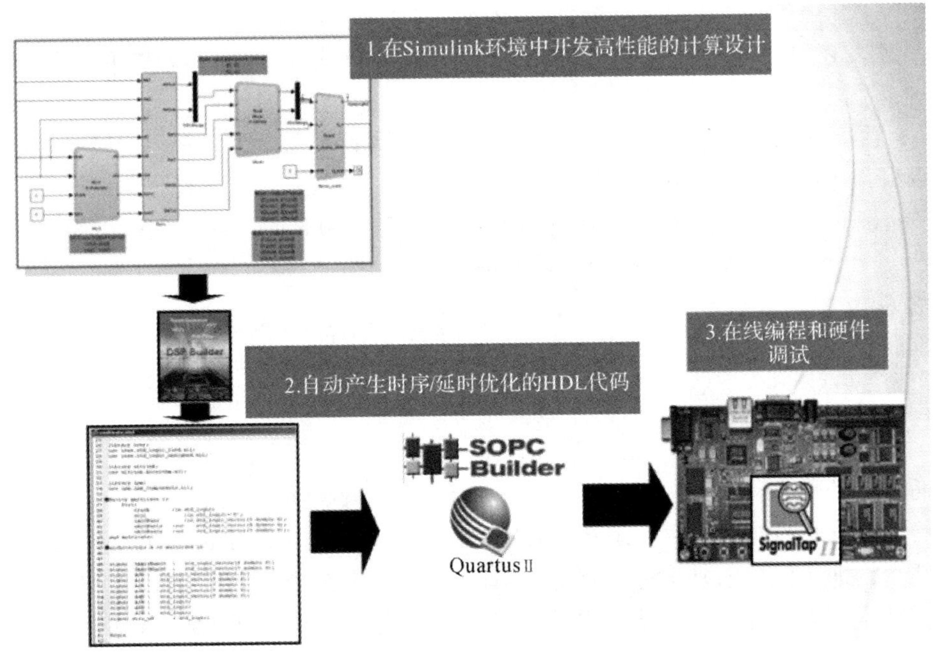

图 7-35　基于 DSP Builder 的通用算法设计流程

7.5 FPGA YOLO V2 系统时序优化

FPGA 在实现 YOLO V2 网络模型的过程中，使用了其内部大量的存储资源、DSP 资源以及逻辑资源。因此在 FPGA 资源使用率比较高的情况下，时序优化显得尤为重要。

表 7-1 是 YOLO V2 网络在 Intel Arria 10 芯片上所使用的资源量。

表 7-1 YOLO V2 网络在 Intel Arria 10 芯片上所使用的资源量

项 目	内 容	
FPGA 资源 10AX066N3F40E2SG	IOPLL	7 / 16 (44%)
	DSP	1347 / 1687 (80%)
	M20K	2050 / 2131 (96%)
	Logic	114314 / 251680 (45%)

FPGA 系统时序优化一方面可在综合工具上选择一些设置选项，通过工具的优化方案达到时序优化的目的，具体的优化设置在 Altera 的官方文档中可以查到，这里不做具体描述。

另外，还可以通过优化 RTL 的设计，提高 FPGA 内部的吞吐率和降低信号线的延时。

(1) 吞吐率：系统每一个时钟周期能够处理的数据数量。为了获得更高的吞吐率就需要减少组合逻辑延时，在组合逻辑中间插入寄存器，也就是流水线设计。

(2) 延时：数据从输入系统到输出系统总共需要的时间。为了获得更短的延时，可以减少组合逻辑延时，或者删减路径上的寄存器。第二种方法显然不利于系统获得更好的性能。

下面介绍几种 YOLO V2 中用到的时序优化方法。

7.5.1 插入寄存器

插入寄存器(Pipeline)即在数据传输的过程中，让数据经过多级触发器，并减小数据在触发器单元之间的连线长度。此方法会增加信号的时滞(Clock Latency)，会导致结果输出延长几个周期，但插入几个寄存器后，降低了寄存器之间信号的延时，使系统能在更高频率时钟下正确运行，在不违反设计规格以及功能不受影响的情况下可以这么做，如图 7-36 所示。

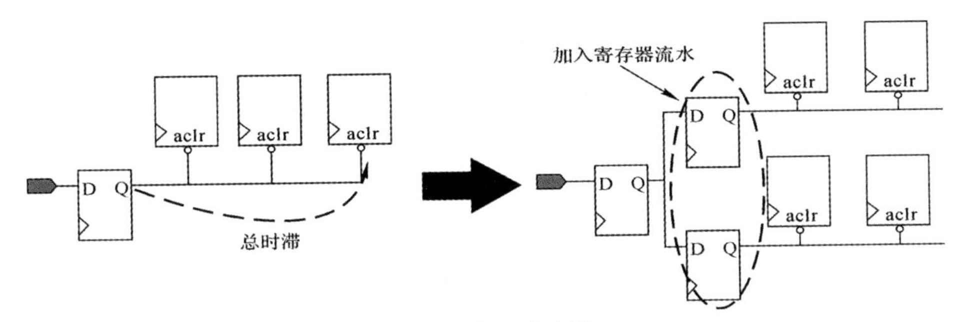

图 7-36　插入寄存器

以下为一个 FIR 滤波器的设计。

```
module fir (
    input               CLK,
    input    [7:0]      A,
    input    [7:0]      B,
    input    [7:0]      C,
    input    [7:0]      X,
    input               VALID,
    output   [7:0]      Y
);

    reg      [7:0]      X1;
    reg      [7:0]      X2;
    reg      [7:0]      Y_O;

    always @(posedge CLK) begin
        if (VALID) begin
            X1          <= X;
            X2          <= X1;
            Y_O         <= A*X + B*X1 + C*X2;
        end
    end

    assign Y            = Y_O;
endmodule
```

可以看出，X2 是整个设计的关键路径(Critical Path)，但这条路径过长。下面进一步优化它的设计，使它能够满足更高的时钟频率。如果采用流水线设计，可以用寄存器暂存执行 Y 的运算，改进如下：

```
module fir (
    input                 CLK,
    input    [7:0]        A,
    input    [7:0]        B,
    input    [7:0]        C,
    input    [7:0]        X,
    input                 VALID,
    output   [7:0]        Y
);
    reg      [7:0]        X1;
    reg      [7:0]        X2;
    reg      [7:0]        Y_A;
    reg      [7:0]        Y_B;
    reg      [7:0]        Y_C;
    reg      [7:0]        Y_O;
    always @(posedge CLK) begin
        if (VALID) begin
            X1          <= X;
            X2          <= X1;
            Y_A         <= A*X;
            Y_B         <= B*X1;
            Y_C         <= C*X2;
        end
        Y_O             <= Y_A + Y_B + Y_C;
    end
    assign Y            = Y_O;
endmodule
```

7.5.2 并行化设计

并行化设计的思想是将一个逻辑函数分解为几个小一些的逻辑函数进行并行计算，从而减少关键路径上的延时，如图 7-37 所示。

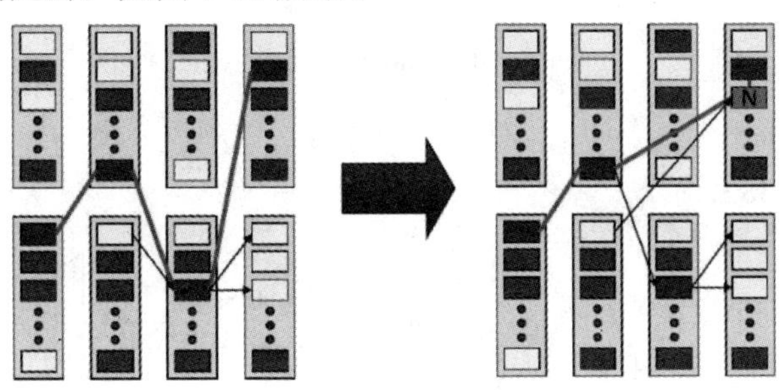

图 7-37　并行化设计

举例说明，如何优化下面的选择器的设计，以满足时序设计？

```
module mux (
    input           CLK,
    input           A,
    input           B,
    input           C,
    input           D,
    input           E,
    input           F,
    input           G,
    input           H,
    output          OUT
)

    reg     [3:0]   OUT_mux;

    always @(posedge CLK) begin
        if (A)          OUT_mux <= 4'h1;
        else if (B)     OUT_mux <= 4'h2;
        else if (C)     OUT_mux <= 4'h3;
        else if (D)     OUT_mux <= 4'h4;
        else if (E)     OUT_mux <= 4'h5;
        else if (F)     OUT_mux <= 4'h6;
        else if (G)     OUT_mux <= 4'h7;
        else if (H)     OUT_mux <= 4'h8;
        else            OUT_mux <= 4'h9;
```

```
        end
        assign OUT          = OUT_mux;
    endmodule
```

综合结果如图 7-38 所示。

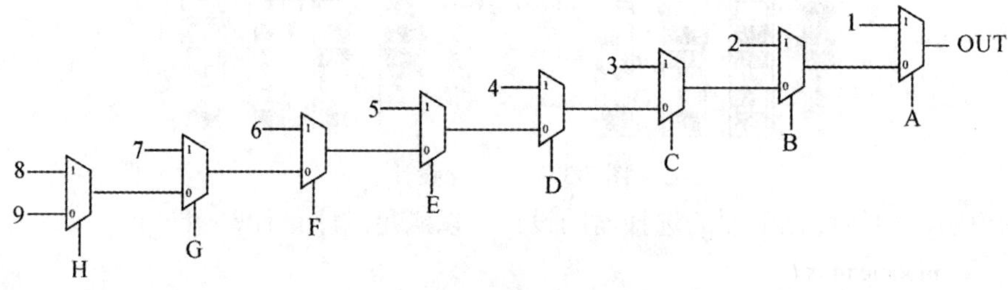

图 7-38　综合结果

从以上代码可以看出，OUT 的路径过长，可以将其拆为多个选择单元，最后再对 OUT 进行选择输出。代码修改如下：

```
module mux (
    input           CLK ,
    input           A,
    input           B,
    input           C,
    input           D,
    input           E,
    input           F,
    input           G,
    input           H,
    output  [3:0]   OUT
)

    reg             CON_mux0;
    reg             CON_mux1;
    reg             CON_mux2;
    reg     [3:0]   OUT_mux0;
    reg     [3:0]   OUT_mux1;
    reg     [3:0]   OUT_mux2;
    reg     [3:0]   OUT_mux;
```

```
        always @(posedge CLK) begin
            CON_mux0      <= A | B | C;
            CON_mux1      <= D | E | F;
            CON_mux2      <= G | H;

            if (A)            OUT_mux0 <= 4'h1;
            else if (B)       OUT_mux0 <= 4'h2;
            else if (C)       OUT_mux0 <= 4'h3;

            if (D)            OUT_mux1 <= 4'h4;
            else if (E)       OUT_mux1 <= 4'h5;
            else if (F)       OUT_mux1 <= 4'h6;

            if (G)            OUT_mux2 <= 4'h7;
            else if (H)       OUT_mux2 <= 4'h8;

            if (CON_mux0)           OUT_mux <= OUT_mux0;
            else if (CON_mux1)      OUT_mux <= OUT_mux1;
            else if (CON_mux2)      OUT_mux <= OUT_mux2;
            else                    OUT_mux <= 4'h9 ;
        end

        assign OUT              = OUT_mux;

    endmodule
```

另外，通过优化，设计中的优先级译码电路被删除，逻辑结构被展平，路径延时得以缩短。优先级译码电路常在 if/else 结构语句中出现，如下所示：

```
    module regwrite (
        input               CLK,
        input               IN,
        input     [3:0]     CTRL,
        output    [3:0]     OUT
    )
        reg       [3:0]     OUT_r;

        always @(posedge CLK) begin
            if (CTRL[0])          OUT_r[0] <= IN;
```

```
        else if (CTRL[1])    OUT_r[1] <= IN;
        else if (CTRL[2])    OUT_r[2] <= IN;
        else if (CTRL[3])    OUT_r[3] <= IN;
end
assign OUT        = OUT_r;
endmodule
```

以上代码综合后就会产生优先级译码器，通过各项平级的 if 语句或者 case 语句可以避免这样的优先级译码设计。其代码如下：

```
module regwrite (
    input              CLK,
    input              IN,
    input    [3:0]     CTRL,
    output   [3:0]     OUT
)
    reg       [3:0]    OUT_r;
    always @(posedge CLK) begin
        if (CTRL[0])    OUT_r[0] <= IN;
        if (CTRL[1])    OUT_r[1] <= IN;
        if (CTRL[2])    OUT_r[2] <= IN;
        if (CTRL[3])    OUT_r[3] <= IN;
end
assign OUT        = OUT_r ;
endmodule
```

7.5.3 均衡设计

均衡设计的思想是把关键路径上的组合逻辑取出一部分放在最短线路(Short Path)上，从而缩短关键路径的延时。下面以一个 8 位加法器为例进行说明，其代码如下：

```
module adder (
    input              CLK,
    input    [7:0]     A, B, C,
    output   [7:0]     SUM
```

```
)
    reg         [3:0]    r_SUM;
    reg         [3:0]    r_A;
    reg         [3:0]    r_B;
    reg         [3:0]    r_C;

    always @(posedge CLK) begin
        r_A        <= A;
        r_B        <= B;
        r_C        <= C;
        r_SUM      <= r_A + r_B + r_C;
    end

    assign SUM    = r_SUM;

endmodule
```

可以看到，在寄存器 r_A、r_B、r_C 之前的路径上没有组合逻辑，所以可以考虑将一部分计算放在寄存器之前。改进后的设计如下：

```
module adder
    input                  CLK,
    input       [7:0]      A, B, C,
    output      [7:0]      SUM
)
    reg         [3:0]      r_SUM_AB;
    reg         [3:0]      r_SUM;
    reg         [3:0]      r_C;

    always @(posedge CLK) begin
        r_C                <= C;

        r_SUM_AB           <= A + B;
        r_SUM              <= r_SUM_AB + r_C;
    end

    assign SUM             = SUM_r;

endmodule
```

7.5.4 减少信号扇出

较大扇出同样会增加信号路径延时。为提升系统性能，合理地控制信号的扇出能够有效减小信号的延时，如图 7-39 所示。

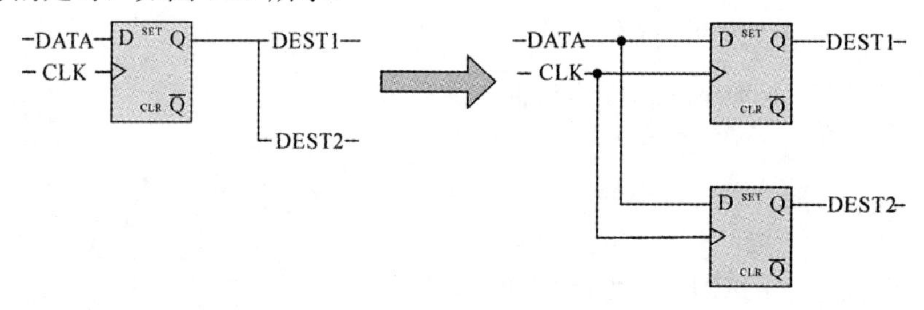

图 7-39 减少信号扇出示意图

例如，一个输入信号同时输出给 4 个端口。

```
module fanout (
    input               CLK,
    input                 A,
    output   reg     OUT_0,
    output   reg     OUT_1,
    output   reg     OUT_2,
    output   reg     OUT_3
)
    always @(posedge CLK) begin
        OUT_0      <= A;
        OUT_1      <= A;
        OUT_2      <= A;
        OUT_3      <= A;
    end

endmodule
```

可以看到，输入源 A 的扇出为 4，可以考虑将输入信号 A 先连到 2 个寄存器，再将 2 个寄存器信号分别输出给 4 个 OUT。其代码如下：

```
module fanout (
    input               CLK,
    input                 A,
```

```
    output   reg       OUT_0,
    output   reg       OUT_1,
    output   reg       OUT_2,
    output   reg       OUT_3
)
    reg                r_A0;
    reg                r_A1;

    always @(posedge CLK) begin
        r_A0           <= A;
        r_A1           <= A;

        OUT_0         <= r_A0;
        OUT_1         <= r_A0;
        OUT_2         <= r_A1;
        OUT_3         <= r_A1;
    end

endmodule
```

7.5.5 优化数据信号路径

通过优化数据流的路径可缩短关键路径，并可提升系统性能。重新布局和关键路径在一起的路径，从而使关键路径上的逻辑门可以更靠近目标寄存器。例如：

```
module random (
    input              CLK,
    input              A, B, C,
    input              Cond1,
    input              Cond2,
    output   reg        OUT,
)

    always @(posedge CLK) begin
        if (Cond1)
            OUT        <= A;
        else if (Cond2 && (C<8))
```

```
                OUT       <= B;
            else
                OUT       <= C;
        end
endmodule
```

可以看到，C 作为 B 的输出条件的路径最长，经过了一个比较器和两个逻辑门，是整个设计的关键路径，可以做后续优化。优化代码如下：

```
module random (
    input               CLK,
    input               A, B, C,
    input               Cond1,
    input               Cond2,
    output   reg        OUT,
)
    wire                CondB;

    assign CondB       = !Cond1 & Cond2;

    always @(posedge CLK) begin
        if (CondB & (C<8))
            OUT       <= B;
        else if (Cond1)
            OUT       <= A;
        else
            OUT       <= C;
    end
endmodule
```

7.6 性能对比

7.6.1 S10 的检测流程

一块插有 FPGA 板卡的计算机可以看作一个“异构计算装置”，即在同一台计算机系统中有两种以上架构差异很大的计算装置。常见的计算装置包括 CPU、GPU、协处理器、DSP、ASIC、FPGA 等。例如，一般的计算都是在 CPU 上进行的，但是当处理大量图像数据时，CPU 的架构设计限制了其同时处理大量数据的能力；而 FPGA 板卡的“并行处理”可以极大地加速数据的处理速度。例如，一帧图像如果按照传统的处理方式，则是按像素来处理的；但是当并行处理时，它被分解成不同的区域，由不同的进程同时进行处理，然后将处理后的结果按照之前的分割方式拼凑在一起。处理过程虽然变复杂了，但是大大提高了效率。

使用 FPGA 进行处理时，首先将训练好的权重转换成二进制文件保存到指定路径，将预处理好的数据直接送给 FPGA 的检测接口。S10 板卡开启三个线程，第一个线程将图像送入板卡进行检测；第二个线程读取板卡的检测结果，并将其保存在内存列表中，返回给 Demo 程序；第三个线程从列表中读取检测结果进行非极大值抑制(Non Maximum Suppression，NMS)，去除多余的和得分很低的检测框，然后对检测结果进行可视化。这部分的编程采用“混合编程”，利用 C++ 对图像进行读取处理，而 Python 端进行结果的转换和展示。其整体流程如图 7-40 所示。

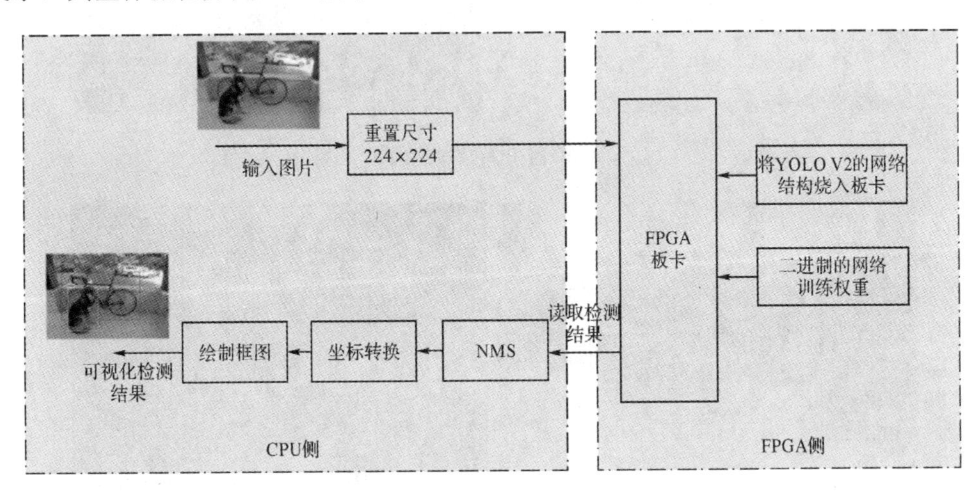

图 7-40　S10 板卡的检测流程

7.6.2　检测结果

FPGA 板卡检测的权重是由 GPU 训练好并转换得到的，因此两者在检测精度上没有太大的差别。具体的检测案例可视化结果如图 7-41 所示。

(a) 原始图像

(b) 基于GPU的检测结果

(c) 基于FPGA板卡的检测结果

图 7-41　基于 GPU 和 FPGA 板卡的 YOLO V2 的目标检测案例可视化结果

7.6.3　与 GPU 的性能对比

在 FPGA 板卡不丢失检测精度的情况下，我们主要对比 S10 和 GPU 在性能和功耗方面的差异。S10 三通道板卡的主频为 200 MHz，芯片集成 2753 KLE 和 9.2T Flops 单精度浮点处理能力，最大支持 64 GB DDR4 内存容量，支持 153.6 GB/s 的访问带宽。此时，板卡的功率维持在 80 W 左右，板卡温度在 38℃左右，可以持续长时间工作。而显卡 GeForce GTX1080 的显存频率为 10 GHz，拥有 2560 个 CUDA 处理器，单精度浮点运算能力是 9T Flops，拥有 8 GB GDDR5X 显存，显卡位宽为 256b，带宽为 320 GB/s。

对比时，为了忽略不同计算机在内存读取方面的差异性，我们首先将一张超大的遥感图像读入内存，然后进行滑块分割后送给检测网络检测。例如对要进行检测的大小为 23 618 × 10 064 像素的图像进行“有重叠的分割”，分割成大小为 300 × 300 像素的小图，滑窗移动的步长为 200，得到的小图的数量为 3773。S10 和 GPU 的性能对比如表 7-2 所示。

表 7-2　S10 和 GPU 的性能对比

图像		指标 板型	功率/W	图像数量/个	运行时间/s	FPS
编号	尺寸/像素					
IPIU_IMAGE_1_2_11_0	7678 × 4324	S10	80	777	25.22	31
		GPU	180		19.43	40
IPIU_IMAGE_0_1_1	9720 × 4147	S10	80	960	25.54	38
		GPU	180		24.08	40
IPIU_IMAGE_1_2_1	10968 × 4632	S10	80	1674	42.2	40
		GPU	180		39.64	43
IPIU_IMAGE_0_1	19840 × 13248	S10	80	6470	148.2	44
		GPU	180		132.96	48
IPIU_IMAGE_1_9	23168 × 10064	S10	80	3773	93.9	41
		GPU	180		84.06	45

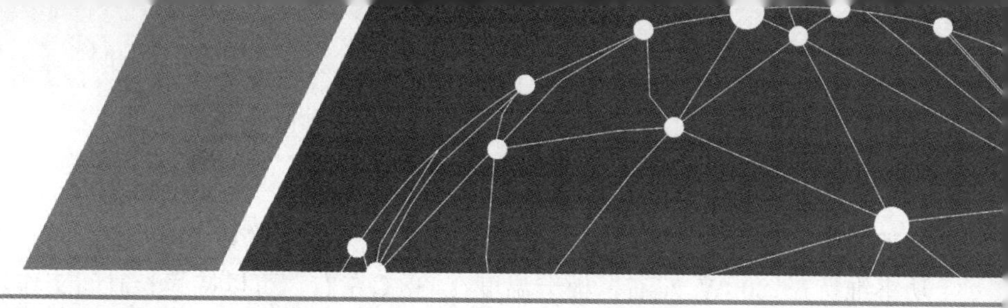

第8章 基于OpenCL的FPGA神经网络计算加速开发

本章首先对OpenCL(Open Computing Language，开放运算语言)基础进行了概括，分别对OpenCL框架的四种模型以及OpenCL命令事件进行了简单的介绍，并就如何搭建OpenCL FPGA开发环境(包括环境变量的配置、确认及硬件的测试)进行了详细的总结；实例部分分别基于ResNet50和YOLO V3网络进行了基于FPGA平台的图像分类及检测实验，列出了网络模型的整体架构和实验结果，并着重对网络中的特殊层(即网络的创新、优化部分)及整体的分类、检测流程进行了详细的阐述。

本章由四节组成。8.1节是OpenCL基础，主要介绍了OpenCL的四个模型和OpenCL的命令事件。8.2节是OpenCL FPGA开发流程，主要介绍了OpenCL开发环境的搭建，以两个向量的加法为例详细介绍了OpenCL的内核程序和宿主机程序的编程，并且给出了相关函数的解释。8.3节是OpenCL程序优化，主要介绍了数据在OpenCL设备和宿主机之间传输过程的优化、数据访问全局内存的优化，以及数据在计算过程中采用多内核计算单元、向量化、循环展开等方式的优化，并以矩阵乘法为例详细介绍了这些优化方法的使用。8.4节是OpenCL FPGA实例，使用OpenCL编程，可以将用于图像分类、物体检测的深度学习网络在FPGA上运行，此外还介绍了卷积层、池化层和上采样层等的内核函数。

8.1 OpenCL基础

8.1.1 OpenCL简介

OpenCL是第一个面向异构计算装置(Heterogeneous Device)进行并行化运算所设计的开放式、免费标准，也是一个统一的编程环境及程序语言。所谓的“异构计算装置”，是指在同一个计算机系统中有两种以上架构差异很大的计算装置，如CPU及GPU，或是类似CELL的PPE(Power Processing Element，控制处理单元)及SPE(Synergistic Processing Element，协同处理单元)。OpenCL便于软件开发人员为高性能计算服务器、桌面计算系统、手持设备编写高效轻便的代码，而且广泛适用于多核心处理器(CPU)、图形处理器(GPU)、单元(CELL)类型架构以及数字信号处理器(DSP)等其他并行处理器，在游戏、娱乐、科研、医疗等领域都有广阔的发展前景。OpenCL 由非盈利性技术组织 Khronos Group 掌管。

OpenCL 由一门用于编写内核函数(在 OpenCL 设备上运行的函数)的语言和一组用于定义并控制平台的 API 函数组成，其主要的设计目的是要提供一个容易使用且适用于各种不同装置的并行化计算平台。OpenCL 提供了两种并行化的模式，包括数据并行(Data Parallelism)以及任务并行(Task Parallelism)。所谓的数据并行，是指在运算过程中，每一个节点使用同样的算法，仅在参与运算的数据上存在差异，这种形式的并行化比较常见，例如图形处理的程序，经常可以一次处理图形中的多个像素点(如图像滤波、图像压缩等)；任务并行是指将单个任务分为几个部分，各自并行运行，从而降低总运行时间。

OpenCL 是 ISO C99 标准的一个扩展子集，它扩展了在异构计算设备上执行并行算法的能力。OpenCL 的语法类似于标准的 C 函数，主要区别是它拥有一些额外的关键字和 OpenCL 内核程序实现的执行模型。在编写 OpenCL 程序时，开发人员需要考虑的是如何在程序中实现并行性。

8.1.2 OpenCL 模型

OpenCL 作为开放性的异构计算的标准，支持的平台有 CPU、GPU、DSP、FPGA。它支持的设备各有不同，所以需要对不同平台有一个统一的分层和模型划分。为了把各个厂家、各个平台的各种概念和术语都统一到一个标准的环境下，OpenCL 定义了若干个模型。这对于 OpenCL 这种本来就定义在异构平台的标准尤其重要，通过这些模型，可以使用相同的语言/语义来描述不同环境下的并行计算。

OpenCL 的模型框架包含四个模型，分别为平台模型(Platform Model)、执行模型(Execution Model)、内存模型(Memory Model)以及编程模型(Programming Model)。

1. 平台模型

OpenCL 的平台模型如图 8-1 所示，该模型由两部分组成：宿主机和 OpenCL 设备。宿主机是异构计算的主控机，负责整体流程控制，一般为 CPU，且只能有一个。OpenCL 设备主要负责数据运算操作，作为从设备接收宿主机的指令进行数据处理，一个平台可以有多个 OpenCL 设备。

平台模型定义了宿主机和 OpenCL 设备的角色，并且为 OpenCL 设备提供了一种抽象的硬件模型。在物理上，OpenCL 设备内部由多个计算单元(Compute Unit，CU)组成，每一个计算单元可以继续划分为一个或多个处理单元(Processing Elements，PE)，OpenCL 设备上的计算操作在处理单元上进行。

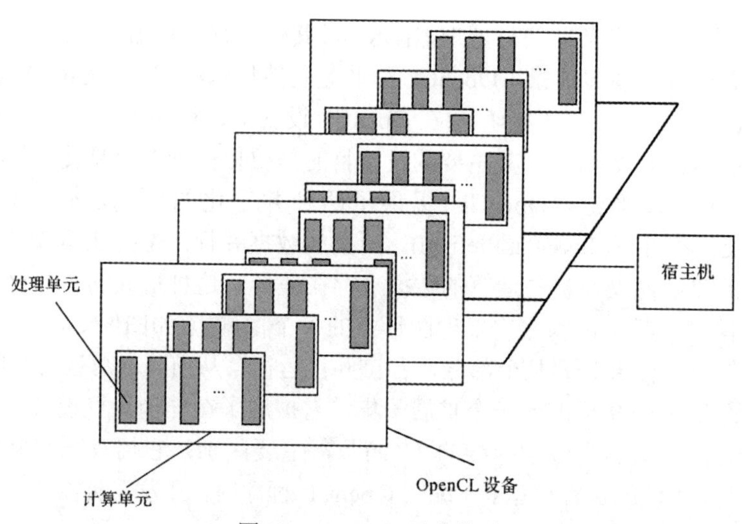

图 8-1 OpenCL 平台模型

执行流程：宿主机负责管理所有的 OpenCL 设备，同时发起计算任务，选择特定的计算平台以及 OpenCL 设备，并为之建立相应的执行环境；然后将计算任务和数据发送给 OpenCL 设备，OpenCL 设备会同时调用内部的多个处理单元执行计算任务；OpenCL 设备中的每一个处理单元执行一个处理过程，多个处理单元同时执行；运算完成后将结果返还给宿主机，该次计算任务结束。

2. 执行模型

OpenCL 程序的执行分为两部分：在主机上执行的宿主机程序，以及在一个或多个 OpenCL 设备上执行的内核程序。宿主机程序完成应用中的主机运算部分，并通过上下文和命令队列来管理设备，控制内核程序在设备上的运行；内核程序是 OpenCL 程序的核心部分，它运行在 OpenCL 设备上，完成应用中的并行计算部分。

宿主机利用 OpenCL 的过程是宿主机利用 OpenCL 设备上大量的计算资源进行有效并行计算，所以 OpenCL 执行模型的核心就是如何高效地调用这些计算资源。当 OpenCL 设备执行提交的内核程序时，会定义索引空间。为了有效区分和管理设备上的处理单元，宿主机将 OpenCL 设备上的整个处理单元的集合视作带有索引号的工作空间，工作空间中的每一个节点代表一个工作节点(Work Item)。OpenCL 中支持的工作空间是一个 N 维索引空间，其中 N 是 1、2 或 3。因此 OpenCL 设备可以处理数组、图像乃至三维图像。与坐标系类似，工作节点在工作空间的某一维度的索引号称为节点在该维度上的全局索引(Global ID)。工作空间中的每个工作节点执行相同的内核程序，只是处理不同的数据。

工作节点可以组成工作组(Work Group)，工作组是对工作空间的粗粒度划分。每个工作组所包含的工作节点数目相同，每个工作组都有自己唯一的工作组索引(Work Group ID)。

在工作组内部，工作节点也有唯一的在工作组内的位置索引，称为局部索引(Local ID)。因此访问一个工作节点有两种方式，可以通过其全局索引进行访问，也可以通过该工作节点在工作组内的局部索引和其所属的工作组的索引的组合进行访问。

在物理上，整个 OpenCL 设备由多个计算单元组成，每个计算单元进一步被划分成多个处理单元。在逻辑上，工作空间可以平均分为多个工作组，每个工作组可以细分为多个工作节点。如果将整个 OpenCL 设备看作一个工作空间，则每个计算单元可以看作是一个工作组，每个处理单元可以看作是一个工作节点。OpenCL 规范中使用一个长度为 N 的整型数组来描述工作空间的大小(数组的长度 N 不超过 3)，数组中的每一维的数值指定了该维度上的工作节点的个数，全局索引、局部索引和工作组索引都为 N 维，默认情况下索引都是从 0 开始的。

对于一个工作节点数为 $G_x \times G_y$、工作组大小为 $S_x \times S_y$ 的二维工作空间，全局索引定义了 $G_x \times G_y$ 的工作空间，这一空间包含的工作节点的总数是 $G_x \times G_y$。局部索引定义了 $S_x \times S_y$ 的工作组，每个工作组包含的工作节点数是 $S_x \times S_y$。工作节点的全局索引与其所属于的工作组的索引、每个工作组的大小以及在工作组内的局部索引存在映射关系，如式(8-1)所示。

$$(g_x, g_y) = (w_x \times S_x + s_x, w_y \times S_y + s_y) \tag{8-1}$$

如果给定了每个工作组的大小与工作空间中工作节点的数目，则可以按式(8-2)计算出工作组的数目。

$$(W_x, W_y) = \left(\frac{G_x}{S_x}, \frac{G_y}{S_y}\right) \tag{8-2}$$

如果给定了工作节点的全局索引与局部索引、每个工作组的大小，则可以按式(8-3)计算出工作组索引。

$$(w_x, w_y) = \left(\frac{g_x - s_x}{S_x}, \frac{g_y - s_y}{S_y}\right) \tag{8-3}$$

以上式中：g_x、g_y 为工作节点分别在第 x、y 维的全局索引；G_x、G_y 为工作空间分别在第 x、y 维的工作节点的数目；s_x、s_y 为工作节点分别在第 x、y 维的局部索引；S_x、S_y 为由工作空间划分出的每个工作组分别在第 x、y 维所包含的工作节点的数目；w_x、w_y 为工作节点所在的工作组分别在第 x、y 维的索引；W_x、W_y 为由工作空间划分出的工作组分别在第 x、y 维的数目。

图 8-2 是一个工作节点数为 12 × 12、工作组大小为 4 × 4 的二维工作空间，其中每一个小方块分别代表一个工作节点，较大的方块代表一个工作组。

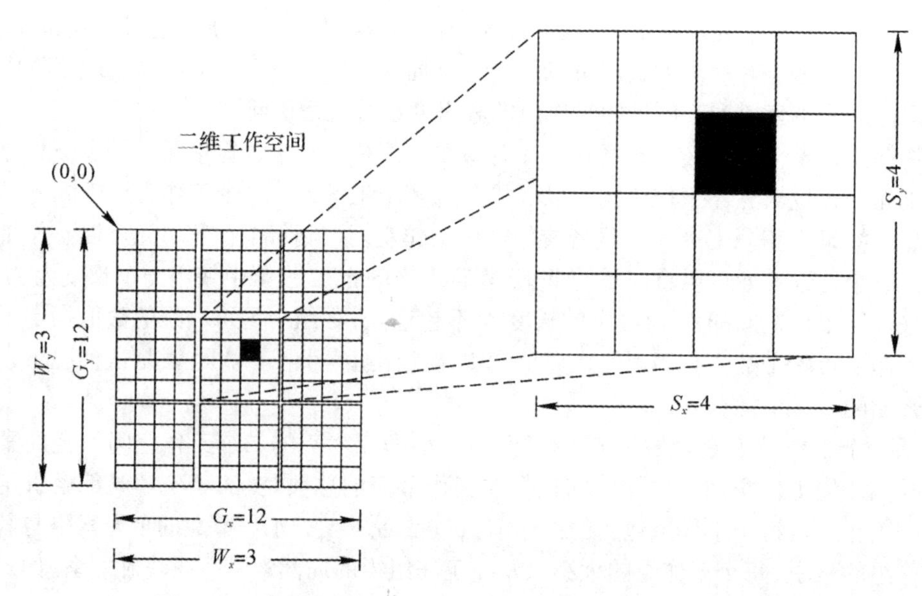

图 8-2　二维工作空间中的全局索引、局部索引和工作组索引

图 8-2 中的整个工作空间的维数为 2，分别为第 x 维和第 y 维。x 维度上有 3 个工作组，即 $W_x = 3$；每个工作组中包含了 4 个工作节点，即 $S_x = 4$；x 维度上一共有 12 个工作节点，即 $G_x = 12$。y 维度上有 3 个工作组，即 $W_y = 3$；每个工作组包含 4 个工作节点，即 $S_y = 4$；y 维度上一共有 12 个工作节点，即 $G_y = 12$。图中的黑色区域代表一个工作节点，该工作节点在(x, y)维度的全局索引为(6, 5)，即 $g_x = 6, g_y = 5$；所在的工作组的索引为(1, 1)，即 $w_x = 1, w_y = 1$；局部索引为(2, 1)，即 $s_x = 2, s_y = 1$。

1) 上下文

数据计算主要在 OpenCL 设备上进行，但宿主机也扮演着重要的角色。宿主机定义了执行内核程序的上下文(Context)，并通过上下文管理 OpenCL 设备。上下文主要包含如下一些硬件和软件资源：

(1) 设备：宿主机调用的 OpenCL 计算设备的集合。

(2) 内核：在计算设备上执行的并行程序(OpenCL 函数)。

(3) 程序对象：内核程序的源代码文件(.cl 文件)和可执行文件。

(4) 内存对象：为计算设备提供执行 OpenCL 程序所需的数据。

宿主机使用 OpenCL 的 API 函数进行创建、管理、销毁上下文，并通过选择特定的资源来确定 OpenCL 应用程序的运行环境。

2) 命令队列

命令队列由宿主机创建，宿主机主要通过命令对相应设备进行管理和控制。宿主机将命令送入命令队列，然后将命令调度到由上下文管理的设备上。OpenCL 设备通过读取命令队列中的命令进行相应的操作。根据计算量的大小，计算设备可能并不能够立刻完成计算任务。每一个计算设备都会有一个命令队列。不同于上下文可以管理多个 OpenCL 设备，命令队列只能管理所关联的唯一一个 OpenCL 设备。通过命令队列，宿主机分配新的任务时不需要等待 OpenCL 设备完成计算任务，从而实现了宿主机和计算设备的异步控制与执行。

队列中的命令主要有三种：

(1) 内核启动命令：在 OpenCL 设备的处理单元上开始执行内核程序。

(2) 内存命令：在宿主机与内存设备之间移动数据，在宿主机地址空间与内存对象之间进行映射或解映射。

(3) 同步命令：约束命令在计算设备上的执行顺序。

命令队列调度用于在 OpenCL 设备上执行的命令，这些命令在宿主机和 OpenCL 设备之间异步执行。同一个队列中的命令在执行时有有序执行和乱序执行两种模式：

(1) 有序执行：命令按照其在命令队列中的顺序启动并按顺序依次执行，上一条命令执行完成后才能发送下一条命令。

(2) 乱序执行：命令按照其在命令队列中的顺序依次发送，但 OpenCL 设备不一定是按照这个顺序执行的，可以通过特定的同步机制来保证其执行顺序。

宿主机程序可以在同一个上下文中为一个 OpenCL 设备创建多个命令队列，这些命令队列没有关联，相互独立，这也就意味着一个 OpenCL 设备可以执行多个种类的任务。

3. 内存模型

OpenCL 将设备中的存储器抽象成四种结构的内存模型，执行内核程序的工作节点可以访问这四个不同的内存区域。

(1) 全局内存(Global Memory)：此内存区域允许同一个工作空间中的所有工作节点进行读写访问，使用__global(全局变量)关键字进行声明。

(2) 常量内存(Constant Memory)：在内核程序执行过程中保持不变的全局内存区域，由宿主机进行初始化。同一个工作空间中的所有节点都可以进行读操作，但不可以进行写操作，使用__constant(全局常量)关键字进行声明。

(3) 本地内存(Local Memory)：同一个工作组中的所有工作节点都可以进行读写操作，对其他工作组的工作节点不可见，不能通过宿主机进行初始化。本地内存用于声明该工作组中的所有工作节点共享的变量，使用__local(当前文件的全局变量)关键字进行声明。

(4) 私有内存(Private Memory)：只属于工作节点的内存区域，对其他工作节点完全不可见，只能通过内核程序分配，使用__private(函数中的局部变量)关键字进行声明。

私有内存是变量的默认存储位置，即如果变量没有指定存储位置，则存储在私有内存中，因此如果变量存储在私有内存，可以省略__private 关键字。宿主机和设备对内存的分配和访问规则如表 8-1 所示。对于本地内存，一种典型的分配方法是宿主机通过设定工作组的大小进行分配。

表 8-1　宿主机和设备对内存的管理

端 口	全局内存	常量内存	本地内存	私有内存
宿主机端	动态	动态	动态	不可分配
	可读写	可读写	不可访问	不可访问
设备端	不可分配	静态	静态	静态
	可读写	只读	可读写	可读写

四种不同的内存模型的作用域以及与平台的对应关系如图 8-3 所示。其中，所有的工作节点都可以访问全局内存和常量内存；本地内存只能被同一个工作组的工作节点访问，其他工作组的工作节点无法访问；私有内存只能被工作节点访问，在同一工作组的其他工作节点也不能访问私有内存。

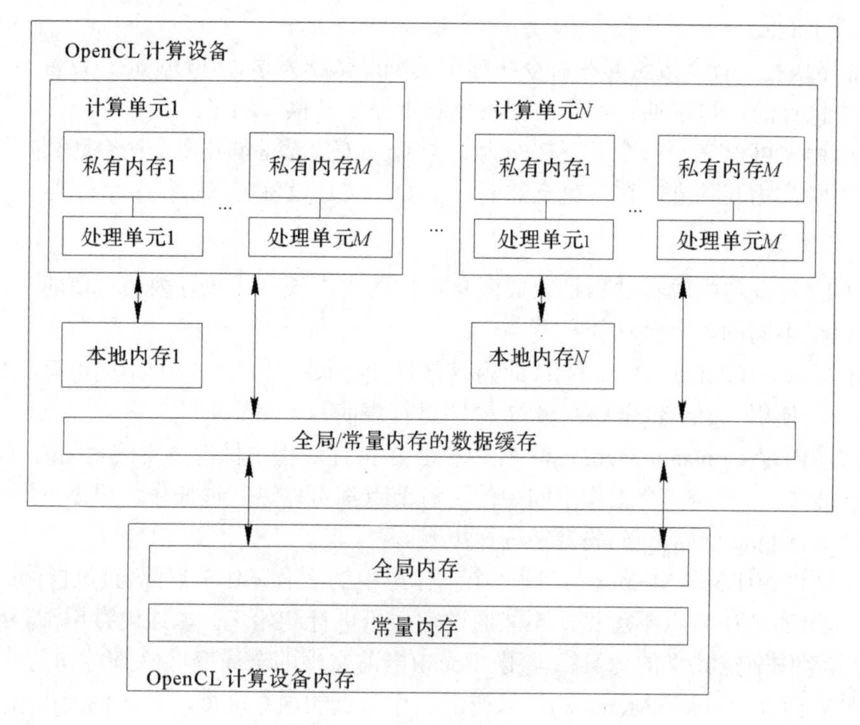

图 8-3　OpenCL 的内存模型

宿主机和 OpenCL 设备的内存模型在一般情况下是相互独立的。在程序运行期间，宿主机需要将待处理的数据送到 OpenCL 设备，OpenCL 设备运算完成之后也需要把结果传回宿主机，这就需要宿主机和 OpenCL 设备进行数据交换。有两种数据交换方式，即拷贝数据法和内存映射法。

(1) 拷贝数据法：将需要的数据拷贝到设备内存，计算完成后再拷贝到宿主机(传形参)。

(2) 内存映射法：将需要计算数据的地址从宿主机传到 OpenCL 设备，在宿主机和设备之间进行地址映射(传指针)。

4. 编程模型

前面已经提到计算时可以按照两种模型来进行：数据并行和任务并行。并行是指计算设备在执行内核程序的过程中，各个工作节点的执行是相互独立的，互不影响。OpenCL 编程的主要模型是数据并行。

数据并行是指当大量数据进行相同的运算操作时，可以通过同时在多个处理单元上运行相同的算法，分别处理不同的数据，最终共同完成这些数据的运算。在严格的数据并行模型中，每个工作节点与其所处理的数据之间一一对应，内核程序可以并行执行。OpenCL 有两种方法来确定这种对应关系：显示规定和隐式规定。显示规定不仅要规定并行执行的工作节点的总数目，还要规定工作节点在工作组之间的划分方式；隐式规定则规定每个节点所属的工作组，这一任务交由编译器或设备完成。

任务并行是指在执行内核程序时，工作空间内每个工作节点相对于其他节点是独立的，而且分别完成不同的任务，可以通过执行多个内核程序来实现任务并行。

既然有数据或任务的并行，那么同步就成为一个绕不开的节点。OpenCL 有三种方式进行同步：

(1) 同一个工作组的节点间进行数据同步。

(2) 同一个命令队列中的命令进行同步。

(3) 同一个上下文中的命令队列进行同步。

单个工作组内的数据同步是通过 CLK_LOCAL_MEM_FENCE 来实现的，而在工作组之间是无法动态同步的。

在同一个命令队列中，OpenCL 为其提供了 clFinish 和 clFlush 函数来保证之前的命令执行完成，对设备内存的读写命令也可以采用这种方式。

命令队列中命令之间的相同之处是：

(1) 命令队列阻塞：命令队列阻塞确保先前所有排队的命令已经执行完成，并且在随后排队的命令开始执行之前，如果内存对象被改变，则改变后的内存对象将对随后排队的命令使用是可见的。此阻塞只能用于在单个命令队列中的命令之间同步。

(2) 等待一个事件：进入命令队列的所有 OpenCL API 函数都返回一个事件，这个返回事件标识着命令和该函数更新的内存对象。等待一个事件的后续命令保证在该后续命令开始执行之前，对这些内存对象的更新是可见的。

在同一个上下文中的不同命令队列之间，OpenCL 没有提供相应的 API 函数来进行同步操作，可以通过与命令相关联的时间来进行同步。

8.1.3 命令事件

事件(Event)是 OpenCL 中传递命令状态的对象。根据应用场景的不同，事件可以分为宿主机事件和内核事件。内核事件主要负责异步执行的命令之间的同步操作(多个处理单元的阶段同步)，主要为全局内存与本地内存之间的异步拷贝进行同步操作；宿主机事件用于完成命令队列之间的同步操作。

命令事件为命令所产生的事件，事件在命令之间传递状态信息。命令的状态，即事件的值可以有：

(1) CL_QUEUED：命令已经加入到命令队列中排队；

(2) CL_SUBMITTED：入队的命令由宿主机提交给与所在命令队列相关联的设备；

(3) CL_RUNNING：该命令正在被执行；

(4) CL_COMPLETE：命令已经完成；

(5) ERROR_CORE：负值表示遇到某种错误条件。

创建事件的方法有很多，最常见的是使用命令本身创建事件。在命令队列中排队的任何命令都会生成事件或等待事件。如下面的命令是将内核加入到命令队列的 API 函数，此时就会产生一个 CL_QUEUED 命令，准备在 OpenCL 设备上执行：

```
cl_int clEnqueueNDRangeKernel(cl_command_queue command_queue, cl_kernel kernel, cl_unit work_dim, const size_t*global_work_offset, const size_t*global_work_size, const size_t*local_work_size, cl_uint num_events_in_wait_list, const cl_event*event_wait_list, cl_event*event)
```

其中，此函数的后三个参数如下：

num_events_in_wait_list：在执行这个命令之前需要等待完成的事件数。

event_wait_list：这是一个指针数组，定义了这个命令需要等待的 num_events_in_wait_list 个事件。event_wait_list 中所包含的事件与 command_queue 关联的上下文必须相同。

event：这是一个指针，指向这个命令生成的一个事件对象，可以由后续的命令或宿主机来延续这个命令的状态。

当参数 num_events_in_wait_list 和 event_wait_list 提供了合法值时，只有当列表中的所有事件都有 CL_COMPLETE 状态或者有一个负值指示某个条件错误时，命令才会运行。

事件用来定义一个序列点，待同步的两个命令会在这里进入程序的一个已知状态，因此该事件可以作为 OpenCL 中的一个同步点。

8.2 OpenCL FPGA 开发流程

8.2.1 搭建 OpenCL 开发环境

1. 配置环境变量

首先在 Centos7 操作系统下安装 Quartus Pro 17.1，安装成功后将下面的环境变量添加到 /etc/profile 文件中：

```
export QUARTUS_ROOTDIR_OVERRIDE=/usr/local/intelFPGA_pro/17.1/quartus
export QUARTUS_ROOTDIR=/usr/local/intelFPGA_pro/17.1/quartus
export AOCL_BOARD_PACKAGE_ROOT=/usr/local/intelFPGA_pro/17.1/hld/board/a10_ref_17.1.0_speed_clouds_660
export QUARTUS_HOME=/usr/local/intelFPGA_pro/17.1/quartus
export LD_LIBRARY_PATH=$LD_LIBRARY_PATH:/usr/local/intelFPGA_pro/17.1/hld/host/linux64/lib:/usr/local/intelFPGA_pro/17.1/hld/board/a10_ref_17.1.0_speed_clouds_660/linux64/lib:
export PATH = $PATH:/usr/local/intelFPGA_pro/17.1/quartus/bin:/usr/local/intelFPGA_pro/17.1/hld/bin
export INTELFPGAOCLSDKROOT=/usr/local/intelFPGA_pro/17.1/hld
export ALTERAOCLSDKROOT=/usr/local/intelFPGA_pro/17.1/hld
```

注意：应按照 Quartus Pro 软件的安装目录进行设置。

将配置的环境变量导入，可以重启计算机，或者在终端运行以下命令：

```
source /etc/profile
```

如图 8-4 所示，使用该命令导入的环境变量仅在当前终端有效。如果打开一个新的终端，则需要重新导入环境变量。

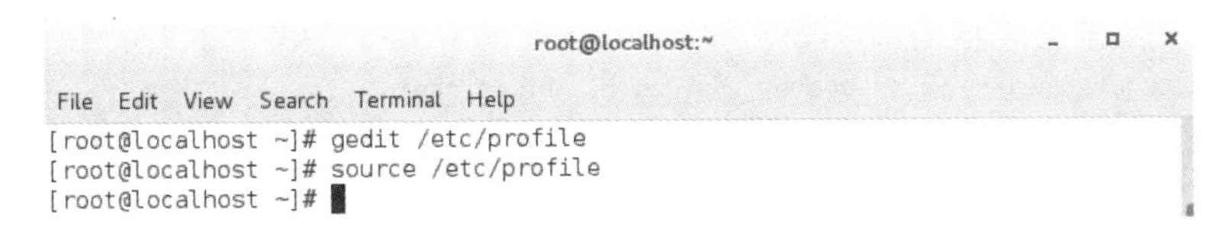

图 8-4 环境变量的配置以及导入

2. 确认环境变量

为确认环境变量配置无误，以 AOCL_BOARD_PACKAGE_ROOT 环境变量为例，在终端运行以下命令：

```
echo $AOCL_BOARD_PACKAGE_ROOT
```

该命令的功能是输出 a10_ref_17.1.0_speed_clouds_660 的路径，如果路径正确，则该环境变量正确，如图 8-5 所示。

```
root@localhost:~
File Edit View Search Terminal Help
[root@localhost ~]# echo $AOCL_BOARD_PACKAGE_ROOT
/usr/local/intelFPGA_pro/17.1/hld/board/a10_ref_17.1.0_speed_clouds_660/
[root@localhost ~]#
```

图 8-5　确认环境变量

测试软件是否安装正确，在终端运行以下命令：

```
whereis aoc
```

该命令的功能是输出 AOC 编译工具的安装路径，若软件安装正确，则输出 AOC 的路径，如图 8-6 所示。

```
root@localhost:~
File Edit View Search Terminal Help
[root@localhost ~]# whereis aoc
aoc: /usr/local/intelFPGA_pro/17.1/hld/bin/aoc
[root@localhost ~]#
```

图 8-6　确认软件安装

在环境变量 AOCL_BOARD_PACKAGE_ROOT 指向的目录下，必须有一个名为 board_env.xml 的描述硬件平台的脚本，可通过以下命令对该脚本进行测试：

aocl board-xml-test：脚本的基本设置；

aoc --list-boards：列出系统可用的 FPGA。

列出系统可用的 FPGA，可在终端运行以下命令：

```
aoc --list-boards
```

该命令的运行结果如图 8-7 所示。如果运行结果不正确，则应确认环境变量的设置。

```
root@localhost:~
File Edit View Search Terminal Help
[root@localhost ~]# aoc --list-boards
Warning: Please use -list-boards instead of --list-boards
Board list:
  a10gx
     Board Package: /usr/local/intelFPGA_pro/17.1/hld/board/a10_ref_17.1.0_speed
_clouds_660/

  a10gx_hostch
     Board Package: /usr/local/intelFPGA_pro/17.1/hld/board/a10_ref_17.1.0_speed
_clouds_660/
     Channels:      host_to_dev, dev_to_host

[root@localhost ~]#
```

图 8-7　获取 FPGA 列表

3. 硬件测试

1) 驱动安装

FPGA 属于硬件资源，为了使内核程序在 FPGA 上运行，需要安装 FPGA 的驱动程序，可在终端运行以下命令：

```
aocl install
```

在确认安装时输入“y”，按下 Enter 键，如图 8-8 所示。

注意：a10_ref_17.1.0_speed_clouds_660/linux64/libexec 路径下的 install 文件需要有可执行权限。

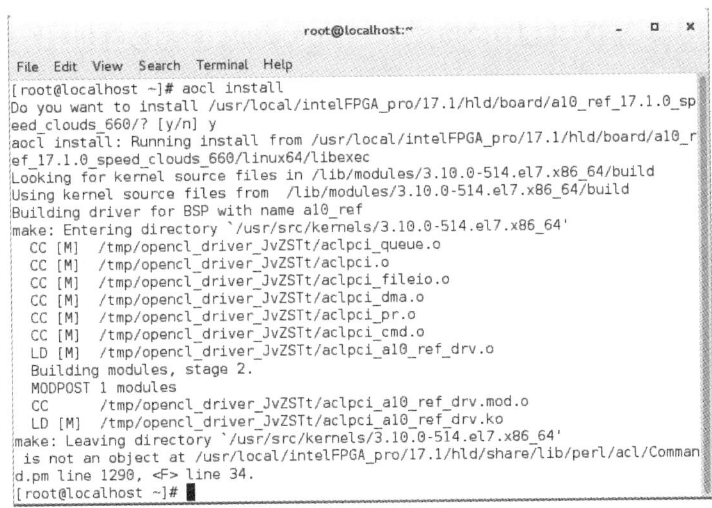

图 8-8 安装 FPGA 驱动程序

将 FPGA 插入计算机的 PCIE3.0 插槽中，并将提供的 jic 固化程序文件下载到 FPGA 中。由于 jic 文件是下载到 FPGA 的 Flash 中的，因此下载速度会比较慢。下载完成后，断开电源，再次启动计算机，并登录操作系统，检查计算机是否能够检测到 FPGA，可在终端运行如下命令：

```
lspci | grep -i altera
```

运行结果如图 8-9 所示。

图 8-9 检测 FPGA

FPGA 的固化程序也可以使用 sof 固化程序文件。如果使用 sof 文件，则下载完成后，直接重启计算机即可，但不能断开电源，这是由于 sof 文件下载到 FPGA 的 SRAM 中时，下载的速度会比较快，一旦 FPGA 断电，固化程序就会消失，因此在每次使用 FPGA 之前，需要先下载固化程序。当使用 jic 固化程序文件时，如果固化程序已经下载到 Flash 中，则当 FPGA 断电时，固化程序不会消失，并且下一次使用 FPGA 时，不需要重新下载它。

2) FPGA 工作状态诊断

测试 FPGA 的工作状态、显示 PCIE 的设置以及 FPGA 的温度等信息，可在终端运行以下命令：

```
aocl diagnose
```

如果显示“DIAGNOSTIC_PASSED”，则测试通过，否则修改相应的设置。测试通过的结果如图 8-10 所示。

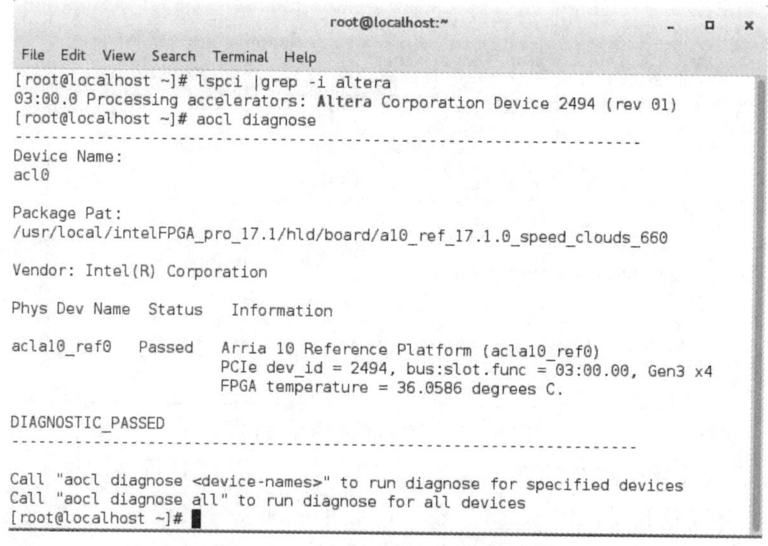

图 8-10　测试 FPGA 的工作状态

8.2.2　开发流程

1. OpenCL 基本框架

OpenCL 程序分为宿主机程序和内核程序，宿主机程序在 CPU 上运行；就本书而言，内核程序在 FPGA 上运行。OpenCL 程序执行的大致过程为：宿主机程序将需要运算的数据送入 FPGA，并启动内核程序执行；内核程序执行完成后，宿主机程序将 FPGA 中的运算结果读回宿主机内存中。

在 OpenCL 编程中，将内核程序中的函数称为内核函数，内核函数的调用有以下规则：

(1) 内核函数只能在 OpenCL 设备上运行；

(2) 内核函数可以被宿主机程序调用；

(3) 当内核函数被其他的内核函数调用时，属于常规的函数调用，这与其他语言类似。

宿主机程序的执行框图如图 8-11 所示。可见，宿主机通过获取平台和设备来选择要执行内核程序的 OpenCL 设备；上下文包含了 OpenCL 设备、与设备相关的内存对象；内存对象的属性和命令队列提供了内核程序的执行环境。为了在 OpenCL 设备上运行内核程序，需要给设备创建一个命令队列，该命令队列包含了将要在设备上执行的命令。

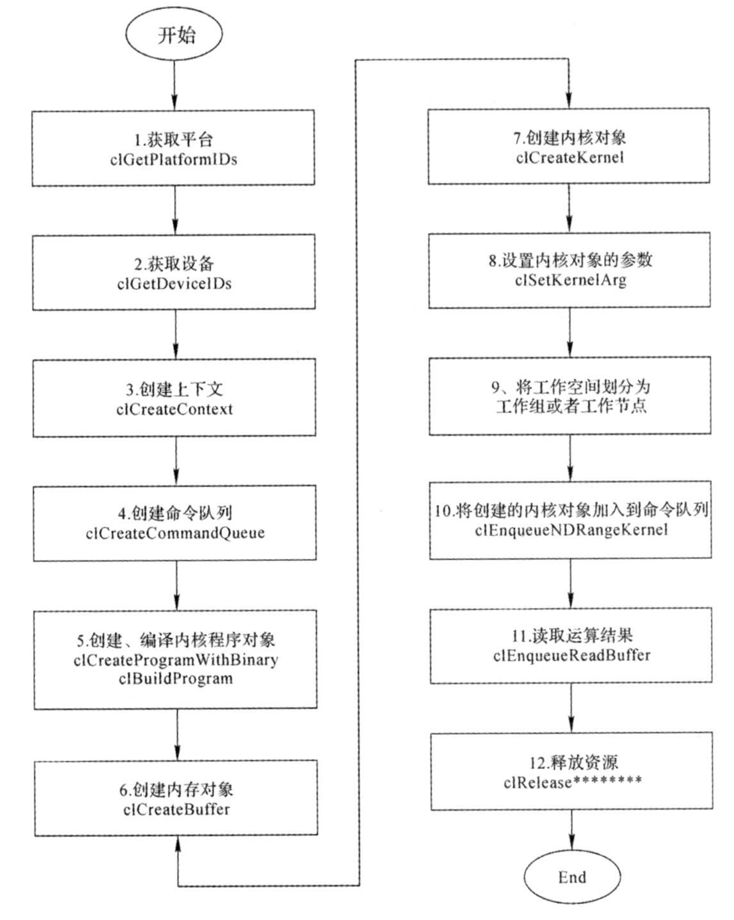

图 8-11　宿主机程序的执行框图

内核程序对象可以由内核程序的源文件或者二进制文件生成。内核程序对象经过编译后，生成能够在 OpenCL 设备上直接运行的可执行程序对象。宿主机程序中存在由数组或者指针指向的内存区域，需要将这一区域“打包”成内存对象，才能将这一区域的数据传输到 OpenCL 设备上。

内核对象在创建时包含了内核函数名，因此每一个内核对象代表一个内核函数，内核对象可以看作是命令队列中的命令，将内核对象加入命令队列，则对应的内核函数会在 OpenCL 设备上执行。设置内核对象的参数是将宿主机的内存地址映射到 OpenCL 设备或者将数据拷贝到 OpenCL 设备上，用于提供内核函数执行时所需要的输入数据，以及将内核函数的运算结果传输到宿主机。

内核函数在 OpenCL 设备上执行时，工作空间可划分为两种：一种是将工作空间划分为不同的工作组，每个工作组中包含相同数目的工作节点；另一种是将工作空间直接划分成工作节点，这种情况也可以认为是每个工作组中只有一个工作节点，这种划分方法是前一种划分方法的特殊情况。在内核函数的执行过程中，对工作空间的不同划分方法可能会带来运行速度上的差异。

将内核对象加入命令队列后，对应的内核函数就会等待执行；当内核函数执行完毕后，需要将运算的结果传输到宿主机中；在所有的内核函数执行完成后，需要释放计算资源。

下面给出一个 OpenCL 程序的实例，这个程序的功能是做两个向量的加法。

内核程序的源文件为 cl 文件，即文件的扩展名必须为 cl，源代码如下：

```
__kernel void vector_add(__global float*a, __global float*b, __global float*c, int data_size)
{
    int global_id = get_global_id(0);
     if (global_id < data_size)
         c[global_id] = a[global_id] + b[global_id];
}
```

在这个内核程序中，__kernel(或者 kernel)用于声明此函数为内核函数，可以在 OpenCL 设备上运行；void 为函数返回值的类型；vector_add 为内核函数名，宿主机程序在调用内核函数时使用。该内核函数有四个参数，分别为“a”“b”“c”和“data_size”。其中，指针“a”和“b”是 OpenCL 设备中输入数据的内存首地址，分别代表向量 ***a*** 和 ***b***；“c”为 OpenCL 设备中输出数据的内存首地址，代表向量 ***c***；“data_size”为输入数据的长度，为向量 ***a***、***b***、***c*** 的维数；float*定义了一个 float 类型的指针变量；__global 声明该变量是存储在 OpenCL 设备的全局内存中。

变量 global_id 没有使用存储位置的关键字修饰，因此其存储在默认的位置，即存储在 OpenCL 设备的私有内存中。私有内存只属于工作节点，其他的工作节点不能访问。

get_global_id(0)用于获得工作节点在第 0 维上的全局索引。在 OpenCL 中，维度的索引从 0 开始，向量 ***a***、***b*** 和 ***c*** 分别可以看作是一维数组“a”“b”“c”，向量的维数即为数组的长度。如果将工作空间在第 0 维上的每个工作节点看作向量 ***c*** 的每一个元素，则可以使用工作空间在第 0 维上的工作节点完成向量的加法，工作节点的个数即为向量的维数。当内核函数被调用时，每个工作节点都要执行相同的内核函数，因此每个工作节点都会被分配一个不同的全局索引。由于工作节点的全局索引从 0 开始，如果将向量的索引也看作从 0 开始，则可以将工作节点的索引作为向量的索引，因此获得工作节点的全局索引就相当于得到了向量的索引。

当工作节点的全局索引小于向量的长度时，以工作节点的全局索引作为向量的索引，将向量 ***a*** 和 ***b*** 在相同的索引处的值相加，得到向量 ***c*** 在此索引处的值。每个工作节点都有一个全局索引，所有的工作节点同时执行，求得向量 ***c*** 在每个工作节点的值，从而得到两个向量加法的结果。

在上面的代码中，通过将工作空间在第 0 维上的每个工作节点看作向量 ***c*** 的每一个元素，把工作节点的全局索引作为向量的索引，建立了工作节点的全局索引与向量的索引之间的对应关系，因此可以根据工作节点的全局索引来访问向量中的元素，求得向量加法的结果。

上述实例将内核程序源代码保存为 vector_add.cl 文件。如果 OpenCL 计算设备为 CPU 或者 GPU(AMD 公司或者 Nvidia 公司)，则可以直接使用 cl 源文件作为内核程序文件，用于内核程序对象的创建和编译。当 FPGA 作为 OpenCL 计算设备时，由于 cl 文件在 FPGA 上编译所需要的时间较长，因此通常的做法是先使用 AOC 编译器将 cl 源文件编译为 aocx 二进制文件，然后用 aocx 文件来创建和编译内核程序对象。AOC 编译命令如下：

```
aoc vector_add.cl -board=FPGA_device
```

其中，FPGA_device 是计算机上安装的 FPGA 设备，在此为 a10gx。

AOC 编译完成后，会生成 vector_add.aoco、vector_add.aocx 两个文件和 vector_add 文件夹，vector_add.aocx 就是所需要的二进制内核程序文件。

宿主机程序代码如下：

```
#include<CL/cl.h>
#include<string.h>
#include<stdio.h>
#include<stdlib.h>
int main()
{
    cl_int status;
    cl_uint numPlatforms;
    cl_uint numDevices = 0;
    cl_platform_id FPGA_platform;
```

```
//第 1 步：获取平台
status = clGetPlatformIDs(0, NULL, &numPlatforms);
if (status != CL_SUCCESS || numPlatforms <= 0)
{
    printf("No platforms.\n");
    return -1;
}
cl_platform_id*platforms = NULL;
platforms = (cl_platform_id*)malloc(numPlatforms*sizeof(cl_platform_id));
status = clGetPlatformIDs(numPlatforms, platforms, NULL);
if (status != CL_SUCCESS)
{
    printf("Cannot get any platforms.\n");
    free(platforms);
    platforms = NULL;
    return -1;
}
size_t nm_sz;
char nm[512];
for (int i = 0; i < numPlatforms; ++i)
{
    Status = clGetPlatformInfo(platforms[i], CL_PLATFORM_NAME, 0, NULL, &nm_sz);
    if (status != CL_SUCCESS)
    {
        printf("Cannot get platform name size.\n");
        free(platforms);
        platforms = NULL;
        return -1;
    }
    Status = clGetPlatformInfo(platforms[i], CL_PLATFORM_NAME, nm_sz, nm, NULL);
    if (status != CL_SUCCESS)
    {
        printf("Cannot get platform name.\n");
```

```
        return -1;
    }
    if (NULL != strstr(nm, "Intel(R) FPGA"))
    {
        FPGA_platform = platforms[i];
        printf("the platform is: %s\n", nm);
        free(platforms);
        platforms = NULL;
        break;
    }
}
//第 2 步：获取设备
Status = clGetDeviceIDs(FPGA_platform, CL_DEVICE_TYPE_ACCELERATOR, 0, NULL,
&numDevices);
if (status != CL_SUCCESS)
{
    printf("NO FPGA.\n");
    return -1;
}
cl_device_id*devices = (cl_device_id*)malloc(numDevices*sizeof(cl_device_id));
status = clGetDeviceIDs(FPGA_platform, CL_DEVICE_TYPE_ACCELERATOR, 1, devices,
NULL);
if (status != CL_SUCCESS)
{
    printf("Cannot get device.\n");
    free(devices);
    devices = NULL;
    return -1;
}
//第 3 步：创建上下文
cl_context context = clCreateContext(NULL, 1, devices, NULL, NULL, NULL);
//第 4 步：创建命令队列
cl_command_queue commandQueue = clCreateCommandQueue(context, devices[0],
```

```
CL_QUEUE_PROFILING_ENABLE, NULL);
cl_int binary_status;
size_t binary_length;
char kernel_file_name[] = "vector_add.aocx";
FILE*fp = fopen(kernel_file_name, "rb");
if (NULL == fp)
{
    printf("Cannot open %s\n", kernel_file_name);
    return -1;
}
fseek(fp, 0, SEEK_END);
binary_length = ftell(fp);
fseek(fp, 0, SEEK_SET);
char*binary = (char*)malloc(binary_length*sizeof(char));
fread(binary, sizeof(char), binary_length, fp);
fclose(fp);
//第 5 步：创建、编译内核程序对象
cl_program program = clCreateProgramWithBinary(context, 1, devices, &binary_length, (const
unsigned char**)&binary, &binary_status, &status);
status = clBuildProgram(program, 1, devices, "", NULL, NULL);
if (status != CL_SUCCESS)
{
    printf("Cannot build program.\n");
    size_t log_sz;
    clGetProgramBuildInfo(program, devices[0], CL_PROGRAM_BUILD_LOG, 0, NULL,
    &log_sz);
    char*build_log = (char*)malloc(log_sz*sizeof(char));
    clGetProgramBuildInfo(program, devices[0], CL_PROGRAM_BUILD_LOG,
                          log_sz*sizeof(char), build_log, NULL);
    printf("%s\n", build_log);
    free(build_log);
    build_log = NULL;
    free(binary);
```

```
    binary = NULL;
    free(devices);
    devices = NULL;
    return -1;
}
float*a = NULL, *b = NULL, *c = NULL;
int data_size = 100;
a = (float*)malloc(data_size*sizeof(float));
b = (float*)malloc(data_size*sizeof(float));
c = (float*)malloc(data_size*sizeof(float));
for (int i = 0; i < data_size; i++)
{
    a[i] = i;
    b[i] = 2*i;
}
printf("input data a, b is:\n");
for (int i = 0; i < data_size; i++)
    printf("a[%d]: %f, b[%d]: %f\n", i, a[i], i, b[i]);
//第 6 步：创建内存对象
cl_mem BufferA = clCreateBuffer(context, CL_MEM_READ_ONLY |
CL_MEM_COPY_HOST_PTR, data_size*sizeof(float), (void*)a, NULL);
cl_mem BufferB = clCreateBuffer(context, CL_MEM_READ_ONLY |
CL_MEM_COPY_HOST_PTR, data_size*sizeof(float), (void*)b, NULL);
cl_mem BufferC = clCreateBuffer(context, CL_MEM_WRITE_ONLY, data_size*
sizeof(float), NULL, NULL);
//第 7 步：创建内核对象
cl_kernel kernel = clCreateKernel(program, "vector_add", NULL);
//第 8 步：创建内核对象的参数
status = clSetKernelArg(kernel, 0, sizeof(cl_mem), (void*)&BufferA);
status |= clSetKernelArg(kernel, 1, sizeof(cl_mem), (void*)&BufferB);
status |= clSetKernelArg(kernel, 2, sizeof(cl_mem), (void*)&BufferC);
status |= clSetKernelArg(kernel, 3, sizeof(int), (void*)&data_size);
//第 9 步：将工作空间划分为工作节点，设置工作空间中工作节点的个数
```

```
size_t global_work_size[1] = {data_size};
//第 10 步：将创建的内核对象加入到命令队列
status = clEnqueueNDRangeKernel(commandQueue, kernel, 1, NULL, global_work_size, NULL,
 0, NULL, NULL);
//第 11 步：读取运算结果
status = clEnqueueReadBuffer(commandQueue, BufferC, CL_TRUE, 0, data_size*sizeof(float), c,
0, NULL, NULL);
printf("input data a, b, and output data c is:\n");
for (int i = 0; i < data_size; i++)
    printf("a[%d]: %f, b[%d]: %f, c[%d]: %f\n", i, a[i], i, b[i], i, c[i]);
//第 12 步：释放资源
status = clReleaseKernel(kernel); /释放核
status = clReleaseProgram(program); //释放程序对象
status = clReleaseMemObject(BufferA); //释放内存对象
status = clReleaseMemObject(BufferB);
status = clReleaseMemObject(BufferC);
status = clReleaseCommandQueue(commandQueue); //释放命令队列
status = clReleaseContext(context); //释放文本
if (a != NULL)
{
    free(a);
    a = NULL;
}
if (b != NULL)
{
    free(b);
    b = NULL;
}
if (c != NULL)
{
    free(c);
    c = NULL;
}
```

```
        if (binary != NULL)
        {
            free(binary);
            binary = NULL;
        }
        if (devices != NULL)
        {
            free(devices);
            devices = NULL;
        }
    }
```

2. 选择 OpenCL 平台和设备并创建上下文

平台(Platform)是由主机和 OpenCL 管理框架下的若干个设备构成的、可以运行 OpenCL 程序的完整的硬件系统，是运行 OpenCL 程序的基础，所以第一步要选择一个可用的 OpenCL 平台。一台计算机上可以有不止一个平台，每个平台也可以有不止一个 OpenCL 设备。相关函数介绍如下。

➢ clGetPlatformIDs()：用于获取可用的平台。该函数的原型为：

```
cl_int clGetPlatformIDs (cl_uint num_entries, cl_platform_id*platforms, cl_uint*num_platforms)
```

其中：

num_entries：指定平台的数目，即第二个参数(平台指针变量 platforms)指向的内存中的元素个数。如果第二个参数 platforms 不为 NULL，则 num_entries 一定要大于 0。

platforms：返回找到的平台列表，此处的返回值可以用来识别一个特定的平台。如果 platforms 参数为 NULL，则此参数被忽略，返回的平台数目是可用的 OpenCL 平台数和参数 num_entries 之间的最小值。

num_platforms：返回可用的 OpenCL 平台的数目。其值设为 NULL 时，此参数被忽略。

➢ clGetDeviceIDs()：用于获取可用的 OpenCL 设备。该函数的原型为：

```
cl_int clGetDeviceIDs(cl_platform_id platform, cl_device_type device_type, cl_uint num_entiries,
cl_device_id*devices, cl_uint *num_devices)
```

其中：

platform：即 clGetPlatformIDs 函数所返回的平台，也可能是 NULL。如果是 NULL，则其行为依赖于具体的操作。

device_type：用来标识 OpenCL 设备的类型，也可以用来查询某种 OpenCL 设备或查询所有的设备。该设备的取值如表 8-2 所示。

表 8-2　device_type 参数的取值

参数取值	描　述
CL_DEVICE_TYPE_CPU	将宿主机处理器作为执行 OpenCL 内核程序的设备，宿主机处理器可以是单核或者多核的 CPU
CL_DEVICE_TYPE_GPU	将 GPU 作为 OpenCL 设备
CL_DEVICE_TYPE_ACCELERATOR	专用的 OpenCL 加速器，如 IBM CELL Blade、FPGA，这些设备与宿主机处理器通过外设互连部件进行通信，如 PCIE
CL_DEVICE_TYPE_DEFAULT	系统默认的 OpenCL 设备
CL_DEVICE_TYPE_ALL	系统中可用的 OpenCL 设备

num_entries：指定符合 device_type 类型的 OpenCL 设备的数目。如果 devices 不为 NULL，则 num_entries 必须大于零。

devices：用来返回可用的 OpenCL 设备的列表。devices 中返回的 cl_device_id 用来标识一个 OpenCL 设备。如果 devices 为 NULL，则忽略，返回的 OpenCL 设备数目为 num_entries 和符合 device_type 类型的设备的数目的最小值。

num_devices：返回符合 device_type 类型的所有 OpenCL 设备的数目。如果 num_devices 为 NULL，则忽略。

➢ clCreateContext()：用于创建 OpenCL 程序运行的上下文，可以使用一个或者多个设备来创建。该函数的原型为：

```
cl_context clCreateContext (const cl_context_properties * properties, cl_uint num_devices, const cl_device_id*devices, (void)(*pfn_notify) (const char*errinfo, const void*private_info, size_t cb, void * user_data), void*user _data, cl_int*errcode_ret)
```

其中：

properties：指向一个列表，其中有上下文属性名称以及其对应的值。当 properties 为 NULL 时，上下文的属性由被选定的平台在执行时定义。

num_devices：参数 devices 中设备的数目。

devices：指向 clGetDeviceIDs 所返回的设备列表的指针。

pfn_notify：上下文应用所注册的一个回调函数。

errcode_ret：返回的错误码。

3. 创建命令队列

选择平台和设备并创建 OpenCL 程序运行的上下文之后，还要创建一个命令队列，该命令队列里包含了 OpenCL 设备要执行的命令，以及命令的运行次序。

➢ clCreateCommandQueue()：用于在指定的 OpenCL 设备上创建一个命令队列。该函数的原型为：

cl_command_queue clCreateCommandQueue (cl_context context, cl_device_id device, cl_command_queue_properties properties, cl_int*errcode_ret)

其中：

conetxt：必须是一个有效的 OpenCL 上下文。

device：必须是与 context 关联的设备，且必须是 clCreateContext 或者 clCreateContext FromType 中相应的设备类型。

properties：指定了命令队列的一系列属性，该参数是位段，其值可参见表 8-3。

errcode_ret：返回错误码。

表 8-3　命令队列属性及其描述

命令队列的属性	描　述
CL_QUEUE_OUT_OF_ORDER_EXEC_MODE_ENABLE	用来确定命令队列中的命令是顺序执行还是乱序执行。如果设置了此属性，则乱序执行；否则，顺序执行
CL_QUEUE_PROFILING_ENABLE	设置对命令队列中命令的评测。如果设置了此项，则设置了评测；反之，则没有设置

4. 创建和编译内核程序对象

内核程序对象用来存储需要在 OpenCL 设备上运行的内核程序，同时也完成内核程序文件的编译。

➢ clCreateProgramWithSource()：使用内核程序源文件来创建程序对象，在创建的同时，把已经转化成字符串形式的内核程序的源代码读入该程序对象中。该函数的原型为：

cl_program clCreateProgramWithSource (cl_context context, cl_uint count, const char** strings, const size_t*lengths, cl_int*errcode_ret)

其中：

context：OpenCL 上下文。

count：参数 strings 指向的字符串指针数组的元素个数。

strings：字符串指针数组，有 count 个元素，字符串可选择以 NULL 结束。字符串指针数组中的每个指针代表一个内核程序源代码，且内核程序源代码文件不止一个，因此使用字符串指针数组来指定所有的内核程序源代码文件。

lengths：所指向的元素代表 strings 中的每个指针指向的字符串中的字符个数，即每个内核程序源代码的长度。如果某个元素是零，则相应的字符串以 NULL 终止。如果 lengths 是 NULL，则 strings 中的所有字符串都以 NULL 终止。所有大于零的值都不包括 NULL 终止符。

errcode_ret：返回相应的错误码。

➢ clCreateProgramWithBinary()：利用二进制内核程序文件来创建程序对象。该函数的原型为：

cl_program clCreateProgramWithBinary (cl_context context, cl_uint num_devices, const cl_device_id *device_list, const size_t*lengths, const unsigned char**binaries, cl_int*binary_status, cl_int* errcode_ret)

其中：

context：OpenCL 上下文。

num_devices：OpenCL 设备个数。

device_list：指向 OpenCL 设备列表。

lengths：所指向的元素代表 binaries 中每个指针指向的字符串中的字符个数，即二进制内核程序的长度。

binaries：字符串指针数组，每个指针指向了一个二进制内核程序，每个内核程序对应于 device_list 中的一个设备。例如，device_list 中的第 *i* 个设备为 device_list[i]，则对应的内核程序为 binaries[i] ，该内核程序的长度为 lengths[i]。lengths[i]不能为 0，而且 binaries[i]不能为 NULL。

binary_status：返回在 device_list 中每个设备对应的二进制程序是否成功加载，对于每一个由 device_list[i]指定的设备，若加载成功，则 binary_status[i]返回 CL_SUCCESS。返回的错误码有两种情况：一种是当传入的二进制程序无效时，返回 CL_INVALID_BINARY；另一种是当 length[i]为 0 或者 binary[i]为 NULL 时，返回 CL_INVALID_VALUE。

errcode_ret：用来返回错误码。

➢ clBuildProgram()：用于编译指定程序对象中的内核程序源文件或者二进制文件，编译成功之后，再把编译完成的代码存储在程序对象中。该函数的原型为：

cl_int clBuildProgram(cl_program program, cl_uint num_devices, constcl_device_id*device_list, const char *options, void (CL_CALLBACK *pfn_notify)(cl_program program, void*user_data), void*user_data)

其中：

program：程序对象。

device_list：指向 program 所关联的设备列表。

num_devices：device_list 中的设备数目。

options：指向一个 NULL 终止的字符串，用来描述构建选项。

pfn_notify：应用所注册的回调函数，在构建完程序执行体后会被调用(不论成功还是失败)。

user_data：在调用 pfn_notify 时作为参数传入，可以是 NULL。

5. 创建内存对象和内核

➢ clCreateBuffer()：需要传送的由指针指向的内存中的数据块分配存储的对象，存储对象存放的数据是一维的。因此存储对象用于存放由指针指向的内存中具有一个维度的数据块，这些对象可以由内核函数直接访问。该函数的原型为：

cl_mem clCreateBuffer (cl_context context, cl_mem_flags flags, size_t size, void*host_ptr, cl_int*errcode_ret)

其中：

context：所创建的上下文。

flags：用于指定存储对象的分配和使用信息。例如，需要分配给存储对象的内存区域以及如何使用这些内存区域，其取值可参见表 8-4。如果 flags 的值被指定为 0，那么将使用默认值，此值为 CL_MEM_READ_WRITE。

size_t size：需要预留的内存大小。

errcode_ret：返回相应的错误码。

表 8-4 flags 的取值

flags 的取值	描　述
CL_MEM_READ_WRITE	内核函数可以读取并且写入这些内存区域，host_ptr 可为空。这是 flags 的默认值
CL_MEM_WRITE_ONLY	内核函数只能写入内存区域，不能读取，host_ptr 可为空。CL_MEM_READ_WRITE 和 CL_MEM_WRITE_ONLY 不能同时使用
CL_MEM_READ_ONLY	内核函数只能读取内存区域，host_ptr 不能为空 。CL_MEM_READ_WRITE 或者 CL_MEM_WRITE_ONLY 不能与 CL_MEM_READ_ONLY 同时使用
CL_MEM_USE_HOST_PTR	OpenCL 设备将由指针变量 host_ptr 所指向的内容缓存在设备的内存中，缓存的内容会返回到主机中，host_ptr 指针不能为空
CL_MEM_COPY_HOST_PTR	在 OpenCL 设备中分配内存，并将 host_ptr 指针指向的字节大小为 size 的数据拷贝到设备内存中，host_ptr 不能为空。由于是直接拷贝，因此在设备端对数据进行修改后，主机端不能够获取相应的数据。CL_MEM_COPY_HOST_PTR 和 CL_MEM_USE_HOST_PTR 不能同时使用
CL_MEM_ALLOC_HOST_PTR	在主机能够访问到的 OpenCL 设备的区域中分配内存，在设备端对数据进行初始化。CL_MEM_ALLOC_HOST_PTR 和 CL_MEM_USE_HOST_PTR 不能同时使用

要执行内核程序，需要创建内核对象并且指定内核函数的参数，并为内核函数提供输入数据，以及存放输出结果的变量。每一个内核对象代表一个内核函数，宿主机通过将内核对象加入命令队列的方式来调用内核函数，从而使内核函数能够在 OpenCL 设备

上运行。

➢ clCreateKernel()：创建内核对象。该函数的原型为：

```
cl_kernel clCreateKernel (cl_program program, const char*kernel_name, cl_int*errcode_ret)
```

其中：

program：由 clBuildProgram 生成的程序对象，并且被编译成功。

kernel_name：指定要运行的内核程序的函数名，通过指定函数名使内核对象与内核函数相关联，内核函数使用_kernel 关键字声明。

errcode_ret：返回相应的错误码。

➢ clSetKernelArg()：指定内核函数的参数。如果内核函数的参数是指针类型，则设置参数时使用存储对象 cl_mem 类型。该函数的原型为：

```
cl_int clSetKernelArg (cl_kernel kernel, cl_uint arg_index, size_t arg_size, const void*arg_value)
```

其中：

kernel：要运行的内核函数对象，由 clCreateKernel 生成。

arg_index：内核函数的参数列表的索引，从 0 开始。

arg_size：指定参数值所占据存储空间的大小，以字节为计数单位。

arg_value：这一指针变量指向内核函数的参数的值。

➢ clEnqueueNDRangeKernel()：设置 OpenCL 设备中工作组的大小、工作节点的数目，将内核对象加入命令队列，使对应的内核函数被执行。该函数的原型为：

```
clEnqueueNDRangeKernel (cl_command_queue queue, cl_kernel kernel, cl_uint work_dims, const
size_t*global_work_offset, const size_t*global_work_size, const size_t*local_work_size, cl_uint
num_events, const cl_event*wait_list, cl_event*event)
```

其中：

queue：命令队列。

kernel：内核对象。

work_dims：设置 OpenCL 设备中工作节点的维数。

global_work_offset：设置 OpenCL 设备中全局索引的偏移量。如果值为 NULL，则偏移量为 0。

global_work_size：设置工作空间中每个维度上工作节点的数量，当工作空间的维度的数目为 work_dims 时，该工作空间所包含的工作节点的数目为 global_work_size[0] × global_work_size[1] × ⋯ × global_work_size[k] × ⋯ × global_work_size[work_ dims−1]。其中，维度的索引从 0 开始，global_work_size[k]表示第 k 个维度上工作点的数量，$0 \leqslant k \leqslant$ work_dims−1。

local_work_size：设置工作空间中每个维度上工作组的大小，即在每个维度上，一个工作组所包含的工作节点的数量。一个工作空间中维度的数目为 work_dims 时，一个工作组所包含的工作节点数目为 local_work_size[0] × local_work_size[1] × … × local_work_size[k] × … × local_work_size[work_dims−1]。其中，local_work_size[k]表示工作组的第 k 维上工作节点的数量，0≤k≤work_dims−1。

num_events 和 wait_list：指定在执行此命令之前需要完成的事件，如果 wait_list 为 NULL，则此命令不等待任何事件；如果 event_wait_list 不为 NULL，则 event_wait_list 指向的事件列表必须有效且 num_events_in_wait_list 必须大于 0。

event：返回一个标识的事件对象，可用于查询或排队等待此命令的完成。

6. 读取执行结果并释放 OpenCL 资源

所有内核函数执行完成之后，需要把内核函数的运算结果从 OpenCL 设备拷贝到宿主机的内存中，供宿主机进一步处理。OpenCL 设备计算完成后，宿主机需要释放所有的 OpenCL 资源。

➢ clEnqueueReadBuffer()：读取 OpenCL 设备内存数据到宿主机内存。该函数的原型为：

```
cl_int clEnqueueReadBuffer (cl_command_queue command_queue, cl_mem buffer, cl_bool blocking_read, size_t offset, size_t size, void*ptr, cl_uint num_events_in_wait_list, const cl_event*event_wait_list, cl_event*event)
```

其中：

command_queue：命令队列。该命令队列与存储对象在相同的上下文中。

buffer：用于存放内核函数的运行结果的存储对象。该存储对象由 clCreateBuffer 函数创建，对应于内核函数中指针类型的参数。

blocking_read：如果此参数取值为 CL_TRUE，则读取数据时进行阻塞，即当内核函数没有执行完成时，宿主机程序等待内核函数的执行，直到内核函数执行完成后才读取运算结果；反之，取值 CL_FALSE 为不阻塞，此时需要通过查询事件的状态来确定运算结果是否被读取。

offset：要读取的运算结果的偏移量，以字节为单位。

size：要读取的数据大小，以字节为单位。

ptr：指向宿主机内存的指针，其中存放运算结果的首地址。

num_events_in_wait_list 和 event_wait_list：指定在执行此命令之前需要完成的事件。如果 event_wait_list 为 NULL，则 num_events_in_wait_list 必须为 0；如果 event_wait_list 不为 NULL，则 event_wait_list 指向的事件列表必须有效且 num_events_in_wait_list 必须大于 0，同时与 event_wait_list 和 command_queue 中的事件关联的上下文必须相同，与函数

关联的内存可以在函数返回后重用或释放。

event：返回一个标识的事件对象，可用于查询或排队等待此命令完成。

➢ clEnqueueWriteBuffer()：将宿主机内存的数据写入 OpenCL 设备内存。该函数的原型为：

```
cl_int clEnqueueWriteBuffer (cl_command_queue command_queue, cl_mem buffer, cl_bool blocking_write, size_t offset, size_t size, void*ptr, cl_uint num_events_in_wait_list, const cl_event*event_wait_list, cl_event*event)
```

其中：

command_queue：命令队列。该命令队列与存储对象在相同的上下文中。

buffer：要写入 OpenCL 设备内存的数据的存储对象。该存储对象由 clCreateBuffer 函数创建，对应于内核函数中指针类型的参数。

blocking_write：如果此参数取值为 CL_TRUE，则写入数据时进行阻塞，即直到数据写入完成时，宿主机程序才向下执行；反之，取值 CL_FALSE 为不阻塞，此时需要通过查询事件的状态来确定数据是否被写入完成。

offset：要写入的数据偏移量，以字节为单位。

size：要写入的数据大小，以字节为单位。

ptr：指向宿主机内存的指针。该指针指向要写入 OpenCL 设备的数据的首地址。

num_events_in_wait_list、event_wait_list 和 event：参见 clEnqueueReadBuffer()函数中的解释。

➢ clReleaseXXX()：释放 XXX 处的 OpenCL 资源。XXX 可以为 Kernel、Program、MemObject、CommandQueue、Context 等，分别为释放内存对象、释放程序对象、释放存储对象、释放命令队列、释放上下文。

8.3 OpenCL 程序优化

在 FPGA 上进行异构计算时，一般情况下会因为内核程序不能充分利用 FPGA 资源，使得并行速度并不太理想。所以本节主要针对这些问题，介绍一些 OpenCL 程序优化的方法。通过对 OpenCL 程序进行优化，可使内核程序更加高效，并且 FPGA 资源可以被充分利用，从而使程序达到加速优化的目的。

8.3.1 数据传输优化

在一段完整的 OpenCL 程序的运行过程中，存在需要并行加速的数据由主机到设备的传输和需要显示的数据由设备到主机的传输，而这种数据的传输过程是非常耗时的，所以在很多情况下，设计合理的数据传输策略是提升 FPGA 计算效率的重要方法。

(1) 合理使用 Buffer 类型，避免重复的数据传输，即在多个内核函数顺序执行的情况下，应该尽量使数据停留在设备内存上，这样在下一个内核函数执行前就不需要重新从宿主机内存传入数据，而是直接使用停留在设备内存上的数据，以此可以节省数据在主机和设备之间往返传送的时间。

(2) 由于内核程序的运行是在设备上进行的，因此当一个内核程序计算过程中需要中间数据时，可以在设备内存中申请空间来存放，在内核程序执行完之后对其进行释放即可。若在宿主机内存中存放中间数据，则首先应将中间数据由设备传入主机，当需要调用中间数据时再将其由宿主机传入设备。此过程过于烦琐耗时，因此将中间数据存放在设备内存中可以避免其在宿主机和设备之间的传输过程，以此来节约内核程序运行的时间。

(3) 当传输数据量不变时，应该提高数据在 FPGA 上计算量的比重。在一段内核程序执行过程中，存在算法执行时间和数据传输时间，为了平衡数据传输带来的性能损失，应该尽量提升 FPGA 计算在总体计算量中的比例。

8.3.2 内存访问优化

全局内存是影响 OpenCL 内核程序执行效率的主要因素，即影响性能的主要方面，包括访存次数和访存模式。

访存次数是指一段内核程序在执行过程中对全局内存进行读写操作的次数。如果对全局内存的访问过于频繁，就会造成相当大的性能损失，这主要是因为数据需要在不同的工作组之间来回传递。为了降低全局内存的访问次数，一种比较直接的方法是把只在工作组中共享的数据存放到本地内存中去。这样就避免了对全局内存的频繁访问，以此来节约访问内存中的数据时所消耗的时间。但是，以下两种情况需要把本地内存中的数据重新写入全局内存中：

(1) 因为 CPU 端的程序只能从全局内存中读取数据，所以当需要输出数据时，必须将数据写入全局内存以便于在输出设备上显示。

(2) 当数据需要在工作组之间进行交换时，首先需要将数据保存在全局内存中，然后再由另一个工作组读取。这是由于如果数据保存在本地内存中，则其中一个工作组没有权限访问其他工作组，因此无法实现数据在工作组之间的交换。

对于下面在 CPU 上实现循环操作的 C 语言代码，每次进入循环，数组 array 的索引加 1，由此可以遍历数组中的所有元素。

```
float *array = base;
for (int i = 0; i < len; i++)
```

```
{
        float elem = array[i];
        do(elem);
}
```

将上面的代码使用 OpenCL 实现时，需要利用多个工作节点分段来处理这个数组，例如下面这段 OpenCL 内核程序代码。

```
int thread = len/get_global_size(0);
float *array = base + thread *get_global_id(0);
for (int i = 0; i< thread; i++)
{
        float elem = array[i];
        do(elem);
}
```

内核程序首先将数组分成多个段，然后每个工作节点处理每段数据中的连续几个元素，这样的数据读取模式称为顺序访问模式，如图 8-12 所示。

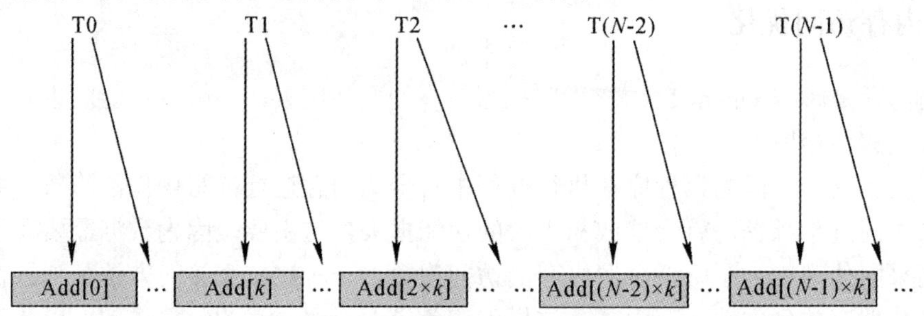

图 8-12 顺序访问模式示意图

此种访问模式中，每个工作节点访问数据中的连续一段，考虑到 FPGA 中的工作节点同时执行内核程序代码，那么当工作节点 0 访问 base[0]的元素时，则工作节点 1 访问 base[len/get_global_size(0)]的元素，同时工作节点 2 访问 base[2 × (len/get_global_size(0))]的元素。

由于数据在内存中是连续存放的，在上面的顺序访问模式中，当工作节点 0 访问 base[0]时，工作节点 1 没有访问 base[1]，而是访问 base[len/get_global_size(0)]，这种访问模式破坏了数据访问局部性的要求。因此，将上面的内核程序进行改进后的代码如下：

```
int global_sz = get_global_size(0);
int global_id = get_global_id(0);
float *array = base;
```

```
for (int i = 0; i < len; i += global_sz)
{
    float elem = array[i+global_id];
    do(elem);
}
```

改进后的数据读取模式称为聚合访问模式，如图 8-13 所示。

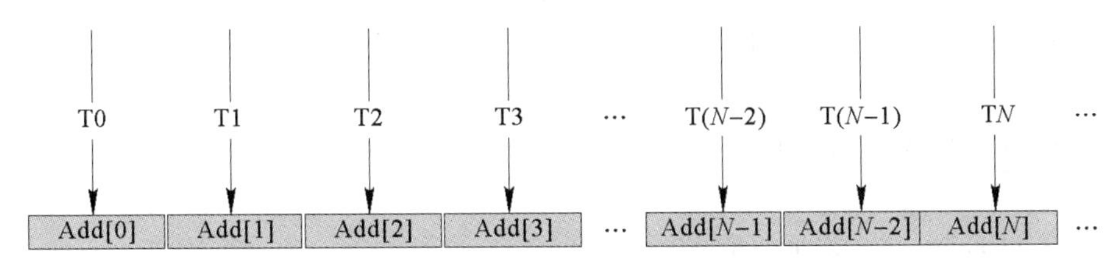

图 8-13　聚合访问模式示意图

从图 8-13 可以看出，当工作节点 0 访问 base[0]的元素时，工作节点 1 访问 base[1]的元素，工作节点 2 访问 base[2]的元素。利用此种数据读取模式，内核程序能够很好地利用数据读取的局部性，从而有效地提升内存读取的速度，这种读取数据的模式被称为聚合访问模式。对于写数据操作，这样的数据读取模式也同样适用。聚合读取模式可以减少 FPGA 中内存管理的数量，从而可以简化系统。

8.3.3　数据处理优化

1. 多内核计算单元

为了提高硬件资源的利用率，进而提高系统内核的吞吐量，编译器可以为每个内核函数生成多个内核计算单元，且每个计算单元都可以看成一个通路。一般情况下，每个计算单元可以同时执行多个工作组，只要计算单元尚未达到其最大容量，它就可以用于工作组的分配。假设每个工作组花费相同的时间来完成其执行，如果 FPGA 编译工具 AOC 实现两个内核计算单元，则每个计算单元执行一半的工作组。当然，还可以将工作组分配给更多的计算单元去执行，而且这些计算单元对工作组的执行是可以同时运行的。在编译的过程中，编译器不会自动确定内核的最佳计算单元数，可以使用 num_compute_units 来手动设置内核计算单元的数量。

对于一个简单的向量加法，设置内核计算单元的数量为 2，内核程序代码如下：

```
__attribute((num_compute_uints(2)))
__kernel void add(__global const float *a, __global const float *b, __global float *c)
{
```

```
        int global_id = get_global_id(0);
        c[global_id] = a[global_id] + b[global_id];
    }
```

2. 向量化

为进一步提高系统内核的吞吐量，还有一种方法是内核的向量化。向量化可以使多个工作组以 SIMD(Single Instruction Multiple Data，单指令多数据，即数据并行)方式进行工作，可以通过指示编译器将内核中的每个标量操作(例如加法或乘法)转换为 SIMD 操作。

对于一个简单的向量加法，内核程序代码为：

```
    __kernel void add(__global const float *a, __global const float *b, __global float *c)
    {
        int global_id = get_global_id(0);
        c[global_id] = a[global_id] + b[global_id];
    }
```

这个内核函数的功能是完成两个向量的相加，每个工作节点都有一个全局索引，以工作节点的全局索引为向量的索引，每个工作节点完成向量 ***a*** 中的一个元素和向量 ***b*** 中的一个元素的相加，所有的工作节点同时执行，完成整个向量中元素的相加。简单的向量加法的结构如图 8-14 所示。

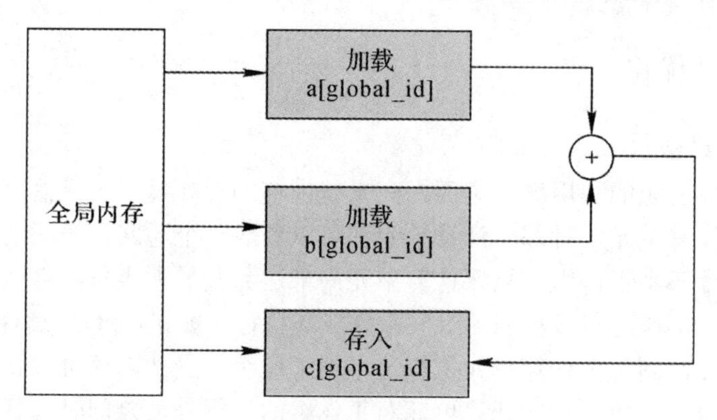

图 8-14　简单的向量加法的结构图

其中，每个工作节点负责两个元素的相加，这两个元素分别来自数组“a”和数组“b”，结果存放在数组“c”中。为了增加每个工作节点的运算量，可以通过 num_simd_work_items 命令来增加每个工作节点所负责的加法运算，数组加法向量化四次的内核程序的代码为：

```
    __attribute((num_simd_work_items(4)))
    __attribute((reqd_work_group_size(64, 1, 1)))
```

```
__kernel void add(__global const float *a, __global const float *b, __global float *c)
{
    int global_id = get_global_id(0);
    c[global_id] = a[global_id] + b[global_id];
}
```

向量化后的向量加法的结构如图 8-15 所示。

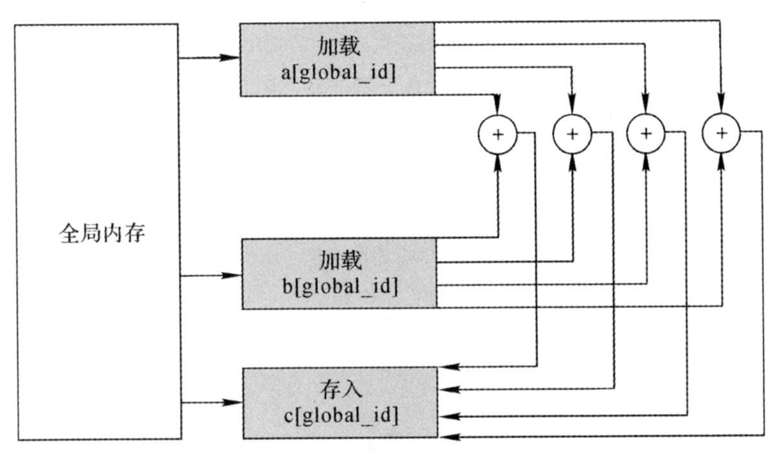

图 8-15　向量化后的向量加法的结构图

需要注意的是，在使用 num_simd_work_items 指令向量化内核程序时，还必须同时使用 reqd_work_group_size 指令指定内核所需工作组的大小，且向量化的次数必须均匀划分内核工作组的大小，即向量化的次数一定要能够被工作组的大小整除。在上面的代码示例中，内核具有的工作组大小为 64，向量化的次数是 4，显然 4 可以被 64 整除。经过以上改进，在编译器实现四个 SIMD 向量化通路后，每个工作节点是向量化之前的运算量的 4 倍。

另外，内核程序的向量化不是随意的，需要满足以下条件：

(1) 向量化的次数只能为 2、4、8 或者 16。

(2) 向量化的次数必须要被内核工作组的大小整除。

(3) 对于一些逻辑复杂的内核，不能进行向量化，这一点目前还没有衡量标准，只有靠设计者通过实践经验来总结。

在使用 AOC 编译工具对内核程序进行编译时，从编译信息中就可以得知向量化是否成功。如果编译工具报告的向量化因子与 num_simd_work_items 中的设置相同，则说明编译器成功进行了内核程序的向量化。

多内核计算单元和向量化都可以提高系统的运行效率，在一个内核程序中，可以同时使用两种方法进行优化，但是这两种方法的原理是不一样的。当使用 num_compute_units

指令指定内核计算单元数目时，编译器将根据设计者指定的次数复制整个内核程序的流水线，对不同工作组的工作节点进行优化；当使用 num_simd_work_items 向量化内核程序时，编译器对同一个工作组内的工作节点进行优化，并且复制流水线的数据通路。

一般情况下，内核程序的向量化比多内核计算单元具有更高的硬件利用率。不过，由于对内核进行向量化存在限制，因此可以联合使用向量化和多内核计算单元来对内核程序进行优化，以达到充分利用 FPGA 硬件资源的目的。联合使用向量化和多内核计算单元的内核程序代码如下：

```
__attribute((num_simd_work_items(4)))
__attribute((num_compute_units(3)))
__attribute((reqd_work_group_size(16, 1, 1)))
__kernel void add(__global const float *a, __global const float *b, __global float *c)
{
    int global_id = get_global_id(0);
    c[global_id] = a[global_id] + b[global_id];
}
```

3. 循环展开

如果 OpenCL 内核程序中包含循环迭代，则可以通过展开循环的方法来提高 FPGA 的运行效率。循环展开减少了编译器执行的迭代次数，但迭代次数的减少是以增加硬件资源消耗为代价的。循环展开的具体方法是在一段循环代码之前使用命令“#pragma unroll n”，其中“n”为需要展开的次数。

如果“n”未指定，则表示将循环完全展开。以下代码为将 for 循环完全展开的例子：

```
__kernel void vector_acc(__global const float *x, __const float *a, __global float *y)
{
    int global_id = get_global_id(0);
    float acc = 0;
    #pragma unroll
    for (k = 0; k < 4; k++)
    {
    acc += x[(global_id *4)+k] * a[k];
    }
    y[global_id] = acc;
}
```

其硬件结构如图 8-16 所示。

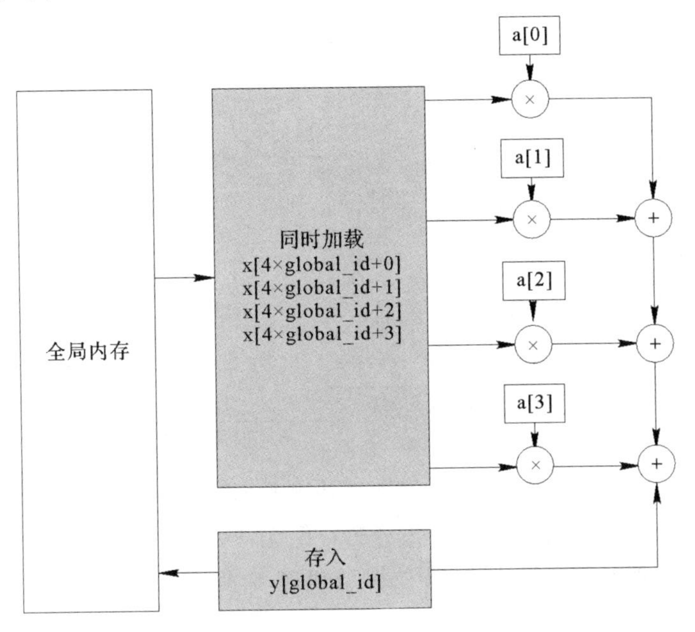

图 8-16　循环完全展开的硬件结构示意图

如果使用“#pragma unroll”时指定了循环展开的次数，则编译器将根据指定的数值进行循环展开，如以下代码所示：

```
__kernel void vector_acc(__global const float *x, __const float *a,    global float *y)
{
    int global_id = get_global_id(0);
    float acc = 0;
    #pragma unroll 2
    for (k = 0; k < 4; k++)
    {
        acc += x[(global_id *4)+k] * a[k];
    }
    y[global_id] = acc;
}
```

循环展开两次的硬件结构如图 8-17 所示。

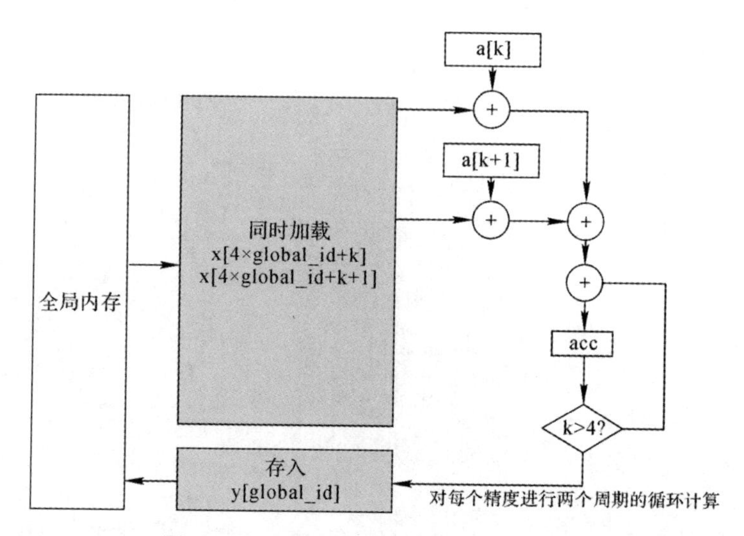

图 8-17　循环展开两次的硬件结构示意图

需要注意的是，在下面的情况下，编译器可能无法完全展开循环：

(1) 设置的循环展开次数较大，所占用的 FPGA 资源过多。

(2) 循环边界不是常量。

(3) 循环由复杂的控制流组成(例如，包含复杂数组索引的循环或在编译时未知的退出条件)。

对于上面列出的后两种情况，编译过程中会出现如下警告：

Full unrolling of the loop is requested but the loop bounds cannot be determined. The loop is not unrolled.

即请求完全展开循环，但无法确定循环边界，循环未展开。

要在这些情况下启用循环展开，可以通过“#pragma unroll n”指令来限制编译器展开的迭代次数。

4. 平衡树

对于 OpenCL 中的浮点运算操作，可以通过设置编译工具 AOC 来优化编译结果，从而获得更高效的目标代码。但这些优化可能会导致浮点结果的微小差异，在默认情况下有关浮点数的优化方法是关闭的，需要自己手动开启这些优化选项。

以平衡树为例，OpenCL 中的各种运算顺序的规则和 C 语言类似，如式(8-4)所示，括号的优先级最高，其次是乘法，最后是加法。

$$\text{result} = ((A \times B + C) + (D \times E)) + (F \times G) \tag{8-4}$$

在默认情况下 AOC 编译器将会为式(8-4)产生一个链式的计算结构，如图 8-18 所示。

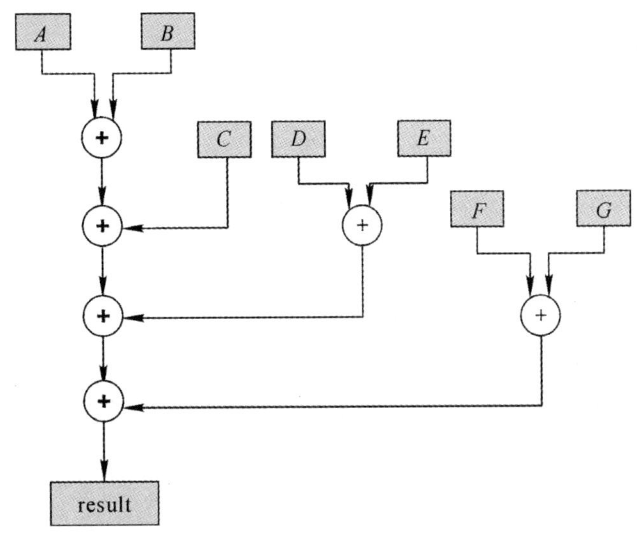

图 8-18　链式浮点计算结构示意图

图 8-18 中的链式计算结构较长且不够平衡，这将会导致更多硬件资源的消耗。为了解决结构不平衡带来的硬件资源的消耗，可采用平衡树的计算结构，如图 8-19 所示。

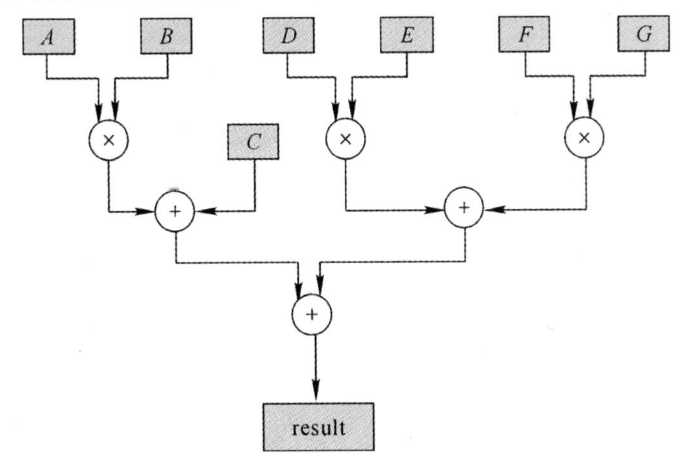

图 8-19　平衡树结构的浮点计算结构示意图

在编译过程中，AOC 编译软件不会自动将链式计算结构转化为树形结构，因为转化为平衡树结构后，将会对浮点计算的结构产生一些影响，从而导致计算结果出现一些误差。

如果需要使用平衡树来优化浮点数的运算，并且程序可以接受浮点结果中的小误差，那么可以通过在 AOC 命令中包含-fp-relaxed 选项来实现平衡树优化。AOC 编译命令如下所示：

```
aoc -fp-relaxed = true fpga_kernel.cl
```

8.3.4 其他优化手段

1. 运算精度

在某些应用中，浮点运算的四舍五入操作将消耗 FPGA 相当多的资源，但使用 AOC 编译时，这些四舍五入操作并不会自动减少，这时开发人员可以在编译时添加-fpc 参数。该参数的作用如下：

(1) 尽可能除去浮点运算中的四舍五入操作，以节省 FPGA 的资源。

(2) 为了保持运算结果的精度，保留多余的小数位数。

如果开发人员能够接受运算结果的较小误差，并希望通过在编译过程中优化浮点运算结构以减少硬件上的四舍五入操作，则可以通过在 AOC 命令中包含-fpc 选项来实现浮点运算结构的优化。AOC 编译命令如下所示：

```
aoc –fpc = true fpga_kernel.cl
```

2. 吞吐率

所谓吞吐率，是指单位时间内通过某通信信道或某个节点成功交付数据的平均速率，通常以每秒比特数为单位。对内核程序的任何改进优化都会生成吞吐率报告，开发人员可以通过查看报告来确认是否达到对内核程序改进的目的，而不用编译成目标文件。输出吞吐率报告的命令如下：

```
aoc -c fpga_kernel.cl -report
```

由于 FPGA 的编译时间比较长，因此开发人员应该在完成所有的优化工作之后再编译内核程序生成目标文件，以避免重复编译而影响开发进度。

8.3.5 矩阵乘法优化实例

矩阵 $\boldsymbol{A}$ 为$(a_{i,m})_{M,N}$，矩阵 $\boldsymbol{B}$ 为$(b_{n,j})_{N,P}$，矩阵 $\boldsymbol{C}$ 为矩阵 $\boldsymbol{A}$ 和 $\boldsymbol{B}$ 的乘积，即 $\boldsymbol{C}=\boldsymbol{A}\times\boldsymbol{B}$，以$(c_{i,j})_{M,P}$来表示，矩阵乘法的计算公式为

$$c_{i,j}=\sum_{n=1}^{N}a_{i,n}\times b_{n,j} \tag{8-5}$$

矩阵 $\boldsymbol{A}$、$\boldsymbol{B}$ 和 $\boldsymbol{C}$ 按行主序存储为一维数组，如果矩阵和数组的索引均从 0 开始，矩阵 $\boldsymbol{A}$ 的第 y 行、k 列的元素 $a_{y,k}$ 在数组中的索引为 $y\times N+k$，矩阵 $\boldsymbol{B}$ 的第 k 行、x 列的元素 $b_{k,x}$ 在数组中的索引为 $k\times P+x$，矩阵 $\boldsymbol{C}$ 的第 y 行、x 列的元素 $c_{y,x}$ 在数组中的索引为 $y\times P+x$。

按照矩阵乘法的公式，使用 3 层循环。在 CPU 上使用 C 语言实现的矩阵乘法如下：

```
void matrix_multiply(float * A, float * B, float * C, int M, int N, int P)
{
```

```
    int y, x, k;
    float sum;
    for(y = 0; y < M; y++)
        for(x = 0; x < P; x ++)
        {
            sum = 0;
            for(k = 0; k < N; k++)
                sum += A[y*N + k] * B[k*P + x];
        }
}
```

矩阵乘法有 3 层循环，第 1 层循环是为了计算矩阵 $\boldsymbol{C}$ 的行，第 2 层循环是为了计算矩阵 $\boldsymbol{C}$ 的列，第 3 层循环是为了计算矩阵 $\boldsymbol{C}$ 的每个元素。外面的两层循环是为了访问到矩阵 $\boldsymbol{C}$ 的每个元素，对于第 3 层循环来讲，矩阵 $\boldsymbol{C}$ 的每个元素的计算方法是相同的，只存在需要计算的数据上的差异。因此可以将工作空间按照矩阵 $\boldsymbol{C}$ 的大小划分为两个维度，每个工作节点代表矩阵 $\boldsymbol{C}$ 的一个元素，维度的索引从 0 开始，第 0 个维度代表矩阵 $\boldsymbol{C}$ 的列，包含 P 个工作节点，第 1 个维度代表矩阵 $\boldsymbol{C}$ 的行，包含 M 个工作节点，则工作空间的大小为 $M \times P$。如果工作空间的一个工作节点在第 0 个维度上的全局索引为 x，在第 1 个维度上的全局索引为 y，则此工作节点对应于矩阵 $\boldsymbol{C}$ 的第 y 行、x 列的元素，只要该工作节点能计算出矩阵 $\boldsymbol{C}$ 的第 y 行、x 列的元素，那么工作空间的整个工作节点同时执行，即有 $M \times P$ 个工作节点在同时计算，就可以计算出矩阵 $\boldsymbol{C}$ 的每个元素。

使用 OpenCL 语言实现矩阵乘法的内核函数为：

```
__kernel void matrix_multiply(const __global float *A, const __global float *B, __global float *C, int M, int N, int P)
{
    int global_x = get_global_id(0);
    int global_y = get_global_id(1);
    float sum = 0;
    for (int k = 0; k < N; k++)
    {
        sum += A[global_y*N + k] * B[k*P+ global_x];
    }
    C[global_y*P + global_x] = sum;
}
```

如图 8-20 所示，对于矩阵 **C** 中第 y 行、x 列元素，它是矩阵 **A** 中的第 y 行的元素和矩阵 **B** 中的第 x 列的元素的内积。当 FPGA 中全局索引为(x，y)的工作节点执行内核函数时，循环变量 k 由 0 增加到 N，矩阵 **A** 的第 y 行元素 $\boldsymbol{A}[y \times N + k]$ 以及矩阵 **B** 的第 x 列元素 $\boldsymbol{B}[k \times P + x]$ 都会被访问到，并且做内积运算，可以计算出矩阵 **C** 第 y 行、x 列的元素 $\boldsymbol{C}[y \times P + x]$，因此矩阵 **C** 中的每个元素使用 FPGA 中的一个工作节点进行计算，FPGA 之所以可以进行并行加速运算，就是因为多个工作节点同时进行计算。就矩阵的乘法而言，所有的元素的计算可以同时进行，运算速度会大大提升。

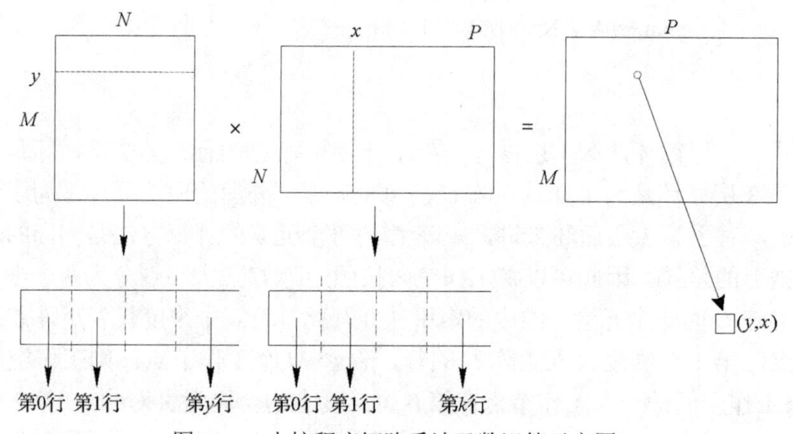

图 8-20 内核程序矩阵乘法函数运算示意图

程序在运行时总共有 $M \times P$ 个工作节点同时执行，每个工作节点中还有一个大小为 N 的 for 循环，循环里面每次分别读入矩阵 **A** 和矩阵 **B** 中的一个元素，所以综合起来一个内核函数会有 $M \times P \times N \times 2$ 个访问全局内存的操作。其次，每个工作节点计算出矩阵 **C** 的一个元素并保存，所以有 $M \times P$ 个对全局内存保存的操作，但这种操作并不是最优的，因为对全局内存的读写非常耗时。

对矩阵乘法的改进方法是将大矩阵进行分块，使用多个小矩阵的相乘来取代大矩阵的相乘，做法是引入工作组分块计算再相加，工作节点的大小没有改变，仍为 $M \times P$。不同的是，在同一个工作组中把全局矩阵 **A** 和 **B** 的对应值保存到本地内存中，之后同一工作组中的每个工作节点访问本地变量的速度相对于访问全局变量的速度快，所以可以实现优化的目的。

优化后的内核函数为：

```
#define BLOCK_SIZE 64
#define SIMD_WORK_ITEMS 4
__attribute((reqd_work_group_size(BLOCK_SIZE, BLOCK_SIZE, 1)))
__attribute((num_simd_work_items(SIMD_WORK_ITEMS)))
```

```
__kernel void matrix_multiply(const __global float *A, const __global float *B, __global float
*C, int M, int N, int P)
{
    int local_x = get_local_id(0);     //局部列索引
    int local_y = get_local_id(1);     //局部行索引
    int global_x = get_global_id(0); //全局列索引
    int global_y = get_global_id(1); //全局行索引
    __local float Asub[BLOCK_SIZE][ BLOCK_SIZE];
    __local float Bsub[BLOCK_SIZE][ BLOCK_SIZE];
    float sum = 0;
    for (int start_x = local_x, start_y=local_y*P; start_x<N; start_x+=BLOCK_SIZE,
     start_y+=BLOCK_SIZE*P)
    {
        //将全局内存的数据放入本地内存中
        Asub[local_y][local_x] = A[global_y*N + start_x];
        Bsub[local_y][local_x] = B[start_y + global_x];
        barrier(CLK_LOCAL_MEM_FENCE);
        #pragma unroll     //循环展开
        for (int k = 0; k < BLOCK_SIZE; k++)
        {
            sum += Asub[local_y][k] * Bsub[k][local_x];
        }
        barrier(CLK_LOCAL_MEM_FENCE);
    }
    C[global_y*P + global_x] = sum;
}
```

优化的过程一般分为三个步骤：

(1) 确定工作组的大小。

内核代码在 OpenCL 计算设备上的执行时间分为计算时间和控制时间。计算时间是进行计算任务所需的计算过程的执行时间，控制时间包括数据同步时间、数据存储时间等。所以可以通过增加计算时间和减少控制时间来提高运行的效率。增加计算时间主要是通过增加单个线程的计算任务来获取，由于大规模矩阵乘法需要大量的本地存储空间存储来自全局存储的计算数据，这会严重超出本地存储的容量限制，因而此方法并不适用。减少控制时间可以通过使用本地存储和减少重复访存次数来获得，这是优化的主要方向。

由于矩阵规模较大，一次性将所需数据全部拷贝到本地内存是不可行的，因而可以分批拷贝进行计算，如图 8-21 所示。

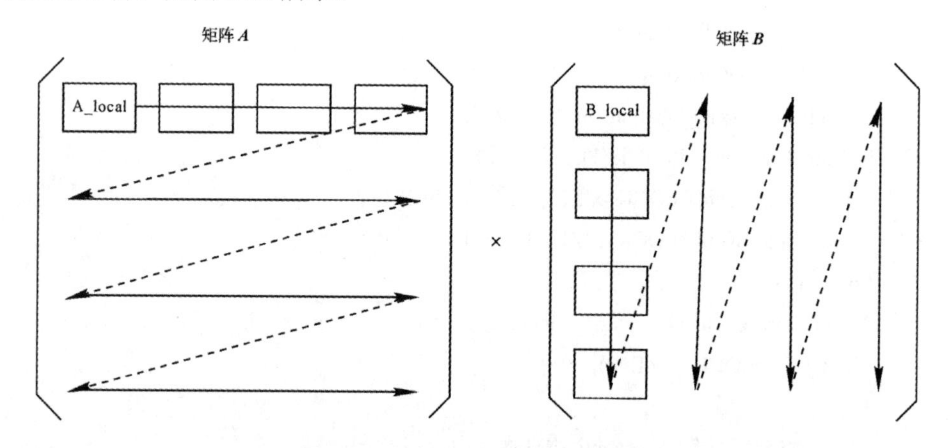

图 8-21 分批拷贝进行计算示意图

矩阵乘法实际上是一个乘累加的过程，因此可以将其分为多个部分，第一部分在乘累加完成后得到一个中间结果，再将其作为第二部分的基准参与后面的累加过程。这样可以充分利用本地内存访存速度快的优势以减少全局内存的访问。但是，在全局内存中对矩阵 ***A*** 和矩阵 ***B*** 的访存次数仍然是一样的，需要访问 ***A*** 矩阵 M 次，***B*** 矩阵 P 次(M 和 P 分别为矩阵 ***C*** 的行数和列数)，访存的重复率太高，因此可以通过设置合适的工作组来减少访存的重复率，如图 8-22 所示。

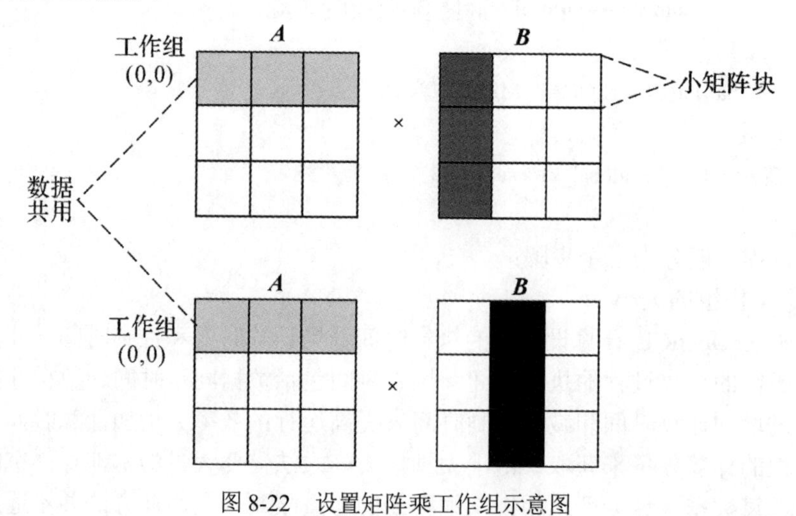

图 8-22 设置矩阵乘工作组示意图

在一个工作组的所有线程中，协作拷贝所需要的数据。

(2) 循环展开。

传统的矩阵乘法过程主要是一个通过循环控制的乘累加的过程，为提高运算效率可以将该循环展开。一个较为简单的方法是直接通过 pragma 命令中的 unroll 选项，将 for 循环展开为固定次数的拷贝结构。进行循环展开优化过程后，虽然综合结果性能与优化前的一样，但是会缩短内核的流水线深度。

(3) 向量化。

还可以通过向量化或多内核计算单元的优化过程来生成多个线程以实现线程的并行运算，这样不仅可以提高运算速度，同时还可以提高资源的利用率。若单独采用向量化，则最高可以进行 8 次向量化；若单独采用多内核计算单元，则最高可以进行 4 次向量化；若同时采用向量化和多内核计算单元，则可以进行 4 次向量化和生成 3 个计算单元。

向量化的过程为：

矩阵 $\boldsymbol{A}$ 的大小为 $M \times N$，矩阵 $\boldsymbol{B}$ 的大小为 $N \times P$，矩阵 $\boldsymbol{C}$ 的大小为 $M \times P$，在该过程中，矩阵 $\boldsymbol{A}$、$\boldsymbol{B}$ 和 $\boldsymbol{C}$ 的存放方式是将矩阵按行的形式存放成一维数组，将 $\boldsymbol{A}$ 中一个工作组的全局内存存放在本地内存 Asub 中，同理将 $\boldsymbol{B}$ 中一个工作组的全局内存存放在本地内存 Bsub 中，对应的工作组相乘，然后相加，最后得到矩阵 $\boldsymbol{C}$ 中相应位置一个工作组大小的矩阵相乘结果，图 8-23 所示为矩阵乘优化计算示意图。

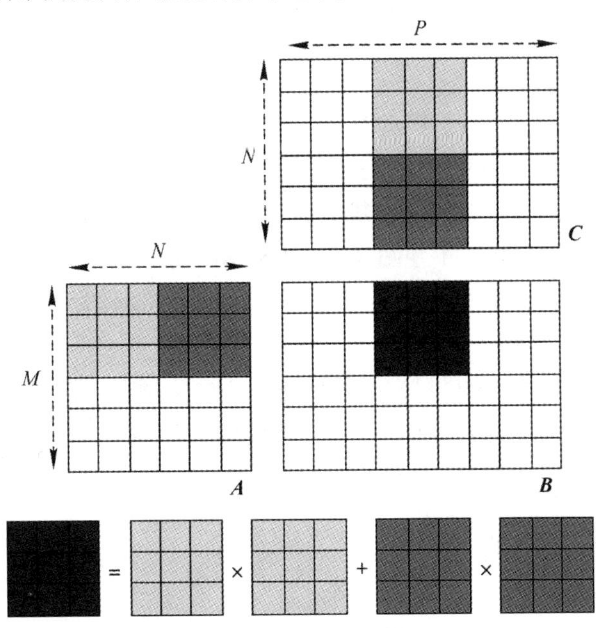

图 8-23　矩阵乘优化计算示意图

对于矩阵 ***A*** 的大小为 1024 × 1024，矩阵 ***B*** 的大小为 1024 × 1024 的矩阵乘法，核函数优化前后的时间以及在 CPU 上的运行时间如表 8-5 所示。

表 8-5　1024 × 1024 的两个矩阵做乘法的运行时间

运 行 方 式	时 间/s
CPU	5.25
FPGA/未优化	7.12
FPGA/矩阵块大小 = 16	2.63
FPGA/矩阵块大小 = 32	2.44
FPGA/矩阵块大小 = 64	2.36

8.4　OpenCL FPGA 实例

8.4.1　分类任务

1. 数据以及任务介绍

ImageNet 项目是一个用于视觉对象识别软件研究的大型可视化数据库，它包含超过 15 000 万张被标记的高分辨率图像，有大约 22 000 个类别，并使用亚马逊的 Mechanical Turk 工具进行标记。作为 Pascal 视觉对象挑战的一部分，名为 ImageNet 的大规模视觉识别挑战(ILSVRC)的年度竞赛从 2012 年开始举办。ILSVRC 使用 ImageNet 的一个子集，在 1000 个类别中分别拥有大约 1000 个图像，总共约 120 万个训练图像、50 000 个验证图像和 150 000 个测试图像。

DarkNet19 网络和 ResNet50 网络可在 ImageNet 数据集上实现图像的分类功能，其中模型的训练过程在 GPU 上进行，而模型的测试过程在 FPGA 上进行，使用的 FPGA 为 Intel 公司的 Arria 10 中的 660 系列。

2. DarkNet19 图像分类网络

1) 模型结构

表 8-6 为 DarkNet19 图像分类网络的结构。

表 8-6　DarkNet19 图像分类网络的结构

类 型	滤波器	滤波器尺寸/步长	输 入	输 出
Convolutional	32	3 × 3 / 1	256 × 256 × 3	256 × 256 × 32
Maxpool		2 × 2 / 2	256 × 256 × 32	128 × 128 × 32
Convolutional	64	3 × 3 / 1	128 × 128 × 32	128 × 128 × 64
Maxpool		2 × 2 / 2	128 × 128 × 64	64 × 64 × 64
Convolutional	128	3 × 3 / 1	64 × 64 × 64	64 × 64 × 128
Convolutional	64	1 × 1 / 1	64 × 64 × 128	64 × 64 × 64
Convolutional	128	3 × 3 / 1	64 × 64 × 64	64 × 64 × 128
Maxpool		2 × 2 / 2	64 × 64 × 128	32 × 32 × 128
Convolutional	256	3 × 3 / 1	32 × 32 × 128	32 × 32 × 256
Convolutional	128	1 × 1 / 1	32 × 32 × 256	32 × 32 × 128
Convolutional	256	3 × 3 / 1	32 × 32 × 128	32 × 32 × 256
Maxpool		2 × 2 / 2	32 × 32 × 256	16 × 16 × 256
Convolutional	512	3 × 3 / 1	16 × 16 × 256	16 × 16 × 512
Convolutional	256	1 × 1 / 1	16 × 16 × 512	16 × 16 × 256
Convolutional	512	3 × 3 / 1	16 × 16 × 256	16 × 16 × 512
Convolutional	256	1 × 1 / 1	16 × 16 × 512	16 × 16 × 256
Convolutional	512	3 × 3 / 1	16 × 16 × 256	16 × 16 × 512
Maxpool		2 × 2 / 2	16 × 16 × 512	8 × 8 × 512
Convolutional	1024	3 × 3 / 1	8 × 8 × 512	8 × 8 × 1024
Convolutional	512	1 × 1 / 1	8 × 8 × 1024	8 × 8 × 512
Convolutional	1024	3 × 3 / 1	8 × 8 × 512	8 × 8 × 1024
Convolutional	512	1 × 1 / 1	8 × 8 × 1024	8 × 8 × 512
Convolutional	1024	3 × 3 / 1	8 × 8 × 512	8 × 8 × 1024
Convolutional	1000	1 × 1 / 1	8 × 8 × 1024	8 × 8 × 1000
Avgpool		Global		1000
Softmax				

模型对应的配置文件为：

```
[net]
batch = 1                    #每次测试的图像的数量
subdivisions = 1             #在网络训练过程中，如果内存不够大，通常将batch图像平均分成
                              subdivisions份，每一份为batch/subdivisions张图像，当网络完成
                              subdivisions次迭代时，更新一次网络的参数
height = 256                 #输入图像的高度
width = 256                  #输入图像的宽度
channels = 3                 #输入图像的通道数
[convolutional]              #卷积层
batch_normalize = 1          #块归一化(Batch Normalization，BN)操作
filters = 32                 #卷积后输出的特征图个数
size = 3                     #卷积核的大小
stride = 1                   #卷积核移动的步长
padding = 1                  #当padding为0时，卷积核补边的大小由配置文件中的参数padding
                              决定，当padding不存在时，补边的大小为0；反之，当padding为
                              1时，补边的大小为size/2
activation = leaky           #激活函数为leaky函数
[maxpool]                    #池化层
Size = 2                     #池化的核的大小
Stride = 2                   #池化的核的步长
[convolutional]
batch_normalize = 1
filters = 64
size = 3
stride = 1
pad = 1
activation = leaky
[maxpool]
Size = 2
Stride = 2
[convolutional]
batch_normalize = 1
```

```
filters = 128
size = 3
stride = 1
pad = 1
activation = leaky
[convolutional]
batch_normalize = 1
filters = 64
size = 1
stride = 1
pad = 1
activation = leaky
[convolutional]
batch_normalize = 1
filters = 128
size = 3
stride = 1
pad = 1
activation = leaky
[maxpool]
Size = 2
Stride = 2
[convolutional]
batch_normalize = 1
filters = 256
size = 3
stride = 1
pad = 1
activation = leaky
[convolutional]
batch_normalize = 1
filters = 128
size = 1
```

```
stride = 1
pad = 1
activation = leaky
[convolutional]
batch_normalize = 1
filters = 256
size = 3
stride = 1
pad = 1
activation = leaky
[maxpool]
Size = 2
Stride = 2
[convolutional]
batch_normalize = 1
filters = 512
size = 3
stride = 1
pad = 1
activation = leaky
[convolutional]
batch_normalize = 1
filters = 256
size = 1
stride = 1
pad = 1
activation = leaky
[convolutional]
batch_normalize = 1
filters = 512
size = 3
stride = 1
pad = 1
```

```
activation = leaky
[convolutional]
batch_normalize = 1
filters = 256
size = 1
stride = 1
pad = 1
activation = leaky
[convolutional]
batch_normalize = 1
filters = 512
size = 3
stride = 1
pad = 1
activation = leaky
[maxpool]
Size = 2
Stride = 2
[convolutional]
batch_normalize = 1
filters = 1024
size = 3
stride = 1
pad = 1
activation = leaky
[convolutional]
batch_normalize = 1
filters = 512
size = 1
stride = 1
pad = 1
activation = leaky
[convolutional]
```

```
batch_normalize = 1
filters = 1024
size = 3
stride = 1
pad = 1
activation = leaky
[convolutional]
batch_normalize = 1
filters = 512
size = 1
stride = 1
pad = 1
activation = leaky
[convolutional]
batch_normalize = 1
filters = 1024
size = 3
stride = 1
pad = 1
activation = leaky
[convolutional]
Filters = 1000
Size = 1
Stride = 1
Pad = 1
Activation = linear
[avgpool]          #全局平均池化操作
[softmax]          #Softmax 函数，把上层的输出归一化为 0～1，作为各类别的预测概率
groups = 1         #将一个 Batch 中的数据分为 groups 个组进行计算
```

(1) Convolutional 层的计算。

卷积层是神经网络的主要组成部分，它可以进行图像的特征提取，得到图像的高级语义信息，若某一卷积层的输入特征图的大小为 $5 \times 5 \times 1$，卷积核的大小为 $3 \times 3 \times 1$，则卷积的过程如图 8-24 所示。

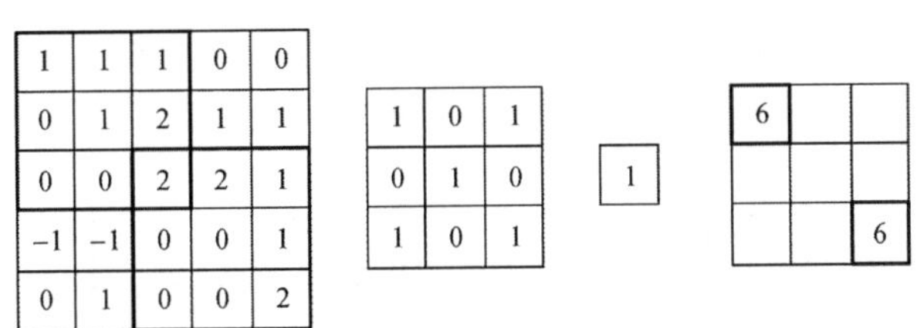

图 8-24　卷积过程示意图

其中，输出结果中左上角 6 的计算过程可以用图 8-25 表示，即

$$(1\times1+1\times0+1\times1+0\times0+1\times1+2\times0+0\times1+0\times0+2\times1)+1=6$$

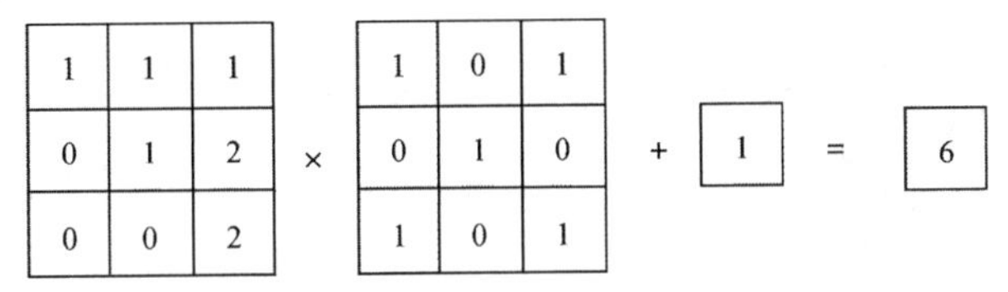

图 8-25　卷积输出计算过程示意图

随着卷积核在输入数据上的移动，其他输出数据的计算方式也一样。因为卷积核在宽度和高度上移动的步长均为 1，所以最终输出特征图的大小为(Input_size − Filter_size + 2 × padding)/Stride + 1。其中，Input_size 为输入特征图的大小，Filter_size 为卷积核的大小，Stride 为卷积核移动的步长，padding 为输入特征图的补边大小，在上面的计算中 padding=0，即没有补边。

由于卷积实际上进行的是元素之间的乘加操作，而矩阵乘法做的也是乘加，因此在实际运算时，通常将卷积转换为矩阵的乘法，具体过程如图 8-26 所示。首先将输入特征图周围补零，目的是使输入特征图经过卷积后，输出特征图和输入特征图的大小相同，然后再将 3 × 3 的卷积按行展开为一个长度为 9 的向量。

输入特征图（补边为1）

0	0	0	0	0	0
0	1	2	3	4	0
0	5	6	7	8	0
0	9	10	11	12	0
0	13	14	15	16	0
0	0	0	0	0	0

卷积核

0.1	0.2	0.3
0.4	0.5	0.6
0.7	0.8	0.9

卷积核展开

0.1	0.2	0.3	0.4	0.5	0.6	0.7	0.8	0.9

图 8-26　卷积核展开示意图

将 3 × 3 大小的卷积核在输入特征图上移动，扫过的区域如图 8-27 所示。

卷积核将会划过的像素

0	0	0		0	0	0		0	0	0		0	0	0
0	1	2		1	2	3		2	3	4		3	4	0
0	5	6		5	6	7		6	7	8		7	8	0

0	1	2		1	2	3		2	3	4		3	4	0
0	5	6		5	6	7		6	7	8		7	8	0
0	9	10		9	10	11		10	11	12		11	12	0

0	5	6		5	6	7		6	7	8		7	8	0
0	9	10		9	10	11		10	11	12		11	12	0
0	13	14		13	14	15		14	15	16		15	16	0

0	9	10		9	10	11		10	11	12		11	12	0
0	13	14		13	14	15		14	15	16		15	16	0
0	0	0		0	0	0		0	0	0		0	0	0

图 8-27　卷积核扫过区域示意图

最后将卷积核扫过的部分依次展开成长度为 9 的向量，然后将这些向量拼接起来组成矩阵，则卷积的操作实际上就转换成了一个矩阵和一个向量的乘法操作，如图 8-28 所示。

data_col

0	0	0	0	0	1	2	3	0	5	6	7	0	9	10	11
0	0	0	0	1	2	3	4	5	6	7	8	9	10	11	12
0	0	0	0	2	3	4	0	6	7	8	0	10	11	12	0
0	1	2	3	0	5	6	7	0	9	10	11	0	13	14	15
1	2	3	4	5	6	7	8	9	10	11	12	13	14	15	16
2	3	4	0	6	7	8	0	10	11	12	0	14	15	16	0
0	5	6	7	0	9	10	11	0	13	14	15	0	0	0	0
5	6	7	8	9	10	11	12	13	14	15	16	0	0	0	0
6	7	8	0	10	11	12	0	14	15	16	0	0	0	0	0

图 8-28　输入特征图转成矩阵

卷积操作流程图如图 8-29 所示。

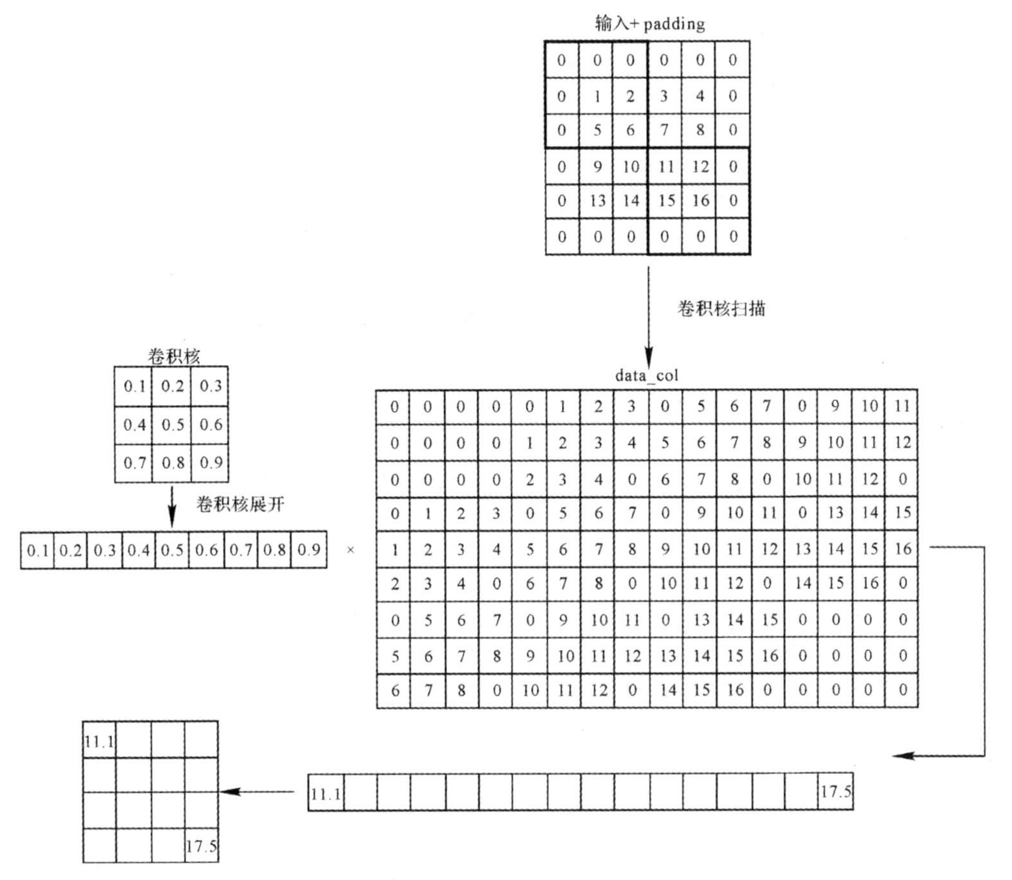

图 8-29　卷积操作流程图

输入特征图的数据格式有两种，分别为 NHWC 和 NCHW。其中，N 代表输入特征图的批量数，即输入特征图的个数；H 代表输入特征图的宽度；W 代表输入特征图的高度，C 代表输入特征图的通道数。TensorFlow 默认使用 NHWC 格式的数据，Caffe、YOLO 使用 NCHW 格式的数据，本书的数据格式为 NCHW。

对于 NCHW 数据格式的输入特征图，其大小为(batch, channels, in_height, in_width)。在内存中存储时，将输入特征图存储为一维数组，输入特征图的数据的索引为(b, ic, ih, iw)，则该数据在一维数组中的存储位置索引为 iw + ih × in_width + ic × in_width × in_height + offset，其中 offset = b × in_height × in_width × channels。将输入特征图中的第“b”个图像与卷积核做卷积，可以得到输出特征图的第“b”个图像，在输入特征图的维度“N”上做 batch 次循环，就得到了输出特征图的 batch 个图像。

当输入特征图在维度“N”上的索引为“b”，即输入特征图的第“b”个图像时，将图像转换为特征图矩阵的内核函数如下：

```
__kernel void im2col_kernel(const int n, int offset, __global const float *restrict data_im, const int
in_height, const int in_width, const int ksize, const int pad, const int stride, __global float *restrict data_col)
{
  int out_width = (in_width + 2 * pad - ksize) / stride + 1;     //输出特征图的宽度
  int out_height = (in_height + 2 * pad - ksize) / stride + 1;   //输出特征图的高度
  int thread_id = get_global_id(0) + get_global_size(0) * get_global_id(1);
  if(thread_id < n)   //n 个有效的工作节点，全局索引小于 n 的工作节点执行以下代码
  {
    int ow = thread_id % out_width;                     //特征图矩阵的列索引
    int oh = thread_id / out_width % out_height;   //特征图矩阵的行索引
    int ic = thread_id / out_width / out_height;      //输入图像的通道索引
    int w_offset = -pad;
    int h_offset = -pad;
    float in_val;
    for(int j = 0; j < ksize; ++j)
      for(int i = 0; i < ksize; ++i)
      {
        int iw = ow * stride - pad + i;   //输入图像的列索引
        int ih = oh * stride - pad + j;     //输入图像的行索引
        int in_idx = iw + ih * in_width + ic * in_width * in_height + offset; //输入特征图的数据在
                                                                              数组中的存储位置索引
        in_val = (iw >= 0 && iw < in_width && ih >= 0 && ih < in_height) ?data_im[in_idx] : 0.0;
                                                                      //特征图矩阵在(ih，iw)上的元素
        int oc_offset = ksize * ksize * ic * out_width * out_height;
        int out_idx = oc_offset + ow + oh * out_width + (i + ksize * j) * out_width *out_height;
                                                             //特征图矩阵的数据在数组中的存储位置索引
        data_col[out_idx] = in_val;
      }
  }
}
```

其中：

n：值为 out_height × out_width × channels，out_height 为输出特征图的高度，out_width

为输出特征图的宽度，channels 为输入特征图的通道数；

data_im：指向输入特征图的数据，在全局内存中以一维数组的形式存储；

ksize：卷积核的大小；

pad：输入特征图的补边大小；

stride：卷积核移动的步长；

offset：输入特征图的数据的地址在维度“N”上的相对于首地址的偏移量，即当维度“N”上的索引为“b”时，输入特征图的数据指针 data_im 越过的数据个数为 b × in_height × in_width × channels；

data_col：指向特征图矩阵的数据，输出的特征图矩阵的行数为 ksize × ksize × channels，列数为 out_height × out_width。特征图矩阵在全局内存中以一维数组的形式存储。

在内核函数中，对于全局索引为 thread_id 的工作节点，它需要将输入图像中以(oh−pad, ow−pad)，ksize × ksize，通道索引为 ic 的区域转化为列向量，这一向量在特征图矩阵中的起始位置为 oc_offset + ow + oh × out_width。为了便于说明，可以将由补边所产生的位于左边、上边元素的索引视为 −1，输入图像转化为特征图矩阵如图 8-30 所示。

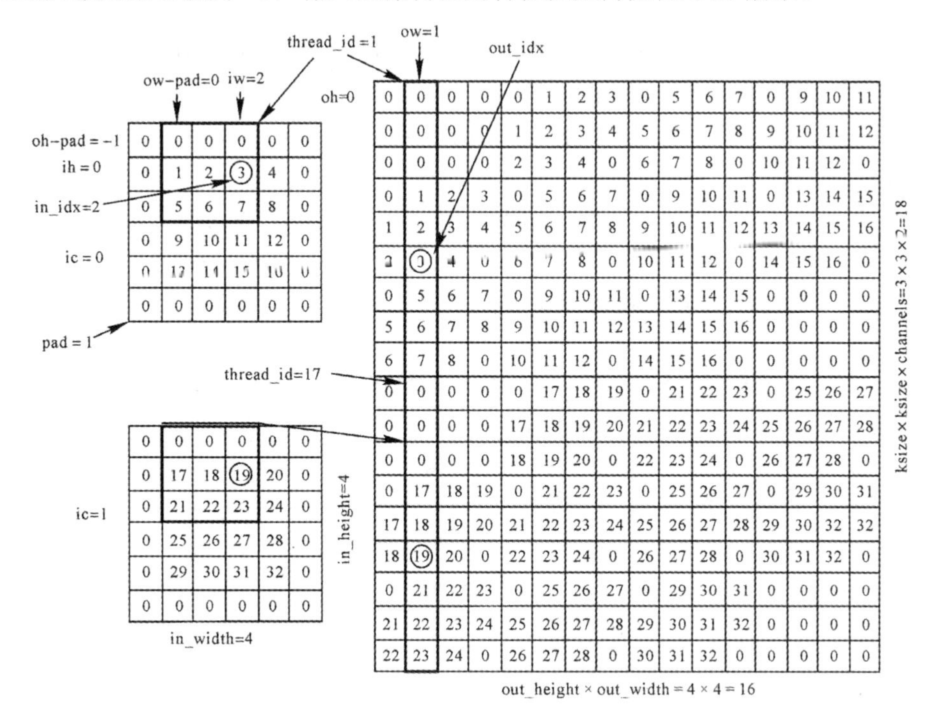

图 8-30　输入图像转化为特征图矩阵

在输入图像中的 ksize × ksize 大小的区域中，以 j 为行索引、i 为列索引遍历整个区域。

由于这一区域在整个输入图像中的位置为(oh−pad，ow−pad)，因此该区域中的元素在输入图像中的索引为(ih，iw)。输入图像在全局内存中以一维数组的形式存储，因此需要将元素在输入图像中的索引转化为元素的存储位置索引 in_idx。

内核函数执行时，每个工作节点产生一个列向量，当卷积核在输入图像上移动时，最终产生 out_width × out_height × channels 个区域，这一区域的大小为 ksize × ksize，由区域转化的列向量的维度为 ksize × ksize。在卷积的过程中，输入图像与卷积核对应相乘并且相加，因此将具有相同的行、列索引，不同的通道索引的区域所转化后的列向量在竖直方向上连接起来，产生 ksize × ksize × channels 的列向量，则列向量的个数为 out_width × out_height。这些列向量在水平方向上连接起来就产生了大小为(ksize × ksize × channels) × (out_width × out_height)的特征图矩阵。

对于输入图像的每个通道，特征矩阵有 ksize × ksize × out_width × out_height 个数据。在输入图像的一个通道上，当卷积核在输入图像上向右移动时，列向量的起始位置为 ow + oh × out_width。当区域转化为向量时，区域中索引为(j，i)的元素在向量中的索引为 i + j × ksize，该向量在特征矩阵中为列向量，向量中两个相邻元素在特征矩阵中的偏移为特征矩阵的列数，即 out_width × out_height。在特征图矩阵中，元素的行索引为 i × j × ksize + ksize × ksize × ic，列索引为 ow + oh × out_width，由于特征图矩阵以一组数组的形式存储在全局内存，因此特征图矩阵中元素存储位置的索引为 out_idx。对于某一个工作节点，ic、ow 和 oh 是确定的，此工作节点的任务是将输入图像中 ksize × ksize 大小区域中的元素填充到特征图矩阵中。

卷积核的大小为 n × ksize × kszie × channels，其中 n 为卷积核的输出通道数。将卷积核转化为 n × (ksize × kszie × channels)的矩阵，并将卷积核矩阵与特征图矩阵做矩阵乘法，得到输出图像，大小为 n × out_height × out_width，这是输入特征图中的一个图像经过卷积后得到的输出图像。

矩阵乘法的内核函数与 8.3.5 节经过优化后的算法差别不大，有两点区别：一是矩阵的大小并不总是为 BLOCK_SIZE 的整数倍，当矩阵的行索引或者是列索引超出矩阵的大小时，可将局部内存 A_local、B_local 中的元素设置为 0；二是内核函数的参数列表中添加了一个参数，为输入特征图在维度 N 上的偏置。这是由于每次只对输入特征图中的一张图像做卷积，加入偏置后，只需要一次将整个特征图的数据送入全局内存，当需要计算下一张图像时，改变偏置的值，就能访问下一张图像的数据。矩阵乘法的内核函数如下：

```
#define BLOCK_SIZE 64    //分块矩阵的大小
#ifndef SIMD_WORK_ITEMS
#define SIMD_WORK_ITEMS 4
#endif
```

```
__kernel
__attribute((reqd_work_group_size(BLOCK_SIZE, BLOCK_SIZE, 1)))
__attribute((num_simd_work_items(SIMD_WORK_ITEMS)))
void matrixMult(__global float *restrict C, __global float *restrict A, __global float *restrict B,
int A_width, int B_width, int A_height, unsigned long C_offset)
{
    __local float A_local[BLOCK_SIZE][BLOCK_SIZE];          //用于存储 A 的小矩阵
    __local float B_local[BLOCK_SIZE][BLOCK_SIZE];          //用于存储 B 的小矩阵
    int block_x = get_group_id(0);                          //工作组在列上的工作组索引
    int block_y = get_group_id(1);                          //工作组在行上的工作组索引
    int local_x = get_local_id(0);                          //工作节点在列上的局部索引
    int local_y = get_local_id(1);                          //工作节点在行上的局部索引
    int global_x = get_global_id(0);                        //工作节点在列上的全局索引
    int global_y = get_global_id(1);                        //工作节点在行上的全局索引
    int a_start = A_width * BLOCK_SIZE * block_y;
    int a_end = a_start + A_width - 1;
    int b_start = BLOCK_SIZE * block_x;
    float running_sum = 0.0f;
    bool A_F = BLOCK_SIZE * block_y + local_y < A_height;   //矩阵的行索引是否出界
    bool B_F = b_start + local_x < B_width;                 //矩阵的列索引是否出界
    int offset;
    for (int a = a_start, b = b_start; a <= a_end; a += BLOCK_SIZE, b += (BLOCK_SIZE * B_width))
    {
        offset = a - a_start;
        if(offset + local_x < A_width && A_F)               //判断矩阵 A 的索引是否出界
            A_local[local_y][local_x] = A[a + A_width * local_y + local_x];
        else
        A_local[local_y][local_x] = 0.0f;
        if(B_F && offset + local_y < A_width)               //判断矩阵 B 的索引是否出界
            B_local[local_x][local_y] = B[b + B_width * local_y + local_x];
        else
            B_local[local_x][local_y] = 0.0f;
        barrier(CLK_LOCAL_MEM_FENCE);                       //工作组拷贝数据的同步
```

```
        #pragma unroll
        for (int k = 0; k < BLOCK_SIZE; ++k)                    //对分块矩阵做乘法
        {
            running_sum += A_local[local_y][k] * B_local[local_x][k];
        }
        barrier(CLK_LOCAL_MEM_FENCE);
    }
    if(global_x < B_width && global_y < A_height)
    C[global_y * B_width + global_x + C_offset] = running_sum;
}
```

将输入图像转化为特征图矩阵时，卷积核矩阵与特征图矩阵相乘，可以得到一张输出图像，将这个过程应用于输入特征图中的所有图像，可以得到整个输出特征图，输出特征图的大小为 batch × n × (out_height × out_width)。可以将数据转化为 batch × n × out_height × out_width，这就是 NCHW 格式的数据。

(2) Maxpool 层。

Maxpool 层的作用是减小输入特征图的尺寸，但特征图的通道数不变。当池化核的步长为 2 时，池化层将输入特征图的大小变为原来的 1/2，特征图中的元素数目减小到原来的 1/4，降低特征图的分辨率，从而减少计算量。Maxpool 层的过程如图 8-31 所示，图中每个通道输入特征图的大小为 4 × 4，池化核的大小为 2，池化的步长为 2。首先将输入特征图按通道分开，然后将每个通道的 4 × 4 矩阵分割成 4 个 2 × 2 的正方形区域，将同一个通道上每个正方形区域的最大值重新组成一个新的输出通道，最后将所有通道的输出结果按原来的通道顺序连接起来，得到输出特征图，这就是 Maxpool 层的输出。

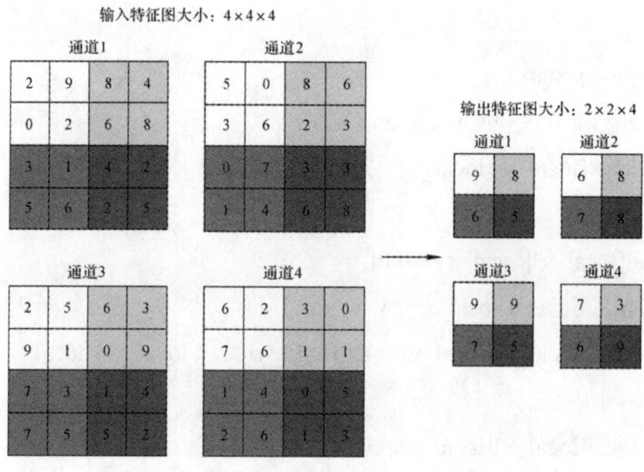

图 8-31　Maxpool 层处理过程示意图

输入特征图的数据大小为 batch × in_c × in_h × in_w，池化核的大小为 size，步长为 stride，池化的补边大小为 pad。最大池化的内核函数如下：

```
#define INF ~(1<<31)
__kernel void forward_maxpool_layer_kernel(int n, int in_h, int in_w, int in_c, int stride, int size, int pad, __global float *restrict input, __global float *restrict output, __global int *restrict indexes)
{
    int h = (in_h + 2 * pad) / stride;            //输出特征图的高度
    int w = (in_w + 2 * pad) / stride;            //输出特征图的宽度
    int c = in_c;                                 //输入通道数
    int id = get_global_id(1) * get_global_size(0) + get_global_id(0);
    if (id >= n) return;                          //有效的工作节点个数为 n
    int j = id % w;                               //输出特征图的列索引
    id /= w;
    int i = id % h;                               //输出特征图的行索引
    id /= h;
    int k = id % c;                               //输出特征图的通道索引
    id /= c;
    int b = id;                                   //输出特征图的批量索引
    int w_offset = -pad;                          //一般情况下，池化层的补为 0
    int h_offset = -pad;
    int out_index = j + w*(i + h*(k + c*b));      //输出特征图中元素的存储位置索引
    float max = -INF;                             //预先给定的一个非常小的数字，作为最小值
    int max_i = -1;                               //预先给定的存储位置索引的最小值
    int l, m;
    for (l = 0; l < size; ++l) {
        for (m = 0; m < size; ++m) {
            int cur_h = h_offset + i*stride + l;      //输入特征图的行索引
            int cur_w = w_offset + j*stride + m;      //输入特征图的列索引
            int index = cur_w + in_w*(cur_h + in_h*(k + b*in_c)); //输入特征图的位置索引
```

```
            int valid = (cur_h >= 0 && cur_h < in_h &&
                    cur_w >= 0 && cur_w < in_w);
            float val = (valid != 0) ? input[index] : -INF;     //判断索引值是否出界
            max_i = (val > max) ? index : max_i;                //每个池化区域的最大值的存储位置索引
            max = (val > max) ? val : max;                      //每个池化区域的最大值
        }
    }
    output[out_index] = max;
    indexes[out_index] = max_i;
}
```

其中：

n：输出特征图的数据的数量；

input：指向输入特征图的数据，以一维数组的形式存储在全局内存中；

output：指向输出特征图的数据，以一维数组的形式存储在全局内存中；

indexes：指向的全局内存区域用于存储池化过程中各个最大值的位置索引。

在池化过程中，可以将每个工作节点看作是输出特征图的一个元素，输出特征图中元素的索引为(b, k, I, j)，在一维数组中的位置索引为 out_index。每个工作节点有一个池化区域，大小为 size × size，工作节点以 l 为行索引，m 为列索引遍历整个区域，每个池化区域在输入特征图的起始位置的行索引为 h_offset + i × stride，列索引为 w_offset + j × stride，因此池化区域中元素的行索引为 cur_h，列索引为 cur_w，该元素在输入特征图中的位置索引为 index。在遍历过程中，如果元素的位置索引出界，则当前值 val 为 –INF。将当前值 val 与最大值 max 比较，保留最大值 max 及其位置索引 max_i。

2) DarkNet19 的分类过程

DarkNet19 是 YOLO V2 的基础网络，它包含 19 个卷积层。对于利用 ImageNet 数据集实现的图像分类任务，网络的输入是大小为 256 × 256 × 3 的图像，经过一系列卷积层的特征提取和池化层的降低数据维度，最后一个卷积层的输出数据大小为 8 × 8 × 1000；然后经过全局平均池化操作，将数据的大小变化为 1 × 1 × 1000；最后经过 Softmax 操作，输出长度为 1000 的向量，其内容表示测试图像被预测成 1000 个类别中各个类别的概率。

3) 实验结果

DarkNet 的目录结构如以下代码所示。Release 为根目录，在该根目录下有 9 个子目录。其中，backup 目录中存放模型的权重文件，cfg 目录中存放各网络的配置文件，data 目录中存放用来进行测试的图像，kernels 目录中存放核函数的源程序文件及其经过编译得到的 aocx 文件，obj 目录中存放 C 源程序文件经过编译生成的目标文件，srcs 目录中存放 C 源程序文件，include 目录中存放 C 源程序文件的头文件，Makefile 目录描述了 darkNet 的编译、链接等规则，darknet 为将目标文件链接后生成的可执行文件。

```
Release/
|->backup
    |->darknet19.weights
    |->resnet50.weights
    |->yolov2.weights
    |->yolov3.weights
|->cfg
    |->darknet19.cfg
    |->resnet50.cfg
    |->yolov2.cfg
    |->yolov3.cfg
    |->coco.data
    |->imagenet1k.data
|->data
    |->person.jpg
|->Imagenet2012_val
    |->ILSVRC2012_val_00000005.JPEG
|->kernels
    |->darknet.cl
    |->darknet.aocx
|->obj
|->srcs
|->include
|->Makefile
|->darknet
```

打开终端，进入 Release 目录，输入以下命令，可以运行 DarkNet19 图像分类程序：

```
./darknet classifier predict cfg/imagenet1k.data cfg/darknet19.cfg backup/darknet19.weights Imagenet2012_val/ILSVRC2012_val_00000005.JPEG
```

DarkNet19 分类网络的实验结果如图 8-32 所示，图中显示了 top5 的分类结果。在 FPGA

上运行时，平均每张图像的测试时间为0.397 875 s。

图8-32　DarkNet19图像分类网络的实验结果

3. ResNet50图像分类网络

1) 模型结构

ResNet50图像分类网络的结构如表8-7所示。

表8-7　ResNet50图像分类网络的结构

	操作	滤波器	核大小/步长	输入	输出
	Convolutional	64	7 × 7 / 2	256 × 256 × 3	128 × 128 × 64
	Maxpool		2 × 2 / 2	128 × 128 × 64	64 × 64 × 64
	Convolutional	64	1 × 1 / 1	64 × 64 × 64	64 × 64 × 64
	Convolutional	64	3 × 3 / 1	64 × 64 × 64	64 × 64 × 64
	Convolutional	256	1 × 1 / 1	64 × 64 × 64	64 × 64 × 256
	Shortcut			64 × 64 × 64	64 × 64 × 256
2 ×	Convolutional	64	1 × 1 / 1	64 × 64 × 256	64 × 64 × 64
	Convolutional	64	3 × 3 / 1	64 × 64 × 64	64 × 64 × 64
	Convolutional	256	1 × 1 / 1	64 × 64 × 64	64 × 64 × 256
	Shortcut			64 × 64 × 64	64 × 64 × 256
	Convolutional	128	1 × 1 / 1	64 × 64 × 256	64 × 64 × 128
	Convolutional	128	3 × 3 / 2	64 × 64 × 128	32 × 32 × 128
	Convolutional	512	1 × 1 / 1	32 × 32 × 128	32 × 32 × 512
	Shortcut			64 × 64 × 256	32 × 32 × 512
	Convolutional	128	1 × 1 / 1	32 × 32 × 512	32 × 32 × 128

续表

	操作	滤波器	核大小/步长	输入	输出
3 ×	Convolutional	128	3 × 3 / 1	32 × 32 × 128	32 × 32 × 128
	Convolutional	512	1 × 1 / 1	32 × 32 × 128	32 × 32 × 512
	Shortcut			32 × 32 × 512	32 × 32 × 512
	Convolutional	256	1 × 1 / 1	32 × 32 × 512	32 × 32 × 256
	Convolutional	256	3 × 3 / 2	32 × 32 × 256	16 × 16 × 256
	Convolutional	1024	1 × 1 / 1	16 × 16 × 256	16 × 16 × 1024
	Shortcut			32 × 32 × 512	16 × 16 × 1024
5 ×	Convolutional	256	1 × 1 / 1	16 × 16 × 1024	16 × 16 × 256
	Convolutional	256	3 × 3 / 1	16 × 16 × 256	16 × 16 × 256
	Convolutional	1024	1 × 1 / 1	16 × 16 × 256	16 × 16 × 1024
	Shortcut			16 × 16 × 1024	16 × 16 × 1024
	Convolutional	512	1 × 1 / 1	16 × 16 × 1024	16 × 16 × 512
	Convolutional	512	3 × 3 / 2	16 × 16 × 512	16 × 16 × 512
	Shortcut			16 × 16 × 1024	16 × 16 × 2048
2 ×	Convolutional	512	1 × 1 / 1	8 × 8 × 2048	8 × 8 × 512
	Convolutional	512	3 × 3 / 1	8 × 8 × 512	8 × 8 × 512
	Convolutional	2048	1 × 1 / 1	8 × 8 × 512	8 × 8 × 2048
	Shortcut			8 × 8 × 2048	8 × 8 × 2048
	Avgpool			8 × 8 × 2048	2048
	Convolutional	1000	1 × 1 / 1		1 × 1 × 1000
	Softmax				1000

模型对应的配置文件为：

```
[net]
#测试
batch = 1
subdivisions = 1
height = 256
```

```
width = 256
channels = 3
[convolutional]
batch_normalize = 1
filters = 64
size = 7
stride = 2
pad = 1
activation = leaky
[maxpool]
size = 2
stride = 2
[convolutional]
batch_normalize = 1
filters = 64
size = 1
stride = 1
pad = 1
activation = leaky
[convolutional]
batch_normalize = 1
filters = 64
size = 3
stride = 1
activation = leaky
[convolutional]
batch_normalize = 1
filters = 256
size = 1
stride = 1
```

```
pad = 1
activation = linear
[shortcut]   #Shortcut 层
from = -4   #将上一层的输出与从当前层开始的倒数第四层的输出相加，作为当前层的输出
activation = leaky
[convolutional]
batch_normalize = 1
filters = 64
size = 1
stride = 1
pad = 1
activation = leaky
...
[convolutional]
batch_normalize = 1
filters = 2048
size = 1
stride = 1
pad = 1
activation = linear
[shortcut]
from = -4
activation = leaky
[avgpool]   #全局平均池化，输出的特征图的宽度和高度均为 1
[convolutional]
filters = 1000
size = 1
stride = 1
pad = 1
activation = linear
```

[softmax]

groups = 1

2) ResNet50 的分类过程

与 DarkNet19 相比，ResNet50 的特点是使用了 Shortcut 直连连接，图 8-33 显示了该结构。

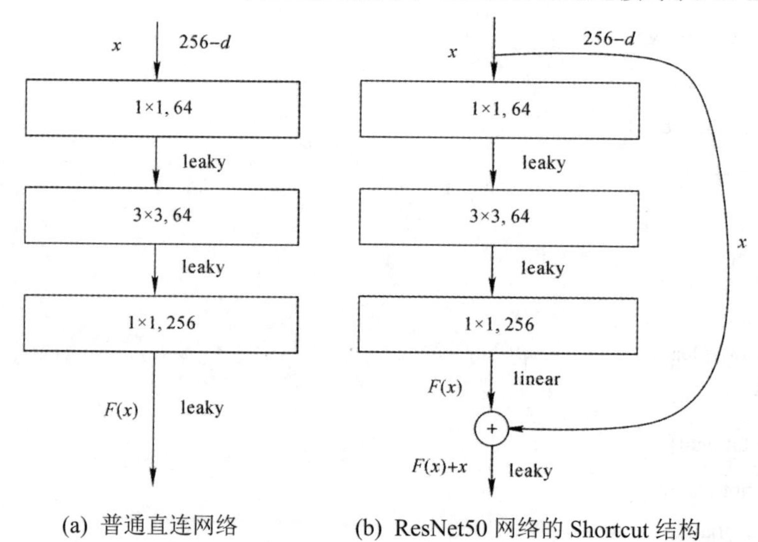

(a) 普通直连网络　　(b) ResNet50 网络的 Shortcut 结构

图 8-33　普通网络与 ResNet50 网络对比

图 8-33 中，leaky 函数为

$$y=\begin{cases}x & x>0\\ 0.1\times x & x\leqslant 0\end{cases} \tag{8-6}$$

假定某段网络的输入为 x，期望输出为 $H(x)$，若直接把 x 传输到输出作为结果，则此时需要学习的目标就是 $F(x) = H(x) - x$，相当于将网络的学习目标改变了，不再学习完整的输出，而是学习输出与输入的差 $H(x) - x$，即残差。

ResNet50 的 Shortcut 层采用了三层的残差学习单元，该学习单元在 3 × 3 的卷积层前后都使用 1 × 1 卷积，对于输入特征图，前一个 1 × 1 卷积减少特征图的通道数目，后一个 1 × 1 卷积增加特征图的通道数目，以此减小 3 × 3 卷积的权重的参数，同时恢复输出特征图的通道数目，使其与输入特征图一致。如图 8-33 所示，普通直连网络与 ResNet50 网络的 Shortcut 结构的主要区别在于，Shortcut 结构在输入时引一条旁路支线将输入特征直接连接到后面的层，使后面的层可以直接学习该输入特征，从而保护了信息的完整性。

对于使用 ResNet50 网络在 ImageNet 数据集上实现的图像分类任务，输入是大小为

256 × 256 × 3 的图像，经过一系列卷积层的特征提取，得到了 8 × 8 × 2048 的输出特征；然后经过全局平均池化操作，得到 1 × 1 × 2048 的输出特征，即 2048 维的特征向量；再经过全连接层将其转化为 1000 维的特征向量，其中 1000 为 ImageNet 数据集的类别数目；最后采用 Softmax 层，输出 1000 维的特征向量，其内容表示测试图像被预测成 1000 个类别中各个类别的概率。

Shortcut 层有两个输入特征图，输入特征图 1 的数据大小为 batch × c1 × h1 × w1，输入特征图 2 的数据大小为 batch × c1 × h2 × w2。Shortcut 层的内核函数如下：

```
__kernel void shortcut_kernel(int size, int minw, int minh, int minc, int stride, int sample, intbatch, int w1, int h1, int c1, __global float*restrict add, int w2, int h2, int c2 , __global float *restrict out)
{
  int id = get_global_id(1) * get_global_size(0) + get_global_id(0);
  if (id >= size) return;   //有效的工作节点数为 size
  int i = id % minw;        //输出特征图的列索引
  id /= minw;
  int j = id % minh;        //输出特征图的行索引
  id /= minh;
  int k = id % minc;        //输出特征图的通道索引
  id /= minc;
  int b = id % batch;       //输出特征图的批次索引
  int out_index = i*sample + w2*(j*sample + h2*(k + c2*b));   //输入特征图 2 的元素的位置索引
  int add_index = i*stride + w1*(j*stride + h1*(k + c1*b));   //输入特征图 1 的元素的位置索引
  out[out_index] += add[add_index];
}
```

其中：

size：输入数据的个数，值为 batch × minw × minh × minc；

add：指向输入特征图 1 的数据，以一维数组的形式存储在全局内存中；

out：指向输入特征图 2 的数据，以及输出的结果，以一维数组的形式存储在全局内存中；

minw：min{w1，w2}，取 w1 与 w2 中的较小值，其中 w1 为输入特征图 1 的宽度，w2 为输入特征图 2 的宽度；

minh：min{h1，h2}，取 h1 与 h2 中的较小值，其中 h1 为输入特征图 1 的高度，h2 为输入特征图 2 的高度；

minc：min{c1，c2}，取 c1 与 c2 中的较小值，其中 c1 为输入特征图 1 的通道数目，c2 为输入特征图 2 的通道数目；

stride：max{w1/w2，1}，取 w1/w2 与 1 中的较大值；

sample：max{w2/w1，1}，取 w2/w1 与 1 中的较大值。

两个输入特征图上的对应元素相加，在大小为(batch，minc，minh，minw)的特征图上，工作节点 id 对应的索引为(b, k, j, i)，由 w1 与 w2 的比值得出工作节点 id 在输入特征图 1 上访问的元素的索引为(b, k, j × stride, i × stride)，由 w2 与 w1 的比值得出工作节点 id 在输入特征图 2 上访问的元素的索引为(b, k, j × sample, i × sample)，两个输入特征图的数据都是以一维数组形式存储在全局内存中。因此在输入特征图 1 上，工作节点访问的元素的存储位置索引为 add_index；在输入特征图 2 上，工作节点访问的元素的存储位置索引为 out_index。Shortcut 层的输出结果存储在输入特征图 2 上。

当 w1 = w2 时，Shortcut 层的输出特征图与输入特征图的大小是相同的，工作节点将输入特征图 1 和输入特征图 2 上的元素对应相加，把计算结果存储在输入特征图 2 上，如图 8-34 所示。

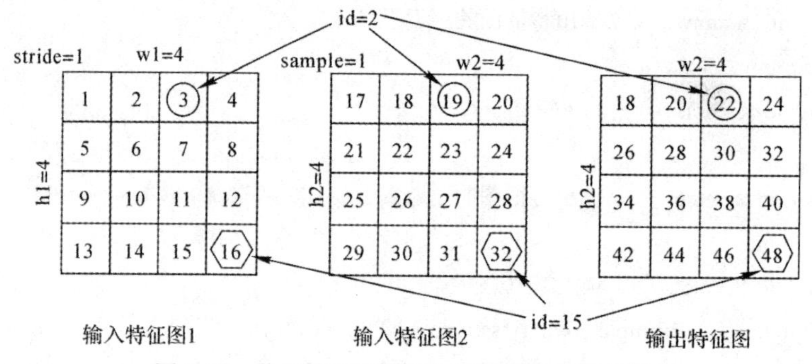

图 8-34　输出特征图与输入特征图的大小相同

当 w1 > w2 时，Shortcut 层在较小的特征图上输出结果，minw = w2，stride = max{w1/w2，1} = w1/minw，sample = max{w2/w1，1} = 1，如图 8-35 所示。在输入特征图 1 上，两个相邻的工作节点所访问元素的位置索引之间相差 stride；在输入特征图 2 上，位置索引相差 1，正好是 sample 的取值。

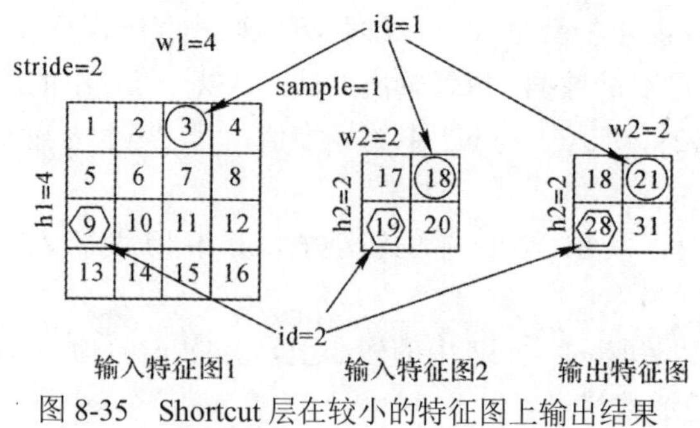

图 8-35　Shortcut 层在较小的特征图上输出结果

当 w1 < w2 时，Shortcut 层在较大的特征图上输出结果，如图 8-36 所示。同样可以得到在输入特征图 1 上，两个相邻的工作节点所访问元素的位置索引之间相差 stride，在输入特征图 2 上，位置索引相差 sample。

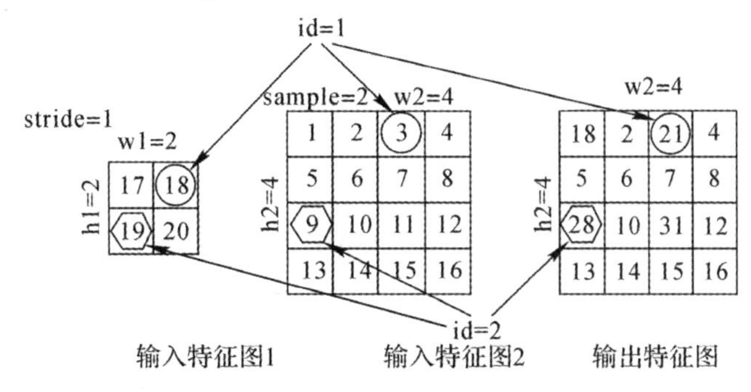

图 8-36　Shortcut 层在较大的特征图上输出结果

3) 实验结果

打开终端，进入 Release 目录，输入以下命令，可以运行 ResNet50 图像分类程序：

```
./darknet classifier predict cfg/imagenet1k.data cfg/resnet50.cfg backup/resnet50.weights Imagenet2012_val/ILSVRC2012_val_00000005.JPEG
```

ResNet50 分类网络的实验结果如图 8-37 所示，图中显示了 top5 的分类结果。在 FPGA 上运行时，平均每张图像的测试时间为 0.710 166 s。

图 8-37　ResNet50 图像分类网络的实验结果

8.4.2　目标检测

1. 数据及任务介绍

MSCOCO 数据集是 Microsoft 构建的一个数据集，其包含物体检测、语义分割、关键点检测等任务。它除了图像以外还提供物体检测、分割和对图像的语义文本描述信息。MSCOCO 数据集中的图像分为训练、验证和测试集，有超过 200 000 张图像，80 种物体类别，所有的物体实例都有精确的检测和分割标注，共标注了超过 500 000 个物体实体。

使用 YOLO V2 网络和 YOLO V3 网络可在 MSCOCO 数据集上实现物体检测的功能，其中模型的训练过程在 GPU 上进行，而模型的测试过程在 FPGA 上进行，使用的 FPGA 为 Intel 公司的 Arria 10 中的 660 系列。

2. YOLO V2 物体检测模型

1) 模型结构

YOLO V2 物体检测网络的结构如表 8-8 所示。

表 8-8　YOLO V2 物体检测网络的结构

操作	滤波器	核尺寸/步长	输入	输出
Convolutional	32	3 × 3 / 1	416 × 416 × 3	416 × 416 × 32
Maxpool		2 × 2 / 2	416 × 416 × 32	208 × 208 × 32
Convolutional	64	3 × 3 / 1	208 × 208 × 32	208 × 208 × 64
Maxpool		2 × 2 / 2	208 × 208 × 64	104 × 104 × 64
Convolutional	128	3 × 3 / 1	104 × 104 × 64	104 × 104 × 128
Convolutional	64	1 × 1 / 1	104 × 104 × 128	104 × 104 × 64
Convolutional	128	3 × 3 / 1	104 × 104 × 64	104 × 104 × 128
Maxpool		2 × 2 / 2	104 × 104 × 128	52 × 52 × 128
Convolutional	256	3 × 3 / 1	52 × 52 × 128	52 × 52 × 256
Convolutional	128	1 × 1 / 1	52 × 52 × 256	52 × 52 × 128
Convolutional	256	3 × 3 / 1	52 × 52 × 128	52 × 52 × 256
Maxpool		2 × 2 / 2	52 × 52 × 256	26 × 26 × 256
Convolutional	512	3 × 3 / 1	26 × 26 × 256	26 × 26 × 512
Convolutional	256	1 × 1 / 1	26 × 26 × 512	26 × 26 × 256
Convolutional	512	3 × 3 / 1	26 × 26 × 256	26 × 26 × 512
Convolutional	256	1 × 1 / 1	26 × 26 × 512	26 × 26 × 256
Convolutional	512	3 × 3 / 1	26 × 26 × 256	26 × 26 × 512
Maxpool		2 × 2 / 2	26 × 26 × 512	13 × 13 × 512
Convolutional	1024	3 × 3 / 1	13 × 13 × 512	13 × 13 × 1024
Convolutional	512	1 × 1 / 1	13 × 13 × 1024	13 × 13 × 512
Convolutional	1024	3 × 3 / 1	13 × 13 × 512	13 × 13 × 1024

续表

操作	滤波器	核尺寸/步长	输入	输出
Convolutional	512	1 × 1 / 1	13 × 13 × 1024	13 × 13 × 512
Convolutional	1024	3 × 3 / 1	13 × 13 × 512	13 × 13 × 1024
Convolutional	1024	3 × 3 / 1	13 × 13 × 1024	13 × 13 × 1024
Convolutional	1024	3 × 3 / 1	13 × 13 × 1024	13 × 13 × 1024
Route	16			
Convolutional	64	1 × 1 / 1	26 × 26 × 512	26 × 26 × 64
Reorg		/ 2	26 × 26 × 64	13 × 13 × 256
Route	2724			
Convolutional	1024	3 × 3 / 1	13 × 13 × 1280	13 × 13 × 1024
Convolutional	425	1 × 1 / 1	13 × 13 × 1024	13 × 13 × 425
Detection				

模型对应的配置文件为：

```
[net]
# Testing
batch = 1
width = 416
height = 416
channels = 3
[convolutional]
batch_normalize = 1
filters = 32
size = 3
stride = 1
pad = 1
activation = leaky
[maxpool]
size = 2
stride = 2
...
```

```
[convolutional]
batch_normalize = 1
size = 3
stride = 1
pad = 1
filters = 1024
activation = leaky
[route]                   #将前面某一层的输出接过来
layers = -9               #从当前层开始，倒数第 9 层的输出作为当前层的输出
[convolutional]
batch_normalize = 1
stride = 1
pad = 1
filters = 64
activation = leaky
[reorg]                   #将输入特征图的数据重新排列
stride=2                  #输出特征图的宽度和高度为输入的 2 倍
[route]
layers = -1, -4   #从当前层开始，将倒数第 1、4 层输出在通道维度上连接起来，作为当前层的输出
[convolutional]
batch_normalize = 1
size = 3
stride = 1
pad = 1
filters = 1024
activation = leaky
[convolutional]
size = 1
stride = 1
pad = 1
filters = 425
activation = linear
[region]
```

anchors = 0.57273, 0.677385, 1.87446, 2.06253, 3.33843, 5.47434, 7.88282, 3.52778, 9.77052, 9.16828

//物体检测的先验框，用于预测物体的宽度和高度；分为 5 组，每组 2 个值，第 1 个值为宽度，第 2 个值为高度

```
classes = 80          //COCO 数据集的类别数
coords = 4            //预测框的中心点坐标 x、y 和宽度 w，以及高度 h
num = 5               //Anchors 的数目
softmax = 1           //使用 softmax 输出每个类别的得分
thresh = .6           //检测得分的阈值
random = 1            //用多尺度进行训练
```

另外，对于网络中的 Route(重组织)层、Reorg(聚合)层，其解释如下。

(1) Route 层。Route 层的作用是将之前某些层的输出作为本层的输入，在通道的维度上将输入连接起来，以此作为本层的输出特征图，要求输入层的特征图对应的宽度和高度必须相等。例如，输入层 1 的特征图输入大小为 2 × 2 × 4，输入层 2 的特征图输入大小为 2 × 2 × 6，则经 Route 层处理后的输出大小为 2 × 2 × 10，具体的变换方式如图 8-38 所示。

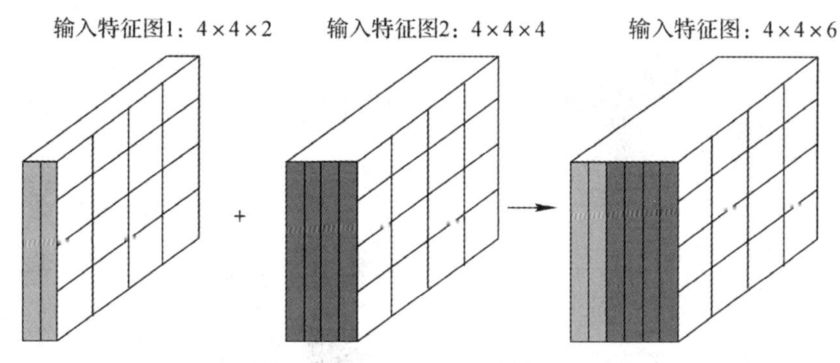

图 8-38　Route 层的处理过程示意图

在图 8-38 中，Route 层两个输入特征图的数据格式为 NCHW，输入特征图 1 的大小为 batch × h × w × c1，输入特征图 2 的大小为 batch × h × w × c2。两个输入特征图中都有 batch 张图像，分别选出两个输入特征图中的第 b 张图像，将其在通道的维度上连接起来，输出的图像大小为 h × w × (c1 + c2)，在两个输入特征图的维度 N 上做 batch 次循环，就得到了输出特征图，大小为 batch × h × w × (c1 + c2)。

Route 层中复制一张图像的内核函数为：

```
__kernel void copy_kernel(int N, __global float *restrict X, int OFFX, int INCX, __global float *restrict Y, int OFFY, int INCY)
{
```

```
        int i = get_global_id(1) * get_global_size(0) + get_global_id(0);
        if (i < N) Y[i*INCY + OFFY] = X[i*INCX + OFFX];
    }
```

其中：

N：图像中的元素个数，对于输入特征图 1 中的一张图像，大小为 c1 × h × w；

X：指向输入的图像数据，以一维数组的形式存储在全局内存中；

Y：指向输出的图像数据，以一维数组的形式存储在全局内存中；

OFFX：输入的第 b 张图像的内存地址相对于输入特征图的首地址的偏移量；

OFFY：输出的第 b 张图像的内存地址相对于输出特征图的首地址的偏移量。

(2) Reorg 层。Reorg 层的功能是将某一层的输出尺寸变换为当前层输入所需要的尺寸，但是不改变数据量。若 Reorg 层的输入大小为 4 × 4 × 4，经过 Reorg 层处理后的输出大小为 2 × 2 × 16，具体的变换方式如图 8-39 所示。

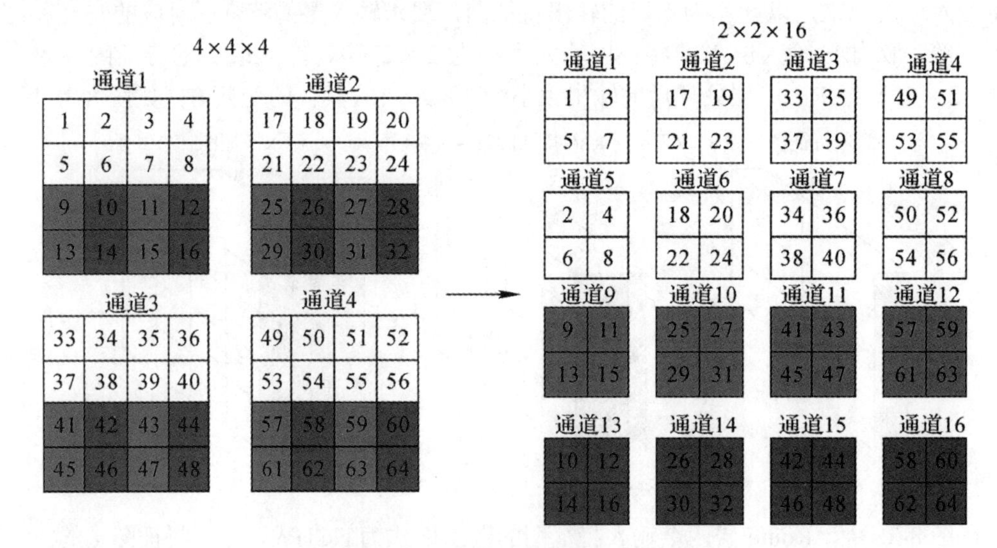

图 8-39　Reorg 层处理过程示意图

Reorg 层的输入特征图的大小为 batch × c × h × w。Reorg 层的内核函数如下：

```
    __kernel void reorg_kernel(int N, __global float *restrict x, int w, int h, int c, int batch, int stride, int forward, __global float *restrict out)
    {
        int i = get_global_id(1) * get_global_size(0) + get_global_id(0);
        if (i < N)   //有效的工作节点数目为 N
        {
```

```
            int in_index = i;
            int in_w = i%w;                    //输入特征图的列索引
            int in_h = i / w%h;                //输入特征图的行索引
            int in_c = i / w / h%c;            //输入特征图的通道索引
            int b = i / w / h / c%batch;       //输入特征图的批量索引
            int out_c = c / (stride*stride);   //输出特征图的通道数目
            int c2 = in_c % out_c;             //对输入特征图进行分组，计算输出特征图的通道索引
            int offset = in_c / out_c;         //输入特征图的通道在输出特征图某个通道中的位置
            int w2 = in_w*stride + offset % stride;    //输出特征图中的列索引
            int h2 = in_h*stride + offset / stride;    //输出特征图中的行索引
            int out_index = w2 + w*stride*(h2 + h*stride*(c2 + out_c*b)); //输出特征图元素的位置
            if (forward) out[out_index] = x[in_index];
            else out[in_index] = x[out_index];
        }
    }
```

其中：

N：输入数据的数量，为 batch × c × h × w；

x：指向输入特征图的数据，以一维数组存储在全局内存中；

stride：输出特征图的宽度相对于输入特征图的倍数；

forward：为 1 时，表示网络的前向过程；

out：指向输出特征图的数据，以一维数组的形式存储在全局内存中。

每个工作节点访问输入特征图中的一个数据，工作节点的全局索引为输入特征图的元素在一维数组中的位置索引，输入特征图的元素在 batch × c × h × w 上的逻辑索引为(b，in_c，in_h，in_w)，输出特征图的宽度和高度均为输入特征图的 stride 倍，输出特征图与输入特征图的数据的数量不变，因此输出特征图的通道数为 out_c。输入特征图中的数据按照通道索引进行分组，输入特征图中通道索引为 in_c 的元素在输出特征图中的通道索引为 c2。在输入特征图中，属于同一个组的通道数据在输出特征图中索引为 c2 的通道上的行索引、列索引由 offset 决定，通道数据的行、列的相对索引为(offset/stride，offset%stride)，通道数据的行、列的起始索引为(in_h × stride，in_w × stride)。因此通道数据的行、列索引为(h2，w2)，输出特征图的宽度为 w × stride，高度为 h × stride，输出特征图的元素的索引为(b，c2，h2，w2)，在一维数组中的位置索引为 out_index。

2) YOLO V2 的检测过程

对于图像中的物体检测任务，YOLO V2 网络的检测过程如图 8-40 所示。

图 8-40　YOLO V2 网络的检测过程

整个检测过程可以分为三个步骤：

(1) 将输入图像缩放到像素大小为 416 × 416。

YOLO V2 网络的输入大小为 416 × 416，因此输入网络之前，通常需要对图像进行预处理操作。由于 RGB 自然图像的像素值最大为 255，因此将图像的像素值除以 255 进行归一化，然后保持图像的宽高比，并对输入图像进行缩放，把图像的长边缩放至 416。如果缩放前长边小于 416，则采用双线性插值的方法；如果长边大于 416，则对图像进行下采样，然后再将短边上下均匀补齐至 416，补边时所用的像素值为 0.5。

(2) 将图像送入网络进行特征的提取。

缩放后的图像送入网络，经过卷积层进行特征的提取，经过池化层进行下采样，目的是减少特征图的数量，降低数据的维度，其中 YOLO V2 中有 Route 层，它的功能是直接将前面某一层或者多层的输出作为当前层的输入，在这个操作中会存在某两层的输出尺寸不同的情况，所以又有 Reorg 层，它的功能是将某一层的输出尺寸变换为当前层输入所需要的尺寸。

在 YOLO V2 中，网络的输入图像被划分为 13 × 13 的网格，对于每一个网格而言，它使用 5 个尺寸的锚点框预测出 5 个候选框，其中每一个候选框的预测信息为一个长度为(80 + 4 + 1)的向量，所以一张输入图像经过最后一层卷积后的大小为 13 × 13 × (5 × (80 + 4 + 1))。其中，5 代表锚点框的个数，80 代表 MSCOCO 数据集的类别数，4 代表网络预测出的候选框的位置参数个数，分别为 x、y、w、h、1 代表置信度个数。由锚点框预测出的检测框可以用下面公式计算：

$$b_x = \sigma(t_x) + c_x \tag{8-7}$$

$$b_y = \sigma(t_y) + c_y \tag{8-8}$$

$$b_w = p_w \mathrm{e}^{t_w} \tag{8-9}$$

$$b_h = p_h \mathrm{e}^{t_h} \tag{8-10}$$

网络在每个候选框处预测5个参数，分别为t_x、t_y、t_w、t_h和t_o。其中，$\sigma(t_x)$和$\sigma(t_y)$表示预测框的中心到当前网格边界的距离，(c_x, c_y)表示当前网格到图像左上角的距离，(p_w, p_h)表示锚点框的宽度和高度，由此可以求出预测框的中心点(b_x, b_y)和宽高(b_w, b_h)。候选框的位置预测示意图如图8-41所示。

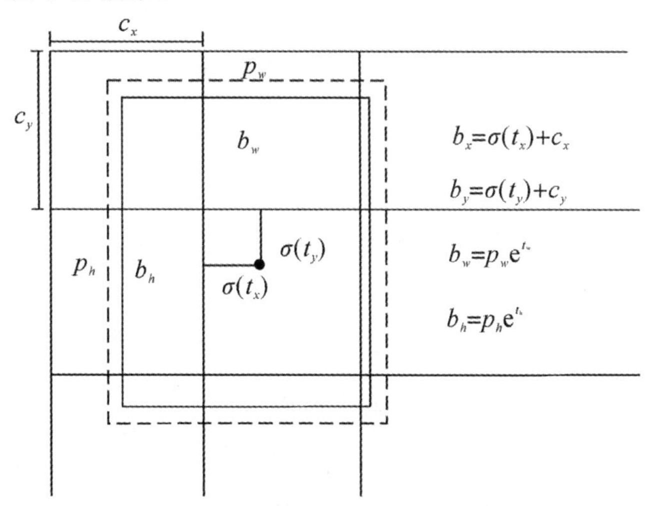

图8-41　候选框的位置预测示意图

然后去掉置信度和候选框的得分低于设定阈值的框：

$$P_r(\text{Object}) \times \text{IOU}(b, \text{Object})=\sigma(t_o) \tag{8-11}$$

$$P_r(\text{Class}_\text{i} \mid \text{Object})\times P_r(\text{Object})\times \text{IOU}_\text{pred}^\text{truth} = p_r(\text{Class}_\text{i})\times \text{IOU}_\text{pred}^\text{truth} \tag{8-12}$$

式中：$\sigma(t_o)$表示置信度，$P_r(\text{Class}_\text{i})\times \text{IOU}_\text{pred}^\text{truth}$表示每一个候选框的得分。

(3) 通过NMS(Non Maximum Suppression，非极大化抑制)过滤掉多余的框得到最终的检测结果。

首先选定某一类别的所有框，并将这些框按照得分排序，选中最高分及其对应的框，然后遍历其余的框，如果和当前最高分框的重叠面积(Intersection Over Union Normal, IOU)大于一定阈值(阈值通常取0.5)，就将框删除。如图8-42所示，物体马有三个检测框，得分分别为 0.97、0.91 和 0.85，选择得分为 0.97 的框，然后再求出其余两个框与得分 0.97 的框的重叠面积，若重叠面积大于阈值，则将框删除，否则保留。其他类别做同样的处理，最终可以得到预测的结果图。

图 8-42　NMS 处理示意图

3) 实验结果

打开终端，进入 Release 目录，输入以下命令，可以运行 YOLO V2 物体检测程序：

```
./darknet detector test cfg/coco.data cfg/yolov2.cfg backup/yolov2.weights data/person.jpg
```

YOLO V2 物体检测网络的实验结果如图 8-43 所示。在 FPGA 上运行时，平均每张图像的测试时间为 1.174 852 s。

图 8-43　YOLO V2 物体检测网络的实验结果

3. YOLO V3 物体检测网络

1) 模型结构

YOLO V3 物体检测网络的结构如表 8-9 所示。

表 8-9　YOLO V3 物体检测网络的结构

	操 作	滤波器	核尺寸/步长	输 入	输 出
	Convolutional	32	3 × 3 / 1	416 × 416 × 3	416 × 416 × 32
	Convolutional	64	3 × 3 / 2	416 × 416 × 32	208 × 208 × 64
	Convolutional	32	1 × 1 / 1	208 × 208 × 64	208 × 208 × 32
	Convolutional	64	3 × 3 / 1	208 × 208 × 32	208 × 208 × 64
	Shortcut			208 × 208 × 64	208 × 208 × 64
	Convolutional	128	3 × 3 / 2	208 × 208 × 64	104 × 104 × 128
	Convolutional	64	1 × 1 / 1	104 × 104 × 128	104 × 104 × 64
	Convolutional	128	3 × 3 / 1	104 × 104 × 64	104 × 104 × 128
	Shortcut			104 × 104 × 128	104 × 104 × 128
	Convolutional	64	1 × 1 / 1	104 × 104 × 128	104 × 104 × 64
	Convolutional	128	3 × 3 / 1	104 × 104 ×64	104 × 104 × 128
	Shortcut			104 × 104 × 128	104 × 104 × 128
	Convolutional	256	3 × 3 / 2	104 × 104 × 128	52 × 52 × 256
	Convolutional	128	1 × 1 / 1	52 × 52 × 256	52 × 52 × 128
	Convolutional	256	3 × 3 / 1	52 × 52 × 128	52 × 52 × 256
	Shortcut			52 × 52 × 256	52 × 52 × 256
	Convolutional	128	1 × 1 / 1	52 × 52 × 256	52 × 52 × 128
7 ×	Convolutional	256	3 × 3 / 1	52 × 52 × 128	52 × 52 × 256
	Shortcut			52 × 52 × 256	52 × 52 × 256
	Convolutional	512	3 × 3 / 2	52 × 52 × 256	26 × 26 × 512
	Convolutional	256	1 × 1 / 1	26 × 26 × 512	26 × 26 × 256
	Convolutional	512	3 × 3 / 1	26 × 26 × 256	26 × 26 × 512
	Shortcut			26 × 26 × 512	26 × 26 × 512
	Convolutional	256	1 × 1 / 1	26 × 26 × 512	26 × 26 × 256
7 ×	Convolutional	512	3 × 3 / 1	26 × 26 × 256	26 × 26 × 512
	Shortcut			26 × 26 × 512	26 × 26 × 512
	Convolutional	1024	3 × 3 / 2	26 × 26 × 512	13 × 13 × 1024
	Convolutional	512	1 × 1 / 1	13 × 13 × 1024	13 × 13 × 512
	Convolutional	1024	3 × 3 / 1	13 × 13 × 512	13 × 13 × 1024

续表

	操 作	滤波器	核尺寸/步长	输 入	输 出
	Shortcut			13 × 13 × 1024	13 × 13 × 1024
3 ×	Convolutional	512	1 × 1 / 1	13 × 13 × 1024	13 × 13 × 512
	Convolutional	1024	3 × 3 / 1	13 × 13 × 512	13 × 13 × 1024
	Shortcut			13 × 13 × 1024	13 × 13 × 1024
3 ×	Convolutional	512	1 × 1 / 1	13 × 13 × 1024	13 × 13 × 512
	Convolutional	1024	3 × 3 / 1	13 × 13 × 512	13 × 13 × 1024
	Convolutional	255	1 × 1 / 1	13 × 13 × 1024	13 × 13 × 255
	Detection				
	Route	79			
	Convolutional	256	1 × 1 / 1	13 × 13 × 512	13 × 13 × 256
	Upsample		2×	13 × 13 × 256	26 × 26 × 256
	Route	85 61			
	Convolutional	256	1 × 1 / 1	52 × 52 × 384	52 × 52 × 128
	Convolutional	512	3 × 3 / 1	52 × 52 × 128	52 × 52 × 256
2 ×	Convolutional	256	1 × 1 / 1	26 × 26 × 512	26 × 26 × 256
	Convolutional	512	3 × 3 / 1	26 × 26 × 256	26 × 26 × 512
	Convolutional	255	1 × 1 / 1	26 × 26 × 512	26 × 26 × 255
	Detection				
	Route	91			
	Convolutional	128	1 × 1 / 1	26 × 26 × 256	26 × 26 × 128
	Upsample		2×	26 × 26 × 128	52 × 52 × 128
	Route	97 36			
	Convolutional	128	1 × 1 / 1	26 × 26 × 768	26 × 26 × 256
	Convolutional	256	3 × 3 / 1	26 × 26 × 256	26 × 26 × 512
2 ×	Convolutional	128	1 × 1 / 1	52 × 52 × 256	52 × 52 × 128
	Convolutional	256	3 × 3 / 1	52 × 52 × 128	52 × 52 × 256
	Convolutionalll	255	1 × 1 / 1	52 × 52 × 256	52 × 52 × 255
	Detection				

模型对应的配置文件为：

```
[net]
#测试
batch = 1
subdivisions = 1
width = 416
height = 416
channels = 3
[convolutional]
batch_normalize = 1
filters = 32
size = 3
stride = 1
pad = 1
activation = leaky
[convolutional]
batch_normalize = 1
filters = 64
size = 3
stride = 2
pad - 1
activation = leaky
[convolutional]
batch_normalize = 1
filters = 32
size = 1
stride = 1
pad = 1
activation = leaky
[convolutional]
batch_normalize = 1
filters = 64
```

```
size = 3
stride = 1
pad = 1
activation = leaky
[shortcut]
from = -3
activation = linear
[convolutional]
batch_normalize = 1
filters = 128
size = 3
stride = 2
pad = 1
activation = leaky
...
[convolutional]
size = 1
stride = 1
pad = 1
filters = 255
activation = linear
[yolo]
mask = 6, 7, 8    //anchors 的计数索引
anchors = 10, 13, 16, 30, 33, 23, 30, 61, 62, 45, 59, 119, 116, 90, 156, 198, 373, 326
classes = 80
num = 9      //anchors 的数量
jitter = .3    //缩放的比例
ignore_thresh = .5    //得分低于此值的检测框将会忽略
truth_thresh = 1       //IOU 的阈值
random = 1            //多尺度训练
[route]
layers = -4
```

```
[convolutional]
batch_normalize = 1
filters = 256
size = 1
stride = 1
pad=1
activation = leaky
[upsample]
stride = 2
[route]
layers = -1, 61
[convolutional]
batch_normalize = 1
filters = 256
size = 1
stride = 1
pad = 1
activation = leaky
...
[convolutional]
size = 1
stride = 1
pad = 1
filters = 255
activation = linear
[yolo]
mask = 3, 4, 5
anchors = 10, 13, 16, 30, 33, 23, 30, 61, 62, 45, 59, 119, 116, 90, 156, 198, 373, 326
classes = 80
num = 9
jitter =.3
ignore_thresh = .5
```

```
truth_thresh = 1
random = 1
[route]
layers = -4
[convolutional]
batch_normalize = 1
filters = 128
size = 1
stride = 1
pad = 1
activation = leaky
[upsample]  //上采样，增加输入特征图的宽度和高度
stride = 2    //2 倍的上采样
[route]
layers = -1, 36
[convolutional]
batch_normalize = 1
filters = 128
size = 1
stride = 1
pad = 1
activation = leaky
…
[convolutional]
size = 1
stride = 1
pad = 1
filters = 255
activation = linear
[yolo]
mask = 0, 1, 2
anchors = 10, 13, 16, 30, 33, 23, 30, 61, 62, 45, 59, 119, 116, 90, 156, 198, 373, 326
```

```
classes = 80
num = 9
jitter = .3
ignore_thresh = .5
truth_thresh = 1
random = 1
```

YOLO V3 网络模型在 YOLO V2 的基础上增加了 Upsample 层。Upsample 层的功能是将某一层的输入特征图的尺寸增大，但并不会增加特征图的通道数，这一层与最大池化层的功能相反。如果一个输入特征图的大小为 2 × 2 × 4，经过 2 倍的 Upsample(上采样)层处理，输出特征图的大小为 4 × 4 × 4。具体的变换方式如图 8-44 所示，图中 Upsample 层的操作是将特征图中的每个值拷贝 3 次，从而使特征图的大小变为输入的 2 倍。

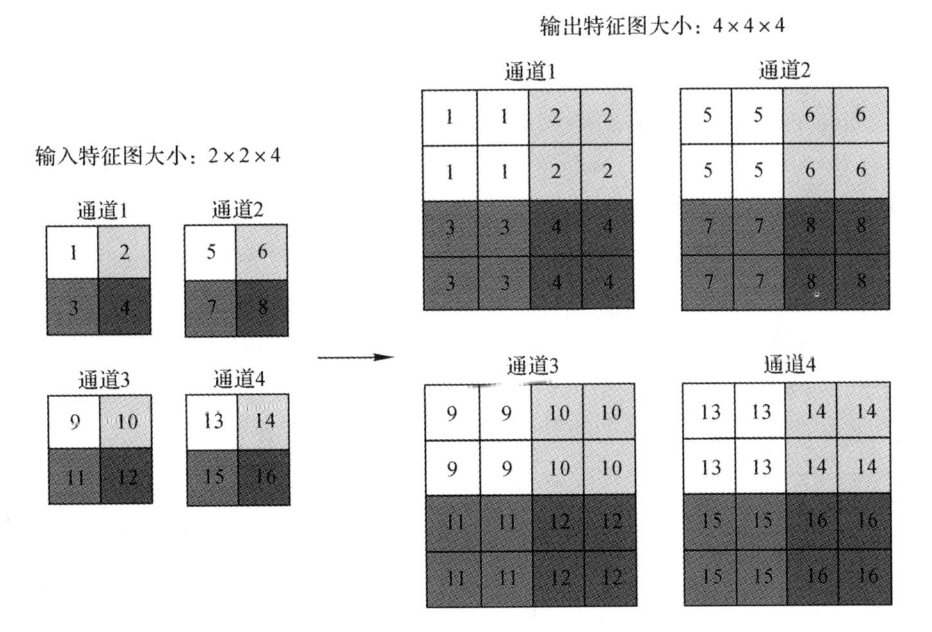

图 8-44　Upsample 处理过程示意图

Upsampel 层的输入特征图的大小为 batch × c × h × w，上采样的步长为 stride。Upsampel 层的内核函数为：

```
__kernel void upsample_kernel(int N, __global float *restrict x, int w, int h, int c, int batch, int stride,
int forward, float scale, __global float *restrict out)
{
```

```
    size_t i = get_global_id(1) * get_global_size(0) + get_global_id(0);
    if (i >= N) return;
    int out_index = i;
    int out_w = i % (w*stride);   //输出特征图中元素的列索引
    i = i / (w*stride);
    int out_h = i % (h*stride);   //输出特征图中元素的行索引
    i = i / (h*stride);
    int out_c = i%c;   //输出特征图中元素的通道索引
    i = i / c;
    int b = i%batch;   //输出特征图中元素的批次索引
    int in_w = out_w / stride;   //输入特征图中元素的列索引
    int in_h = out_h / stride;    //输入特征图中元素的行索引
    int in_c = out_c;             //输入特征图中元素的通道索引
    int in_index = b*w*h*c + in_c*w*h + in_h*w + in_w;   //输入特征图中元素的位置索引
    if (forward) out[out_index] += scale * x[in_index];
    else x[in_index] += scale*out[out_index];
}
```

其中：

N：输出数据的数量，值为 batch × c × h × w × stride × stride；

x：指向输入特征图的数据，以一维数组的形式存储在全局内存中；

forward：为 1 时，表示网络的前向过程；

scale：表示输出数据是输入的 scale 倍，该参数在代码中为 1；

out：指向输出特征图的数据，以一维数组的形式存储在全局内存中。

每个工作节点代表输出特征图中的一个元素，工作节点的全局索引 id 表示输出特征图元素的位置索引 out_index，输出特征图的大小为 batch × c × (h × stride) × (w × stride)，输出特征图的逻辑索引为(b，out_c，out_h，out_w)。网络进行 2 倍上采样时，输出特征图的宽度和高度分别为输入特征图的 2 倍，输入特征图的通道数不变，因此输出特征图中索引为(b，out_c，out_h，out_w)的元素由输入特征图中索引为(b，in_c，in_h，in_w)的元素产生，输入特征图中这一元素的位置索引为 in_index。

2) YOLO V3 的检测过程

YOLO V3 的检测过程如图 8-45 所示。YOLO V3 的检测过程与 YOLO V2 的大致相同，但存在两点不同。

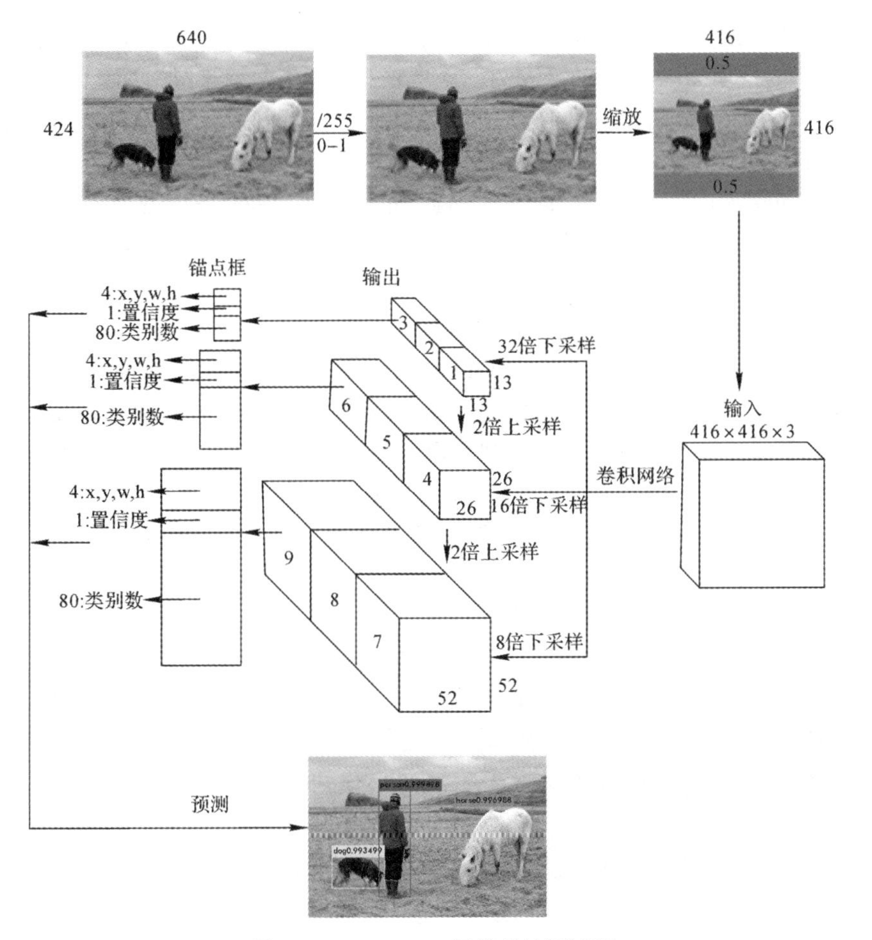

图 8-45　YOLO V3 网络的检测过程

(1) 多尺度预测。

当网络输入 416 × 416 图像时，YOLO V2 只将其分割为 13 × 13 大小的网格，如果目标的中心在某一个网格单元，则该网格负责检测该目标，该尺度下生成物体的 5 个预测框。YOLO V3 以三种不同的尺度对框进行预测，经过 32 倍下采样，输出尺度为 13 × 13 大小的特征图；16 倍下采样输出 26 × 26 的特征图；8 倍下采样输出 52 × 52 的特征图。而对于每种尺寸和特征图中的每个位置，网络又会生成 3 个预测框。所以对于每个网格，网络生成 9 个预测框，每个预测框包含 4 个坐标值(x、y、w、h)、一个置信度得分和 80 个类别概率(MSCOCO 数据集有 80 个类)。

YOLO V3 中采用了两次 Upsample 层，以第 85 层为例，该层将前一层的 19 × 19 × 256 的输出特征进行了 2 倍的上采样，得到 38 × 38 × 256 输出特征。

YOLO V3 中采用了四次 Route 层，目的是使用前层的输出特征，或将多层的特征连接在一起。以第 86 层“Route 85 61”为例，该层将第 61 层的 38 × 38 × 512 的输出特征与第 85 层的 38 × 38 × 256 输出特征在通道的维度上拼接在一起，从而得到 38 × 38 × 768 的输出特征，以此将浅层特征与深层特征结合在一起。

YOLO V3 依然使用 K-Means 聚类得到锚点框的大小，总共聚类出 9 种尺度的锚点框。在 MS COCO 数据集上，这 9 个聚类中心为(10 × 13)、(16 × 30)、(33 × 23)、(30 × 61)、(62 × 45)、(59 × 119)、(116 × 90)、(156 × 198)、(373 × 326)。

(2) 更好的基础分类网络(借鉴了 ResNet50)。

与 YOLO V2 使用 Softmax 不同，YOLO V3 使用 logistic 回归(Logistic Regression)对每个类别预测其得分。这样有助于迁移到更复杂的数据集上，如 Open Images Dataset，该数据集存在许多重叠标签，如一个女人会被标记为 Women，同时也会被标记为 Person。在训练期间，对于类别预测的损失，YOLO V3 使用二值交叉熵损失(Binary Cross-entropy Loss)。

在图像特征提取阶段，YOLO V3 借鉴了残差网的结构，在层与层之间设置了 Shortcut 连接，连接结构如图 8-33 (b)所示。此外，YOLO V3 还使用连续的 3 × 3 和 1 × 1 卷积层，以及上采样层，由此构建了 106 层的深度网络。

本实验的输入为 416 × 416 的 RGB 图像，YOLO V3 网络在第 1、5、12、37、62 层分别进行了 5 次下采样，每次采样步长为 2，所以网络对输入图像最大下采样了 32 倍。网络在第 85、97 层进行 2 次上采样，每次步长为 2。

YOLO V3 网络从输入到输出的整体流程如图 8-45 所示。

对于一个 416 × 416 × 3 的输入图像，YOLO V3 共有 13 × 13 × 3 + 26 × 26 × 3 + 52 × 52 × 3 = 10 647 个预测，每个预测是一个 4 + 1 + 80 = 85 维的向量。

3) 实验结果

YOLO V3 物体检测网络的实验结果如图 8-46 所示。在 FPGA 上运行时，平均每张图像的测试时间为 2.878 919 s。

图 8-46　YOLO V3 物体检测网络的实验结果

第9章 神经网络压缩与加速技术

在深度学习中，复杂网络中存在大量冗余的参数，占据了大量的存储空间，降低了计算速度，且其计算必须在大内存、较强计算力的 GPU 上进行。然而，将神经网络模型应用到自动驾驶、航天航空以及手机等设备中，必须考虑设备资源的内存、能耗和带宽等的大小。网络压缩和加速的提出，让复杂神经网络在小型设备 FPGA 上的实现成为了可能。目前，常见的卷积神经网络压缩和加速方法主要有网络剪枝、低秩估计、模型量化以及知识蒸馏。在实际应用中，我们常常融合这几种方法对于特定的网络模型进行处理。本章将对这四种卷积神经网络压缩和加速方法进行介绍。

9.1 神经网络剪枝压缩与权值共享方法

目前，神经网络剪枝压缩方法是模型压缩的一种主流方法，通过对模型的剪枝可以防止网络过拟合以及降低网络的复杂度。网络剪枝是 1989 年 LeCun 在其论文中提出来的。LeCun 通过计算损失函数对于每个参数的二阶导，估计每个参数的重要程度，最后删除不重要的参数，以达到模型压缩的目的。现在的剪枝方法主要是通过对神经网络模型中不重要的权值连接进行剪枝精化，或者使用权值共享来对网络进行更深层次的剪枝。最开始出现的权值共享方法可以将卷积模型网络整个模型的参数大大减少。

神经网络深度压缩方法实施的过程分为三个部分，首先对网络进行剪枝，其次进行权值共享，最后使用哈夫曼编码。具体的深度压缩方法的训练过程如图 9-1 所示。

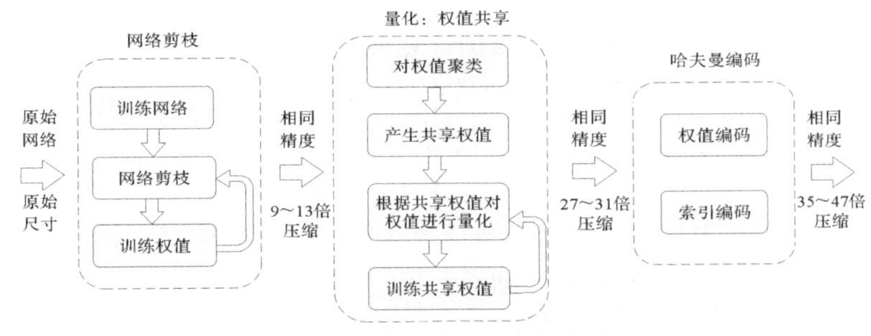

图 9-1　深度压缩方法的训练过程

9.1.1 神经网络剪枝

神经网络剪枝的训练步骤主要分三步完成，首先训练未剪枝的神经网络模型，然后对训练完成的模型进行剪枝并对剪枝后的模型进行训练，最后重复第二步操作得到最终的剪枝模型。其训练步骤如图 9-2 所示。

剪枝过程是一个不可逆的过程，在剪枝完成之后，被剪枝的那些模型参数不会再被复原，而是永久地被剪掉，同时其前面的连接也将被删除(网络参数会被删除)，所以剪枝的过程也可以被称为“硬 Dropout”。剪枝网络的过程是对全连接层中的连接参数设置一个阈值，权重低的参数进行移除。剪枝后，网络会变得稀疏，这时分类器将选择更具有明显预测因子的特征，因此可以减小预测误差，从而可以减小过拟合。

Dropout 方法被广泛应用到神经网络模型的训练中。通常，在神经网络训练过程中对 Dropout 率设置一个阈值，然后对网络参数进行随机 Dropout，使部分参数在训练时置为 0，在训练迭代完成之后参数又会被复原。在对神经网络剪枝前后的训练过程中，常常使用 Dropout 与 L2 正则化来防止网络过拟合，并且使得更多网络模型参数接近于零，这样更有助于后面对全连接层进行剪枝。图 9-3 为剪枝前后对比图。

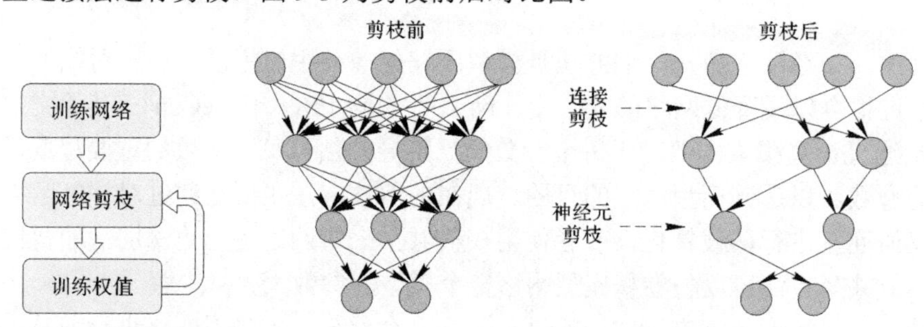

图 9-2　神经网络剪枝的训练步骤　　图 9-3　权值与神经元剪枝前后对比图

在剪枝过程中已经使模型变得稀疏，所以在剪枝后训练网络时所使用的 Dropout 率需要更小。剪枝后训练使用的 Dropout 率 D_i 的计算公式为

$$C_i = N_i N_i - 1 \tag{9-1}$$

$$D_i = D_o \sqrt{\frac{C_{ir}}{C_{io}}} \tag{9-2}$$

式中：C_i 为第 i 层的连接总量；C_{io} 为初始网络参数个数；C_{ir} 为再训练之后的网络参数个数；N_i 为第 i 神经元参数总量；D_o 为初始 Dropout 率。

目前有两种方法可以衡量网络参数的重要程度：

(1) 计算损失函数对参数的二阶导。损失函数对参数的二阶导越小，说明该参数的更新对损失函数的下降的影响越小，参数越不重要，因此可以删去。

(2) 计算参数的绝对值大小。参数的绝对值越小，说明该参数对于输出特征图的影响越小，因此可以删去。

以上两种方法各有各的特点：第一种方法尽可能保证了损失函数不变，对实验效果影响较小，但计算复杂；第二种方法是尽可能保证每层输出特征图不变，而不管损失函数，计算方便，但对结果影响可能相对较大。不管使用哪种方法，都需要对于剪枝后的网络进行参数调优。

在进行网络剪枝时，需要考虑以下两个问题：

(1) 对于输出的一个节点进行剪枝会影响到其他输出节点。

(2) 对于删掉的参数需要彻底清除矩阵，而并不是简单地使其为 0。因为简单地令一些参数为 0，实际上并没有进行压缩。此时，0 是按照 32 位浮点数存储的，依旧会占据存储空间。

针对于以上两个问题，目前的解决方案主要有：

(1) Filter-level(滤波层级)剪枝，所有的滤波删除一个通道。直接删除参数矩阵的一列，删掉一个对应的滤波器，就会删除特征图的一个通道。

(2) Group-level(组层级)剪枝，将核删成某个固定的形状。如将 3×3 的核删成 2×3 或更小的核，对应到参数矩阵，即删掉了若干行，同样具有压缩的效果。该操作对输入特征图与输出矩阵没有任何影响，但可以修改 img2col 操作，保证卷积的正确性。

(3) 稀疏卷积的方法。将没有用到的参数设置为 0，使得参数矩阵成为稀疏矩阵，用稀疏矩阵的乘法替代矩阵乘法，可以起到模型压缩与加速的效果。

9.1.2 权值共享

在深度压缩过程中，网络进行剪枝后需要使用网络量化与权值共享对网络进行更进一步的压缩。网络量化与权值共享通过减少参数的位数来实现网络权值的表达。量化是一个将一系列连续的数值离散化成有限的若干个数值的过程。这里的量化是表示权值参数的数值只在一系列有限的数值里面进行选择，称作权值共享。

在深度压缩方法中使用 K-Means(一种聚类方法)去确定训练好的网络中每一层共享权值的大小，也就是说将训练的每一层的权值参数进行 K-Means 聚类，聚类完成后属于同一类的参数都使用该类聚类中心的数值作为它们的权值参数数值，然后通过索引矩阵将共享权值一一对应到权值参数的确定位置。例如，将训练好的 n 个权值 $W=\{w_1, w_2, w_3, \cdots, w_n\}$ 使用 K-Means 聚类划分成 k 类 $C=\{c_1, c_2, c_3, \cdots, c_k\}$，并且 $n > c$，通过计算参数与每个聚类中心点的距离平方就可以将该参数划分到确定的类别中，找到它的共享权值的公式为

$$\arg\min_{c}\sum_{i=1}^{k}\sum_{w\in c_i}|w-c_i|^2 \tag{9-3}$$

在初次选取聚类中心时，如果中心选择不当则会影响接下来的网络精度，所以选取聚类中心的方法很重要。目前有三种方法：随机选取、基于密度的初始化以及线性初始化。随机选取就是随机选取 k 个数值作为聚类中心点；基于密度的初始化就是把权值从大到小分成 k 份，每一份临界点作为聚类中心；线性初始化是直接在权值的最大值与最小值之间使用线性进行划分。由于网络中权值数值大的会比较重要，对网络影响会更大，所以使用线性初始化是最合理的。

在进行聚类之前，网络参数需要是训练好的，并且在进行权值量化之后需要对网络进行训练以调整质心。由于需要调整的是聚类中心，而在训练过程中又不能直接对质心进行反向传播操作，所以需要对每一类的参数求梯度，将同一类所有参数的梯度求和之后乘以学习率去更新权值共享的数值，公式为

$$C_k^n = C_k^{n-1} - \mathrm{lr}\times\sum_{w_{ij}\in c_k}\mathrm{grad}(w_{ij}) \tag{9-4}$$

式中：n 表示迭代次数；lr 表示学习率；grad()表示梯度。同时也可以直接求出网络对 C 的梯度，公式为

$$\frac{\partial\ell}{\partial C_k}=\sum_{i,j}\frac{\partial\ell}{\partial W_{ij}}\frac{\partial W_{ij}}{\partial C_k}=\sum_{i,j}\frac{\partial\ell}{\partial W_{ij}}\ 1(I_{ij}=k) \tag{9-5}$$

式中：ℓ 表示损失；$1(I_{ij}=k)$表示 I_{ij} 等于 k 时为 1，否则为 0。

权值共享的具体说明如图 9-4 所示，假设有一个一层神经网络有 4 个输入神经元与 4 个输出神经元，权值矩阵就是一个 4×4 的矩阵。图 9-4 左上角的 4×4 矩阵表示原始权值矩阵，它的下面表示权值矩阵的梯度矩阵。图 9-4 中的权值被量化成了 4 个不同的数值(图中聚类索引矩阵与权值矩阵对应，聚类索引矩阵中数值相同的所有位置在对应的权值矩阵中为同一类。如聚类索引矩阵中数字同为 0 的位置在权值矩阵中对应为−0.98、−1.08、−0.91、−1.03，在权值矩阵中这四个位置的点为一类)。在权值矩阵中相同类别的格子里面表示具有相同的共享权值，因此对于每个权值来说只需要存储一个权值矩阵相同大小的共享权值索引矩阵。如梯度矩阵所示，当更新权值时，将相同类别的权值所对应的梯度求和得到共享权值的梯度，然后再乘以学习率，就可以迭代更新共享权值。对于剪枝过后的 AlexNet，卷积层只需要 256 个共享权值，所以索引矩阵就可以使用 8 位精度的数值而不使用 32 位全精度的数值，而全连接层只需要 32 个共享权值，所以索引矩阵只需要使用 5 位精度的数值表示即可。

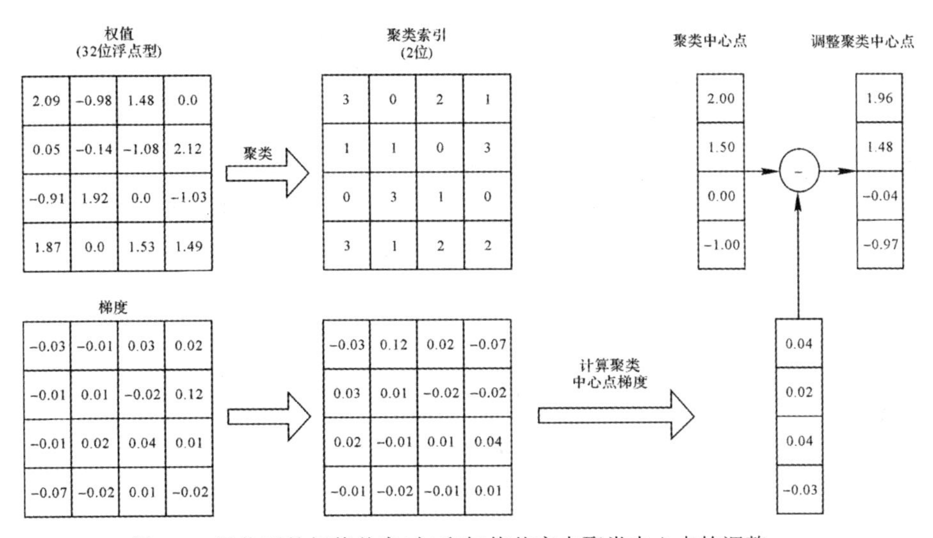

图 9-4　量化后的权值共享(上)和权值共享中聚类中心点的调整

量化完成后，原来的权值矩阵变成了一个查找表与共享权值矩阵，也就是说原来权值矩阵被一个与权值矩阵相同大小的查找表矩阵代替，查找表矩阵上面的索引可以准确找到对应的共享权值，共享权值则只需要存储在一个大小为共享权值总个数的矩阵中即可。

对于使用权值共享的压缩比，这里也做了简单化的计算。假设给定共享权值的个数 k，可以计算出共享权值索引需要的编码位数 $\mathrm{lb}k$。如果一个网络有 n 个权值参数，并且权值参数的位数为 b，则使用 k 个共享权值的压缩比 r 为

$$r=\frac{nb}{b\,\mathrm{lb}k+kb} \tag{9-6}$$

例如，图 9-5 中是一个单层神经网络，权值矩阵为 4 × 4，所以有 16 个权值参数并且使用 32 位全精度存储。而图 9-5 中共享权值只有 4 个也是使用 32 位全精度存储，而由于只有 4 个共享权值，所以可以使用 lb4 = 2 位去存储索引。可以算出使用共享权值的压缩比为 16 × 32/(32 × 4+16 × 2) = 3.2 倍。

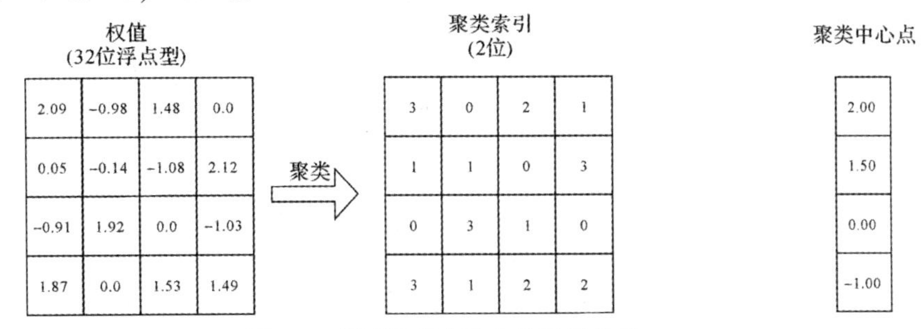

图 9-5　深度压缩方法中的权值共享

哈夫曼编码是进一步压缩的方式，这种方式运用字符出现的概率来进行编码，只要不是均匀分布，就能减少一定的冗余，并可以进一步压缩存储所需要的空间。在进行运算的过程中，从哈夫曼编码的存储中解码出所需要的数据即可。如在 AlexNet 中，用哈夫曼编码可以减少 20%～30%的信息冗余。

9.2 低秩估计

低秩估计的方法运用了矩阵分解和矩阵乘法的结合律。使用若干小矩阵可以对参数矩阵进行估计，输出矩阵就可以通过计算得到，计算公式为

$$\boldsymbol{A} \times \boldsymbol{B} = \boldsymbol{C} \tag{9-7}$$

$$\boldsymbol{B} = \boldsymbol{U}\boldsymbol{\Lambda}\boldsymbol{V}^{\mathrm{T}} \tag{9-8}$$

$$\boldsymbol{C} = \boldsymbol{A} \times (\boldsymbol{U}\boldsymbol{\Lambda}\boldsymbol{V}^{\mathrm{T}}) \times \boldsymbol{\Lambda} \times \boldsymbol{V}^{\mathrm{T}} \tag{9-9}$$

典型的神经网络卷积核是一个四维张量，全连接层可以看作一个二维矩阵。神经网络中的张量中存在大量的冗余，可以利用低秩估计的方法对参数矩阵进行分解。对于神经网络的每一层利用低秩滤波器进行逼近，这种低阶逼近是逐层完成的。每一层的参数被固定后，其之前的层会根据重建误差准则(Reconstruction Error Criterion)进行微调。压缩 2D 卷积层的典型低秩方法如图 9-6 所示。

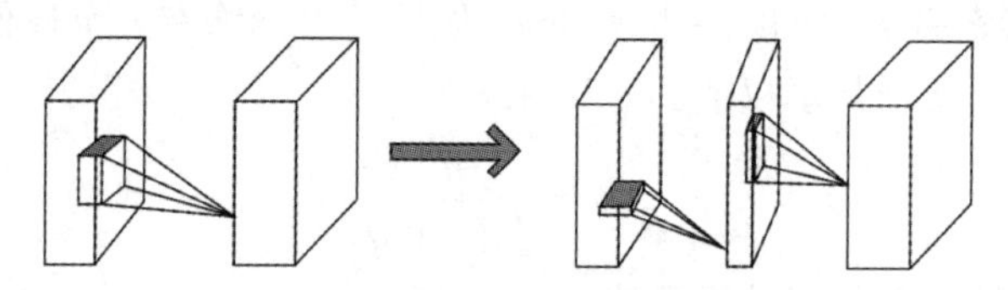

图 9-6　压缩 2D 卷积层的典型低秩方法

低秩方法虽然适合用来进行模型压缩和加速，但是因为其涉及了分解操作计算，成本较高，因此它的实现并不容易。因为不同的层包含不同的信息，低秩逼近是逐层执行的，所以无法执行全局参数压缩。此外，分解需要大量的重新训练来达到收敛。低秩估计的方法在用来进行模型压缩与加速时的具体优劣势主要如下：

优势：低秩估计没有改变基础运算的结构，也不需要进行额外定义新的操作。低秩估计的分解方法有很多种，任何的矩阵或者张量分解方法都可以用于低秩分解。在神经网络中应用低秩估计的方法进行网络的分解，分解后的网络依然是使用卷积操作来实现的。但是需要注意，为保证分解后网络模型的准确率，一般都需要对分解后的网络进行参数调优。

劣势：在低秩估计时，对于秩的保留数量没有明确的规定。保留的秩太多，可以保证一定的准确率，但加速压缩效果不好；保留的秩太少，加速压缩的效果较好，但无法保证准确率。

除了矩阵分解，张量也可以进行直接分解，并且卷积也符合结合律。这里介绍一种分解方法——Tucker 张量分解。Tucker 分解示意图如图 9-7 所示。

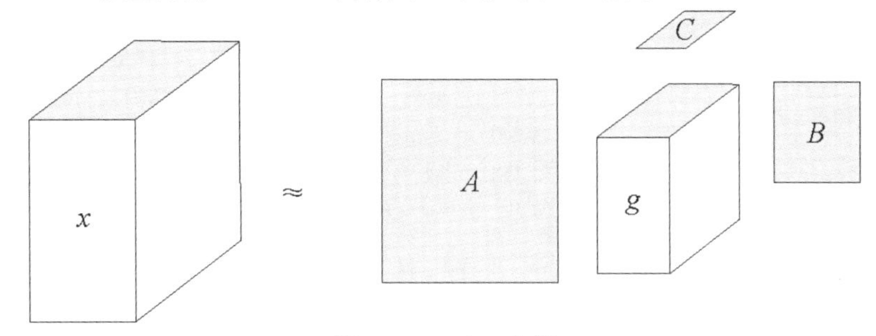

图 9-7　Tucker 分解

对于一个三阶的张量进行 Tucker 分解，分解后会得到三个因子矩阵和一个核张量。各个模式上的因子矩阵被称为张量在每个模式上的基矩阵或者是主成分，所以 Tucker 分解又称为高阶 PCA(Principal Component Analysis，主成分分析)或者高阶 SVD(Singular Value Decomposition，奇异值分解)。CP 分解是 Tucker 分解的一种特殊形式，如核张量的维数相同并且是对角张量，则 Tucker 分解就会退化成为 CP 分解。

9.3 模型量化

模型量化同网络裁枝方法与低秩估计方法不同，后两者都是从矩阵乘法角度出发，着眼于减少参数量和计算量。而模型量化则着眼于参数本身，直接减少每个参数的存储空间，提升计算速度，从而实现模型的压缩和加速。模型量化可以通过量化函数将全精度的数(激化量、参数甚至是梯度值)映射到有限的整数空间。假设将原先使用 32 位浮点数全精度存储的模型用 8 位进行存储，其模型的存储量就会缩小为原来的 1/4。常见的量化是使用 8 位整数运算或者 1 位二值运算。针对量化对象以及位数不同，量化的主要工作有二值化权重、三值化权重以及二值化神经网络与多位神经网络。

9.3.1 二值化权重

有学者在其论文中提出了 BWN (Binary Weight Network, 网络权重二值化)，将权重限制在{-1，1}。二值化权重将神经网络中卷积运算中的矩阵乘法变为简单的加减法运算，进行神经网络的加速。假设神经网络输出量为 $\boldsymbol{Y}$，其中：

$$\boldsymbol{Y}=\boldsymbol{W}\times\boldsymbol{X}+\boldsymbol{B} \tag{9-10}$$

式中：$\boldsymbol{X}$ 为网络输入量；$\boldsymbol{W}$ 为网络权重系数；$\boldsymbol{B}$ 为偏置。设

$$X=\begin{bmatrix} x_{11} & x_{12} & x_{13} \\ x_{21} & x_{22} & x_{23} \\ x_{31} & x_{32} & x_{33} \end{bmatrix} \tag{9-11}$$

$$W=\begin{bmatrix} w_{11} & w_{12} & w_{13} \\ w_{21} & w_{22} & w_{23} \\ w_{31} & w_{32} & w_{33} \end{bmatrix} \tag{9-12}$$

$$\begin{aligned} Y &= \begin{bmatrix} w_{11} & w_{12} & w_{13} \\ w_{21} & w_{22} & w_{23} \\ w_{31} & w_{32} & w_{33} \end{bmatrix} \times \begin{bmatrix} x_{11} & x_{12} & x_{13} \\ x_{21} & x_{22} & x_{23} \\ x_{31} & x_{32} & x_{33} \end{bmatrix} + [b] \\ &= [w_{11}x_{11}+w_{12}x_{12}+w_{13}x_{13}+w_{21}x_{21}+w_{22}x_{22}+w_{23}x_{23}+w_{31}x_{31}+w_{32}x_{32}+w_{33}x_{33}+b] \end{aligned} \tag{9-13}$$

如果 W 被二值化，即网络权值量化成 1 或者 −1 进行二值编码。我们通过确定的二值化函数或者不确定的基于概率的二值化函数，将权重二值化，设二值化后的 W 为

$$W'=\begin{bmatrix} +1 & -1 & +1 \\ -1 & +1 & -1 \\ +1 & +1 & -1 \end{bmatrix} \tag{9-14}$$

网络输出量 Y 为

$$Y'=\begin{bmatrix} +1 & -1 & +1 \\ -1 & +1 & -1 \\ +1 & +1 & -1 \end{bmatrix} \times \begin{bmatrix} x_{11} & x_{12} & x_{13} \\ x_{21} & x_{22} & x_{23} \\ x_{31} & x_{32} & x_{33} \end{bmatrix} + [b] = [+x_{11}-x_{12}+x_{13}-x_{21}+x_{22}-x_{23}+x_{31}+x_{32}-x_{33}+b] \tag{9-15}$$

9.3.2 三值化权重

有学者在其论文中提出了 TWN(Ternary Weight Networks，三值化权重网络)，将权重限制在{−1，0，1}。三值化也是通过将神经网络卷积运算中的矩阵乘法变为简单的加减法运算进行网络加速的。TWM 中提出的网络权重三值化，即网络权值量化成 0、1 或者 −1 进行三值编码。设全精度的权重 W，三值权重为 W^t，则 $W \approx \propto W^t$。我们使用特定因子使得权重 W^t 为{−1，0，1}，可以简化计算量，并且{−1，0，1}使得原先的矩阵乘法变成加减法。

$$W_i^t = f_t(W_i \mid \Delta) = \begin{cases} +1, & \text{if } W_i > \Delta \\ 0, & \text{if } |W_i| \geqslant \Delta \\ -1, & \text{if } W_i < -\Delta \end{cases} \tag{9-16}$$

通过以上公式，我们可以得到三值化的权重。设三值化后的权重为

$$W'' = \begin{bmatrix} +1 & 0 & +1 \\ -1 & 0 & -1 \\ 0 & +1 & -1 \end{bmatrix} \tag{9-17}$$

将 W'' 带入式(9-15)，得到网络输出为

$$Y'' = \begin{bmatrix} +1 & 0 & +1 \\ -1 & 0 & -1 \\ 0 & +1 & -1 \end{bmatrix} \times \begin{bmatrix} x_{11} & x_{12} & x_{13} \\ x_{21} & x_{22} & x_{23} \\ x_{31} & x_{32} & x_{33} \end{bmatrix} + [b] = [+x_{11} + x_{13} - x_{21} - x_{23} + x_{32} - x_{33} + b] \tag{9-18}$$

可以看出，二值化、三值化权重后的卷积运算中只存在加减法，没有乘法操作。这一做法从一定程度上简化了卷积的计算，实现了神经网络的压缩与加速。

9.3.3 二值化神经网络

BWN与TWN仅仅对网络权重进行二值化或三值化，有学者在其论文中提出了BNN(二值化神经网络)，其在运行时训练具有二值权值和二值激活函数的神经网络。在向前传播时可减少内存大小和访问，并用按位运算替换大多数算术运算，且在训练时使用二值权重与激活用于计算参数梯度。Xnor-Net(一种二值化神经网络)是BNN(Binary Neural Network，二值化权重网络)的改进，主要是在二值化的基础上增加了一个缩放因子，梯度也会有相应的改变。BNN 将网络权重以及激活量限制为{−1，1}，并且采用按位运算代替了一般的乘法运算，减少了内存大小和访问。

上面BNN中提出的按位运算是什么呢？设有两个向量 $\boldsymbol{w} = [w_1; w_2; \cdots; w_8]$和 $\boldsymbol{x} = [x_1; x_2; \cdots; x_8]$，$\boldsymbol{x}$、$\boldsymbol{w}$ 由 32 个实数组成。如果使用 32 位浮点数据表示两个向量，按元素的向量相乘则：

$$\begin{aligned} R = \boldsymbol{w} \times \boldsymbol{x} &= [w_1;\ w_2;\ \cdots;\ w_8] \times [x_1;\ x_2;\ \cdots;\ x_8] \\ &= [w_1x_1+w_2x_2+w_3x_3+w_4x_4+w_5x_5+w_6x_6+w_7x_7+w_8x_8] \end{aligned} \tag{9-19}$$

可以看出，对于使用 32 位浮点数表示的 w 与 x 的每一个元素，我们需要进行 8 个乘法操作。但如果这两个向量被量化为二进制状态，使用 1 位来表示它们并且使用两个 8 位数据以表示这两个向量。按位运算让这两个向量的按元素的向量相乘可以同时计算。通用计算平台(即 CPU 和 GPU)可以在一个时钟周期内执行 8 位二进制操作，可以实现模型压缩以及计算推理过程中的加速与资源节约。以 8 个数的乘法为例，设上面式子中的 $\boldsymbol{w} = [1, -1, 1, 1, -1, -1, -1, 1]$, $x = [-1, -1, 1, 1, 1, -1, 1, 1]$，则

$$
\begin{aligned}
R = \boldsymbol{w} \times \boldsymbol{x} &= [w_1;\ w_2;\ \cdots;\ w_8] \times [x_1;\ x_2;\ \cdots;\ x_8] \\
&= [w_1x_1+w_2x_2+w_3x_3+w_4x_4+w_5x_5+w_6x_6+w_7x_7+w_8x_8] \\
&= 1 \times (-1) + (-1) \times (-1) + 1 \times 1 + 1 \times 1 + (-1) \times 1 + (-1) \times (-1) + (-1) \times 1 + 1 \times 1 \\
&= 2
\end{aligned}
$$

对上面 8 个数的乘法转换为 1 位的按位运算验证，表 9-1 中 Xnor 后的结果中 1 的个数为 5，0 的个数为 3，则 Popcount(进行位运算的算法)结果为 2。可以得出，将常见的乘法转换为每个数字为 1 位的按位运算：若位数的长度为 n 位，其中 1 的个数有 m 位，则最后的结果为

$$
m - (n - m) = 2m - n \tag{9-20}
$$

通过以上的例子与验证，我们会发现将原先全精度的 32 位浮点数的乘法，可以转换为简单的位运算，如表 9-1 所示。位运算可以并行计算，且无须进位，因此大大缩减了运算量，达到了加速的效果。减少用于计算的位宽度的数目是直接减少计算单元大小的方法。在当前的研究中，大多数最先进的 FPGA 设计用 12 位、16 位或者 1 位定点权重取代 32 位全精度的“浮点单元”与“固定点单元”。其中 16 位定点单元在相关研究中被广泛采用。从精度损失来看，许多设计探索使用 1 位数据进行计算，实验效果较好。

表 9-1　Xnor-Net 逻辑运算

w 状态	1	0	1	1	0	0	0	1
x 状态	0	0	1	1	1	0	1	1
Xnor	0	1	1	1	0	1	0	1

9.3.4　多位神经网络

本书作者提出了一种位数可变的神经网络压缩方法，可以对神经网络模型进行不同位数的编码，应用少量的乘法与位运算加速了网络模型的运算速度，根据任务需求调整了压缩比例与网络精度。将向量 $\boldsymbol{X}$ 中的每个元素的第 i 位取出，令 $\boldsymbol{x}_i = [x_i^1, x_i^2, \cdots, x_i^N]$；同样向量 $\boldsymbol{W}$ 也进行与向量 $\boldsymbol{X}$ 相同的变换，令 $\boldsymbol{w}_k = [w_k^1, w_k^2, \cdots, w_k^N]$。于是向量 $\boldsymbol{X}$ 与向量 $\boldsymbol{W}$ 的内积又可表示为

$$
\boldsymbol{X}^{\mathrm{T}} \cdot \boldsymbol{W} = \sum_{n-1}^{N} \boldsymbol{x}^n \cdot \boldsymbol{w}^n = \sum_{n-1}^{N} \left(\sum_{m-1}^{M} 2^{m-1} \cdot x_m^i \right) \cdot \left(\sum_{k-1}^{K} 2^{k-1} \cdot w_k^i \right) = \sum_{m-1}^{M} \sum_{k-1}^{K} 2^{m-1} \cdot 2^{k-1} x_m \cdot \boldsymbol{w}_k^{\mathrm{T}} \tag{9-21}
$$

其中，$\boldsymbol{x}^{\mathrm{T}} \cdot \boldsymbol{w}$ 被分解成 $M \times K$ 个二值位运算子操作，M 为向量 $\boldsymbol{X}$ 的编码位数，K 为向量 $\boldsymbol{W}$ 的编码位数。

前面提到的编码方式只能对非负整数进行编码，而神经网络中的激活值与权值都会使

用到负数。本书作者提出不再采用{0, 1}编码，而是使用{−1, 1}编码，使得向量 **X** 表示为

$$x^i = \sum_{m-1}^{m} 2^{m-1} \cdot c_m^i, c_m^i \in \{-1,1\} \tag{9-22}$$

可使用多个按位操作(即 Xnor 和 bitcount)有效实现上述的矢量乘法。因此，这两个矢量的点积可以表示为

$$\boldsymbol{X}^{\mathrm{T}} \cdot \boldsymbol{W} = \sum_{m-1}^{M} \sum_{k-1}^{K} 2^{m-1} \cdot 2^{k-1} \mathrm{XnorPopcount}(c_m \cdot \boldsymbol{d}_k^{\mathrm{T}}) \tag{9-23}$$

其中 XnorPopcount(•)表示按位操作，并且该机制适用于所有矢量/矩阵乘法。多位神经网络使用 Xnor 运算与 bitcount(位运算)代替了式(9-21)中的 $\boldsymbol{x}_m \cdot \boldsymbol{w}_k^{\mathrm{T}}$ 中的乘内积(乘法–加法操作)。

本书作者提出直接使用高比特模型参数来初始化低比特模型，以加快训练速度。数据可以被编码，并以各种编码精度计算和存储。目前，TNN(Ternarg Neural Network，三值化神经网络)对权值和激活函数也都进行了三值化。量化提出的最先进的方法是 DOREFA-NET(一种量化方法)，它实现了一种多值网络模型。与以往的二值网络、多值网络不同的是，DOREFA-NET 实现了梯度的量化，而且取得了较好的结果。

9.4 知识蒸馏

知识蒸馏(Knowledge Distillation)方法是 Hinton 于 2015 年提出的。它是将训练好的复杂网络模型推广能力“知识”迁移到一个结构简单的网络中。网络剪枝、低秩估计以及模型量化，都是对特定网络模型进行压缩和加速，而知识蒸馏方法直接设计了一个简单结构的小网络，将难点转移成对小网络的训练上。其整个思想中最大的难题在于如何有效地表达“知识”，并有效地指导小的学习网络的训练。知识蒸馏结构如图 9-8 所示。

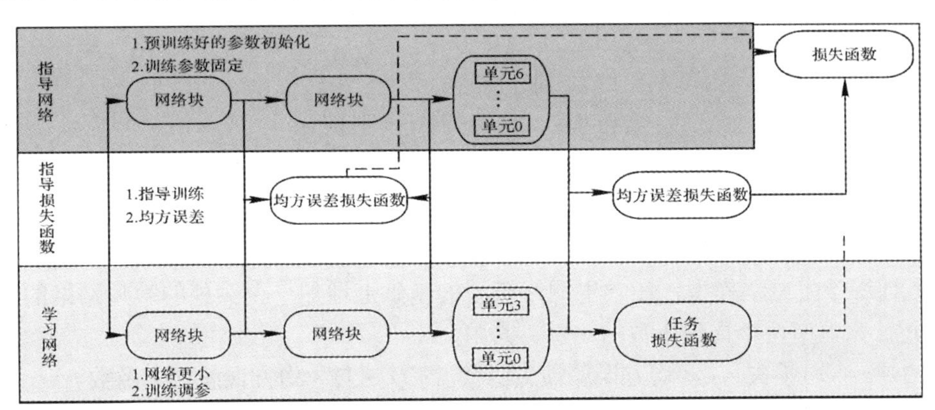

图 9-8　知识蒸馏结构

知识蒸馏结构主要由指导网络、指导损失函数和学习网络三大部分构成。指导网络加载了预训练模型对于参数初始化，并且在训练过程中参数固定；学习网络的网络结构比较简单，可训练学习参数，其特点是网络更小；对于中间的指导损失函数部分，知识蒸馏一般选取均方误差损失函数作为用于指导网络与学习网络的损失函数。指导网络与学习网络由相同个数、相似结构的网络块组成，每个网络块中有若干个单元，但学习网络中的每个网络块中含有的单元个数比指导网络的单元个数少。

指导网络又常常被称为“教师网络”，学习网络被常常被称为“学生网络”。知识蒸馏的核心思想中使用了 Soft Target 辅助 Hard Target 一起训练。其中，Soft Target 指的是教师网络模型输出的预测结果，Hard Target 指的是样本原始标签，即真实标签。知识蒸馏的算法示意图如图 9-9 所示。

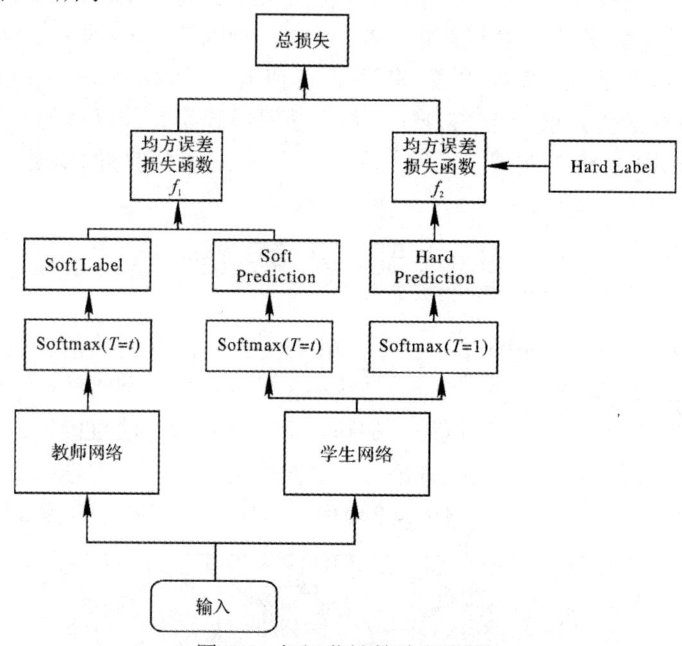

图 9-9　知识蒸馏算法示意图

知识蒸馏过程如下：

(1) 训练教师模型，用样本原始标签训练。

(2) 计算教师网络的模型输出结果，利用训练好的大模型来计算模型输出结果。

(3) 训练学生网络模型，在学生网络模型的基础上增加一个额外的教师网络的损失函数，通过 λ 来调节两个损失函数的比重。其中，

$$总损失 = \lambda \times 均方误差损失函数 f_1 + (\lambda - 1) \times 均方误差损失函数 f_2$$

在知识蒸馏的过程中，常常需要设计紧凑的网络结构设计，紧凑的网络结构设计方法

主要有：

(1) 挤压：容量与参数的平衡使用 1 × 1 的卷积进行降维，可得到多通道信息，使得特征紧密，保证了模型泛化。

(2) 扩张：使用 1 × 1 代替部分大的卷积核，但为了保证不同核输出的拼接完整，对大的卷积输入进行合适的像素填充操作。

(3) Squeezenet：将卷积操作、扩张卷积、反卷积、普通卷积合并输入下一层。

目前，很多网络都具有模块化的设计，生成的模型在深度和宽度上都很大，这也造成了有很多冗余参数，因此有很多关于模型设计的研究，如 SqueezeNet、MobileNet 等，使用更加细致、高效的模型设计，能够在很大程度上减小模型尺寸，并且也具有不错的性能。知识蒸馏过程中一定要保证模型泛化能力。它将复杂模型转化为小模型，使得复杂网络简单化，这对于神经网络的加速来说具有较为重要的意义。

参 考 文 献

[1] 谷歌推出 TensorFlow 机器学习系统[J]. 电信工程技术与标准化，2015，28(11): 92.

[2] 攀海，郭凌，丁立兵. 基于 TensorFlow 的卷积神经网络的研究与实现[J]. 电子技术与软件工程，2018(18): 20-22.

[3] 奥辛格. 深度学习实战[M]. 李君婷，泽. 北京：机械工业出版社，2019.

[4] 本刊讯. Facebook 宣布正式推出 PyTorch1.0 稳定版[J]. 数据分析与知识发现，2018, 2(12): 88.

[5] AICon 2018 开幕 百度 PaddlePaddle 引开发者热议[J]. 智能机器人, 2018(01): 19.

[6] 加日拉・买买提热衣木，常富蓉，刘晨，等. 主流深度学习框架对比[J]. 电子技术与软件工程，2018(07): 74.

[7] 郑泽宇, 梁博文, 颜思宇. TensorFlow：实战 Google 深度学习框架[M]. 北京：电子工业出版社, 2018.

[8] 庞涛. 开源深度学习框架发展现状与趋势研究[J]. 互联网天地, 2018(04): 46-54.

[9] RUDER S. An overview of gradient descent optimization algorithms[J]. arXiv preprintarXiv: 1609.04747, 2016.

[10] KRIZHEVSKY A , SUTSKEVER I , HINTON G E. ImageNet Classification with Deep Convolutional Neural Networks[C]. Advances in neural information processing systems, 2012, 5 (2): 1097-1105.

[11] ZEILER M D, FERGUS R. Visualizing and understanding convolutional Networks[C]. European conference on computer vision. springer, Cham, 2014: 818-833.

[12] SIMONYAN K, ZISSERMAN A. Very deep convolutional networks for large-scale image recognition[J]. arXiv preprint arXiv 2014: 1409-1556.

[13] HE K, ZHANG X, Ren S, et al. Deep residual learning for imageecognition[C]. Proceedings of the IEEE conference on computer vision and pattern recognition, 2016: 770-778.

[14] 吕国豪, 罗四维, 黄雅平. 基于卷积神经网络的正则化方法[J]. 计算机研究与发展, 2014, 51(9): 1891-1900.

[15] TIKHONOV A N. On the solution of ill-posed problems and the method ofregularization[C]. Doklady Akademii Nauk. Russian Academy of Sciences, 1963, 151(3): 501-504.

[16] RUDIN L I, OSHER S, FATEMI E. Nonlinear total variation based noise removalalgorithms [J]. Physica D: nonlinear phenomena, 1992, 60(1-4): 259-268.

[17] LU C, HUANG H. TV+TV2 Regularization with Nonconvex Sparseness-Inducing Penalty

for Image Restoration[J]. Mathematical Problems in Engineering, 2014, 2014：1-15.

[18] REDOM J, DIVVALA S, GISHICK R, et al. You only look once：untified, real-time object detection[C]. Pro. CVPR，2016: 779-788.

[19] RUSSAKOVSKY O, DENG J, SU H, et al. Imagenet large scale visual recognition Challenge [J]. International journal of computer vision, 2015, 115(3): 211-252.

[20] REN S, HE K, GIRSHICK, R B, et al. Object detection networks on convolutional feature maps [J]. IEEE transactions on pattern analysis and machine inteu:gence, 2016, 39(7): 1476-1481.

[21] REDOM J，FARHALL A，et al. YOLO9000：Better，Faster，Stronger[C]. pro. CVPR，2017: 7263-7271.

[22] 李玉鑑，张婷，单传辉, 等. 深度学习：卷积神经网络从入门到精通[M]. 北京：机械工业出版社，2018.

[23] JEFFREY D, GREGORY S C, RAJAT M, et al. Large scale distributed deep networks[C]. Advances in neural information processing systems 2012:1223-1231.

[24] CUDA：https://developer.nvidia.com.

[25] cuDNN：https://developer.nvidia.com.

[26] OpenCV：http://opencv.org.

[27] TensorFlow：http://tensorflw.org.

[28] https://github.com/TensorFlow/TensorFlow.

[29] FANG Y, CHEN X. Design and simulation of DDS based on Quartus II[C]. 2011 IEEE International Conference on Computer Science and Automation Engineering. IEEE, 2011, 2: 357-360.

[30] REDMON J , FARHADI A. YOLO9000: Better, Faster, Stronger[C]. IEEE Conference on Computer Vision & Pattern Recognition. IEEE, 2017: 6517-6525.

[31] REDMON J, DIVVALA S, GIRSHICK R, et al. You only look once: Unified, real-time object detection[C]. Proceedings of the IEEE conference on computer vision and pattern recognition. 2016: 779-788.

[32] RASTEGARI M, ORDONEZ V, REDMON J, et al. Xnor-net: Imagenet classification using binary convolutional neural networks[C]. European Conference on Computer Vision.Springer, Cham, 2016: 525-542.

[33] REDMON J, ANGELOVA A. Real-time grasp detection using convolutional neural networks[C].2015 IEEE International Conference on Robotics and Automation (ICRA). IEEE, 2015: 1316-1322.

[34] SIMONYAN K, ZISSERMAN A. Deep fisher networks for large-scale image classification [C].Adrances in neural information processing systems. 2013: 163-171
[35] HE K, ZHANG X, REN S, et al. Deep residual learning for image recognition[C].Proceedings of the IEEE conference on computer vision and pattern recognition. 2016: 770-778.
[36] JANIK I, TANG Q, KHALID M. An overview of altera sdk for opencl: A user perspective [C].2015 IEEE 28th Canadian Conference on Electrical and Computer Engineering (CCECE). IEEE, 2015: 559-564.
[37] WANG Z, HE B, ZHANG W, et al. A performance analysis framework for optimizing OpenCL applications on FPGAs[C]. 2016 IEEE International Symposium on High Performance Computer Architecture (HPCA). IEEE, 2016: 114-125.
[38] DENG J, DONG W, SOCHER R, et al. Imagenet: A large-scale hierarchical image database[C].2009 IEEE conference on computer vision and pattern recognition. Ieee, 2009: 248-255.
[39] 刘全，翟建伟，章宗长，等. 深度强化学习综述[J]. 计算机学报, 2018, 41(1): 1-27.
[40] AGOSTINELLI F, HOCQUET G, SINGH S, et al. From Reinforcement Learning to Deep Reinforcement Learning: An Overview[M].Braverman Readings in Machine Learning. Key Ideas from Inception to Current State. Springer, Cham, 2018: 298-328.
[41] JIA Y, SHELHAMER E, DONAHUE J, et al. Caffe: Convolutional architecture for fast feature embedding[C]. Proceedings of the 22nd ACM international conference on Multimedia, 2014: 675-678.
[42] 黄乐天，范兴山，彭军，等. FPGA 异构计算: 基于 OpenCL 的开发方法[M]. 西安：西安电子科技大学出版社，2015.
[43] 黄文坚，唐源. TensorFlow 实战[M]. 北京：电子工业出版社，2017.
[44] HAN S, POOL J, TRAN J, et al. Learning both weights and connections for efficient neural network[C].Advances in neural information processing systems, 2015, 1135-1143.
[45] MNIH V, BADIA A P, MIRZA M, et al. Asynchronous methods for deep reinforcement learning[C].International conference on machine learning. 2016: 1928-1937.
[46] MNIH V, KAVUKCUOGLU K, SILVER D, et al. Human-level control through deep reinforcement learning[J]. Nature, 2015, 518(7540): 529-533.
[47] COURBARIAUX M, BENGIO Y, DAVID J P. Binaryconnect: Training deep neural networks with binary weights during propagations[C].Advances in neural information processing systems. 2015: 3123-3131.
[48] HUBARA I, COURBARIAUX M, SOUDRY D, et al. Binarized neural networks[C].

Advrances in neural information processing systems, 2016: 4107-4115

[49] GEOFFREY H. Neural networks for machine learning[EB/OL]. University of Toronto [2019-6-24] https://www.coursera.org/course/neuralnets.

[50] LONG, JONATHAN, SHELHAMER, et al. Fully Convolutional Networks for Semantic Segmentation[J]. IEEE Transactions on Pattern Analysis & Machine Intelligence, 2014, 39(4): 640-651.

[51] RASTEGARI M, ORDONEZ V, REDMON J, et al. Xnor-net: Imagenet classification using binary convolutional neural networks[C]. European Conference on Computer Vision. Springer, Cham, 2016: 525-542.

[52] SUN Q, SHANG F, YANG K, et al. Multi-precision quantized neural networks via encoding decomposition of {-1, + 1}[C]. Proceedings of the AAAI Conference on Artificial Intelligence. 2019, 33: 5024-5032.

[53] Guo Y, Yao A, Zhao H, et al. Network sketching: Exploiting binary structure in deep cnns [C].Proceedings of the IEEE Conference on Computer Vision and Pattern Recognition, 2017: 5955-5963.

[54] HASSIBI B, STORK D G. Second order derivatives for network pruning: Optimal brain surgeon[C]. Advances in neural information processing systems, 1993: 164-171.

[55] TANG W, HUA G, WANG L. How to train a compact binary neural network with high accuracy?[C]. Proceedings of the Thirty-First AAAI Conference on Artificial Intelligence, 2017.

[56] LI H, DE S, XU Z, et al. Training quantized nets: A deeper understanding[C].Advances in Neural Information Processing Systems. 2017: 5811-5821.

[57] MONMASSON E, CIRSTEA M N . FPGA Design Methodology for Industrial Control Systems； A Review[J]. IEEE Transactions on Industrial Electronics, 2007, 54(4): 1824-1842.

[58] ZHUANG B, SHEN C, TAN M, et al. Towards effective low-bitwidth convolutional neural networks[C]. Proceedings of the IEEE Conference on Computer Vision and Pattern Recognition, 2018: 7920-7928.

[59] ZHUANG B, SHEN C, TAN M, et al. Towards Effective Low-Bitwidth Convolutional Neural Networks[C]. computer vision and pattern recognition, 2018: 7920-7928.

[60] KITS S. Advanced FPGA Design: Architecture Implementation and Optimization[J]. Nirma University Journal of Engineering and Technology(NUJET), 2000, 1(1): 54-54.

[61] 刘志成，祝永新，汪辉，等. 基于 FPGA 的卷积神经网络并行加速结构设计[J]. 微电

子学与计算机, 2018, 35(10): 80-85.

[62] ZHU J, SUTTON P. FPGA implementations of neural networks–a survey of a decade of progress[C]. International Conference on Field Programmable Logic and Applications. Springer, Berlin, Heidelberg, 2003: 1062-1066.

[63] KUON I, TESSIER R, ROSE J. FPGA architecture: Survey and challenges[J]. Foundations and trends in electronic design automation, 2008, 2(2): 135-253.

[64] CAO Y, CHEN Y, KHOSLA D, et al. Spiking Deep Convolutional Neural Networks for Energy-Efficient Object Recognition[J]. International Journal of Computer Vision, 2015, 113(1): 54-66.

[65] 黄乐天，范兴山，彭军，等. FPGA 异构计算：基于 OpenCL 的开发方法[M]. 西安: 西安电子科技大学出版社，2015.

[66] 黄文坚，唐源. TensorFlow 实战[M]. 北京: 电子工业出版社，2017.

[67] BENEDICT R G, LEE H, et al. OpenCL 异构计算[M]. 张云泉，张先轶，等译. 北京: 清华大学出版社，2012.

[68] AAFTAB M, BENEDICT R G, et al. OpenCL 编程指南[M]. 苏金国，李璜，等译. 北京: 机械电子工程出版社，2012.

[69] 陈睿，译. Matthew Scarpino. OpenCL 实践[M]. 北京：人民邮电出版社，2014.

[70] 李约炯. 跨平台的多核与众核编程讲义[M]. 上海: AMD 上海研发中心，2010:60-90.

[71] 吴继华，蔡海宁，等. Altera FPGA/CPLD 设计: 基础篇[M]. 北京：人民邮电出版社，2005.

[72] 余奇. 基于 FPGA 的深度学习加速器设计与实现[D]. 合肥: 中国科学技术大学, 2016.

[73] KRIZHEVSKY A, SUTSKEVER I, HINTON G E. Imagenet classification with deep convolutional neural networks[C]. Advances in neural information processing systems. 2012: 1097-1105.

[74] LECUN Y, DENKER J S, SOLLA S A. Optimal brain damage[C]. Advances in neural information processing systems, 1990: 598-605.

[75] PLANK B, SOGAARD A, GOLDBERG Y. Multilingual Part-of-Speech Tagging with Bidirectional Long Short-Term Memory Models and Auxiliary Loss[C].Proceedings of the 54th Annual Meeting of the Association for Computational Linguistics (Volume 2: Short Papers), 2016: 412-418.

[76] PRESTI L L, LA C M. Real-Time Object Detection in Embedded Video Surveillance Systems[C]. workshop on image analysis for multimedia interactive services, 2008: 151-154.

[77] SCHMIDHUBER J. Deep learning in neural networks: An overview[J]. Neural networks,

2015, 61: 85-117.

[78] DENG L, YU D. Deep learning: methods and applications[J]. Foundations and Trends® in Signal Processing, 2014, 7(3-4): 197-387.

[79] LeCun Y, Bengio Y, Hinton G. Deep learning[J]. nature, 2015, 521(7553): 436.

[80] MNIH V, BADIA A P, MIRZA M, et al. Asynchronous methods for deep reinforcement learning[C]. International conference on machine learning, 2016: 1928-1937.

[81] MOUSAVI S S, SCHUKAT M, HOWLEY E. Deep reinforcement learning: an overview[C]. Proceedings of SAI Intelligent Systems Conference. Springer, Cham, 2016: 426-440.

[82] HASSELT H, GUEZ A, SILVER D. Deep reinforcement learning with double Q-Learning [C].Proceedings of the Thirtieth AAAI Conference on Artificial Intelligence. AAAI Press, 2016: 2094-2100.

[83] GOODFELLOW I, POUGETA J, MIRZA M, et al. Generative adversarial nets[C]. Advances in neural information processing systems, 2014: 2672-2680.

[84] IOFFE S, SZEGEDY C. Batch normalization: Accelerating deep network training by reducing internal covariate shift[J]. arXiv preprint arXiv:1502.03167, 2015.

[85] SRIVASTAVA R K, GREFF K, SCHMIDHUBER J. Highway networks[J]. arXiv preprint arXiv:1505.00387, 2015.

[86] HE K, ZHANG X, REN S, et al. Deep residual learning for image recognition[C]. Proceedings of the IEEE conference on computer vision and pattern recognition. 2016: 770-778.

[87] LECUN Y, BOTTOU L, BENGIO Y, et al. Gradient-based learning applied to document recognition[J]. Proceedings of the IEEE, 1998, 86(11): 2278-2324.

[88] BOLUKBASI T, WANG J, DEKEL O, et al. Adaptive neural networks for efficient. inference[C]. Proceedings of the 34th International Conference on Machine Learning-Volume 70. JMLR. org, 2017: 527-536.

[89] YU R, LI A, CHEN C F, et al. Nisp: Pruning networks using neuron importance score propagation[C]. Proceedings of the IEEE Conference on Computer Vision and Pattern Recognition, 2018: 9194-9203.

[90] SUN X, REN X, MA S, et al. meprop: Sparsified back propagation for accelerated deep learning with reduced overfitting[C]. Proceedings of the 34th International Conference on Machine Learning-Volume 70. JMLR. org, 2017: 3299-3308.

[91] HUANG Z, WANG N. Data-driven sparse structure selection for deep neural networks[C]. Proceedings of the European conference on computer vision (ECCV), 2018: 304-320.

[92] HAN S, MAO H, DALLY W J. Deep compression: Compressing deep neural networks with pruning, trained quantization and huffman coding[J]. arXiv preprint arXiv:1510.00149, 2015.

[93] WU J, LENG C, WANG Y, et al. Quantized convolutional neural networks for mobile devices[C]. Proceedings of the IEEE Conference on Computer Vision and Pattern Recognition, 2016: 4820-4828.

[94] CHEN W, WILSON J, TYREE S, et al. Compressing neural networks with the hashing trick[C].International conference on machine learning, 2015: 2285-2294.

[95] DETTMERS T. 8-bit approximations for parallelism in deep learning[J]. arXiv preprint arXiv:1511.04561, 2015.

[96] ZHOU A, YAO A, GUO Y, et al. Incremental network quantization: Towards lossless cnns with low-precision weights[J]. arXiv preprint arXiv: 1702.03044, 2017.

[97] HINTON G, VINYALS O, DEAN J. Distilling the knowledge in a neural network[J]. arXiv preprint arXiv:1503.02531, 2015.

[98] LIN Z, COURBARIAUX M, MEMISEVIC R, et al. Neural networks with few multiplications [J]. arXiv preprint arXiv: 1510.03009, 2015.

[99] HAN S, MAO H, DALLY W J. Deep compression: Compressing deep neural networks with pruning, trained quantization and huffman coding[J]. arXiv preprint arXiv:1510.00149, 2015.

[100] YAO Q, WANG M, CHEN Y, et al. Taking human out of learning applications: A survey on automated machine learning[J]. arXiv preprint arXiv:1810.13306, 2018.

[101] 方睿，刘加贺，薛志辉，等. 卷积神经网络的 FPGA 并行加速方案设计[J]. 计算机工程与应用唯一官方网站, 2015, 51(8): 32-36.